LAURA GREAVES

Odyssee auf vier Pfoten

LAURA GREAVES

Odyssee auf vier Pfoten

Wahre Geschichten von außergewöhnlichen Hunden, die nach Hause finden

Bibliografische Information der Deutschen Nationalbibliothek
Die Deutsche Nationalbibliothek verzeichnet diese Publikation in der Deutschen Nationalbibliografie. Detaillierte bibliografische Daten sind im Internet über http://dnb.d-nb.de abrufbar.

Für Fragen und Anregungen
info@mvg-verlag.de

1. Auflage 2021
© 2021 by mvg Verlag, ein Imprint der Münchner Verlagsgruppe GmbH
Türkenstraße 89
80799 München
Tel.: 089 651285-0
Fax: 089 652096

Die australische Originalausgabe erschien 2017 bei Penguin Random House Australia unter dem Titel *Incredible Dog Journeys*.
Text Copyright © Laura Greaves, 2017
First published by Penguin Random House Australia Pty Ltd. This edition published by arrangement with Penguin Random House Australia Pty Ltd via Michael Meller Literary Agency GmbH, München. All rights reserved.

Übersetzung: Katja Theiß
Umschlaggestaltung: Sonja Vallant
Umschlagabbildung: shutterstock/Javier Brosch, stoklaima
Satz: reinsatz . Roman Heinemann
Druck: CPI books GmbH, Leck
Printed in Germany

ISBN Print 978-3-7474-0350-1
ISBN E-Book (PDF) 978-3-96121-725-0
ISBN E-Book (EPUB, Mobi) 978-3-96121-726-7

Weitere Informationen zum Verlag finden Sie unter
www.mvg-verlag.de
Beachten Sie auch unsere weiteren Verlage unter www.m-vg.de.

Für diejenigen unter uns,
die danach streben, die Art Mensch zu sein,
für die unsere Hunde uns halten

Inhalt

Ein paar Worte vorneweg

Meine erste Liebe war ein Junge namens Freddie. Er sah gut aus, war frech und pfiffig. Freddie strotzte vor Selbstvertrauen. Er hatte das gewisse Etwas.

Wir führten eine Fernbeziehung. Freddie lebte auf einer Farm in der Nähe von Naracoorte, in der südöstlichen Ecke des Bundesstaats South Australia. Ich lebte in Adelaide, unter den Lichtern der Großstadt. Aber ich liebte ihn leidenschaftlich aus der Ferne.

Dann schlug das Schicksal zu, wie scheinbar bei allen großen Liebesgeschichten. Bei einem schrecklichen Unfall stürzte Freddie von einem rasenden Pick-up und erlitt schreckliche Verletzungen. Eines seiner Beine war zertrümmert. Er würde wahrscheinlich nie wieder laufen können, falls er überhaupt überlebte.

Freddies Familie setzte sich zusammen, um die Möglichkeiten zu besprechen. Schließlich trafen sie einen schmerzhaften Entschluss: Freddie würde eingeschläfert werden.

Hatte ich erwähnt, dass Freddie ein Hütehund war?

Er war ein Kelpie und arbeitete hart und unermüdlich auf dem riesigen Gelände meiner Verwandten. Freddie ackerte vom Morgen bis zur Abenddämmerung, und er hätte auch die ganze Nacht durchgeschuftet, wenn man ihm die Chance dazu gegeben hätte.

Als mich die Nachricht von Freddies bevorstehendem Ableben erreichte, war ich verzweifelt. Also tat ich, was jede Schriftstellerin tun würde, und schrieb ihm einen Abschiedsbrief. »Lieber Freddie«, fing er an, »werd' schnell wieder gesund. Ich hab' dich lieb.«

Hatte ich erwähnt, dass ich fünf war?

Ich schickte meinen Brief an Freddie ab und hoffte gegen alle Vernunft auf ein Wunder, dass meinen Liebling retten würde.

Wochen vergingen. Schließlich flatterte ein Brief aus Naracoorte herein. »Liebe Laura«, las ich da, »danke für deinen Brief. Es geht mir schon viel besser und ich fahre ganz bestimmt bald wieder auf dem Pickup mit.« Unterschrieben war er mit einem Pfotenabdruck.

Damals schien mir das wie eine göttliche Fügung. Tatsächlich verdankte Freddie sein Überleben einer exzellenten Tierärztin, die das zertrümmerte Bein amputierte und den Rest mit Stahlstangen und Stiften zusammenflickte. Freddie war wirklich ratz-fatz wieder auf dem Pickup und immer noch der beste Hund auf der Farm, auch auf drei Beinen.

Erst als ich viel älter war, begriff ich die Bedeutung von Freddies Geschichte. Farmer lieben ihre Arbeitstiere, aber sie sind für sie in erster Linie eines: Arbeiter. Wenn sie ihren Job nicht mehr erfüllen können, dann gibt es keinen Platz für sie.

Aber etwas in meinem Brief an Freddie hatte seinen Besitzer, einen Berufsfarmer mittleren Alters, der zwar immer freundlich, aber vor allem pragmatisch war, berührt. Obwohl ich Freddie liebte, war er in vielerlei Hinsicht unscheinbar, und er hatte schon eine gute Zeit hinter sich gebracht. Mein Cousin hätte Freddie einschläfern lassen können – hätte sollen, würden manche sagen – aber er tat es nicht.

Stattdessen gab er Tausende von Dollar aus, um einen Hund zu retten – weil dieser Hund einem kleinen Mädchen etwas bedeutete. Meine kindliche Leidenschaft für Hunde hatte bewirkt, dass Freddies Leben – seine ganz besondere Odyssee – noch viele Jahre weitergehen konnte. Als ich größer war und verstand, dass ich Freddie auf meine Weise gerettet hatte, war mir das eine nachhaltige Lehre sowohl für die unzähligen Arten, wie Hunde unser Leben bereichern, als auch für unsere Verantwortung ihnen gegenüber.

Wie die hier gesammelten Geschichten zeigen, tun Hunde alles für ihre Menschen und ihre Hundefreunde, und sie verlangen im Gegenzug nur wenig.

Eine Odyssee auf vier Pfoten kann ganz unterschiedlich ausfallen. Manche Vierbeiner versuchen monate- oder jahrelang, zu ihren geliebten Besitzer*innen zurückzukehren. Sie überwinden scheinbar unüberwindbare Hindernisse, um sich selbst oder andere zu retten. Oder sie verbringen ein ruhiges Leben auf Bauernhöfen oder in Hinterhöfen von Vorstädten.

Das Nachspüren jeder einzelnen Odyssee auf vier Pfoten erfordert ein gewisses Maß an Detektivarbeit. Oft ist nur bekannt, dass ein Hund an einem Ort verschwunden ist und an einem anderen wieder auftaucht. Was in den dazwischen liegenden Tagen, Monaten oder gar Jahren tatsächlich passiert ist, kann man nur vermuten. Und bis unsere hündischen Gegenstücke sprechen lernen, muss das reichen.

Natürlich gibt es oft Hinweise. Manchmal wird ein vermisstes Tier während seiner Odyssee gesichtet – ein flüchtiger Blick auf einen Hund mit einer Mission, deren Ziel nur er kennt. Oder es gibt Spuren der Orte, an denen er gewesen ist, oder der Dinge, die er gesehen hat: Verletzungen, Schmutz und Überreste, die darauf hinweisen, was er durchgemacht hat.

Und dann ist da noch der Hund selbst. Ob groß oder klein, jung oder alt, mit Stammbaum oder Straßenköter-Mischling, eines haben alle gemeinsam: Charakter. Genau dieser Charakter hilft dabei, ihre Odyssee auf vier Pfoten zusammenzupuzzeln. Schließlich sagte schon der amerikanische Präsident Dwight D. Eisenhower: »Was zählt, ist nicht unbedingt die Größe des Hundes im Kampf, sondern die Größe des Kampfes im Hund.«

Eine Odyssee auf vier Pfoten ist immer außergewöhnlich, denn Hunde besitzen die Fähigkeit zu lieben und geliebt zu werden, die anders ist als bei jedem anderen Tier. Wo auch immer sie sind und was auch immer sie tun.

Deshalb ist es ein enormes Privileg, eine Odyssee auf vier Pfoten zu begleiten. Ich wünsche mir von Herzen, dass ich keinen einzigen Tag ohne mindestens einen Hund an meiner Seite auskommen muss. Hunde wünschen sich nichts sehnlicher, als unsere Begleiter*innen auf unseren Reisen durchs Leben zu sein. Diesen Gefallen zu erwidern, ist das Mindeste, was wir tun können.

Laura Greaves, 2016

Immer
die Gleise entlang

Occy

Es war, wie man in Klassikern so gerne sagt, eine dunkle und stürmische Nacht. Deshalb machte sich die Lehrerin Belinda »Binny« Murray langsam Sorgen, als sie Anfang November nach einem Vorstellungsgespräch in Sydney, Australien, auf der Autobahn nach Norden fuhr. Vor ihr zogen bleierne Wolken in der Farbe von Holzkohle über den Horizont. Es waren Gewitterwolken, daran gab es nichts zu rütteln. Und sie bewegten sich auf Binnys Heimatstadt Newcastle zu – und damit auch auf Occy, den astraphobischen Hund, den Blitze in Todesangst versetzten und den sie dort betreute.

Occy gehörte Binnys Freundin Philippa Johnston und ihrem Mann Nathan. Während Philippa und ihre kleine Tochter Audrey in Neuseeland Urlaub machten und Nathan mit der Royal Australian Air Force im Nahen Osten im Einsatz war, hatte Binny den Hundesittereinsatz für sie übernommen. Und an diesem Nachmittag hatte sie zu Recht ein ungutes Gefühl: Sie hatte schon einige Male auf Occy aufgepasst und wusste, dass der zweijährige Staffordshire-Bullterrier-Mischling eine Heidenangst vor Gewittern hatte.

Anfang Oktober beginnt im Bundesstaat New South Wales die Gewittersaison. Während der Sommermonate ziehen dramatische Gewitter wöchentlich oder sogar täglich vom Süden aus dem Gebiet um Canberra über Sydney bis hin zur Grenze von Queensland. Jedes Jahr verursachen hier schwere Gewitter Schäden in Höhe von durchschnittlich mehr als 100 Millionen Dollar. Die Hunter-Region, mit Newcastle im Zentrum, ist dabei das am stärksten von Stürmen betroffene Gebiet.

Für Philippa und Baby Audrey war die sommerliche Serie spektakulärer Stürme schon zur Routine geworden, als sie Anfang November 2014 zur Hochzeit eines Freundes nach Neuseeland aufbrachen. Occy jedoch blieb nicht ganz so gelassen, wenn sich nachmittags die dicken schwarzen Wolken auftürmten, und auch nicht, wenn es um den dröhnenden Donner und die gleißenden Blitze ging, die sie begleiteten.

Während eines Sturms nur ein paar Wochen zuvor war Occy vom großen, eingezäunten Hof des Hauses der Familie in Georgetown weggerannt. Bei dieser Gelegenheit hatte er Glück gehabt: Philippa war zu Hause gewesen und hatte ihn schnell wiedergefunden. Aber die Stürme waren in diesem Sommer unerbittlich, und Occy hatte während der zehn Tage, die Binny bei ihm verbracht hatte, immer wieder versucht, dem Schrecken am Himmel zu entfliehen. Er konnte, wenn niemand zu Hause war, in eine geschlossene, trockene Garage, aber für den armen Occy schien die Flucht dennoch die einzige Wahl.

Um kein Risiko einzugehen, hatten Binny und die Nachbar*innen der Johnstons eine behelfsmäßige Festung um das Vordertor herum errichtet – Occys wahrscheinlichster Fluchtweg – und den Zaun auf über zwei Meter erhöht. Als sich nun der Himmel öffnete und strömender Regen über die Autobahn fegte, wuchs Binnys Gefühl der Unruhe. Sie konnte nur hoffen, dass ihre provisorische Barriere standhielt.

Während sie in gefühlter Zeitlupe Richtung Newcastle pflügte, tippte Binny die Nummer einer Freundin in ihr Handy. »Ich war in Panik, also rief ich meine Freundin an und bat sie nachzuschauen, ob Occy noch in Philippas Haus war«, erzählt sie. »Leider kam sie nicht hinein; trotzdem versuchte sie mich zu beruhigen. Aber das half mir nicht und ich konnte nicht aufhören, an ihn zu denken. Das Gewitter war wirklich heftig und ich ahnte, dass er nicht mehr da sein würde, wenn ich nach Hause käme.« Endlich bog Binny in die schmale Straße ein, in der Philippa und Nathan wohnten und die von hübschen, holzverschalten Häuschen gesäumt war. Als sie sah, dass die Befestigungen über dem Eingangstor noch an ihrem Platz waren, verspürte sie einen Hoffnungsschimmer.

Binny brüllte Occys Namen über den krachenden Donner und den sintflutartigen Regen hinweg und rannte in den Garten. Sie umrundete das Haus und suchte alle üblichen Verstecke ab. Aber er war nicht da. Irgendwie hatte der Hund, ganz wie der Entfesslungskünstler Houdini, die verstärkte Umzäunung überwunden.

Occy war da draußen, allein, im Sturm.

In Philippas von Abenteuern und Umbrüchen geprägtem Leben waren Tiere immer eine Konstante gewesen. In ihrer Kindheit arbeitete ihr Vater für den internationalen Maschinenbaukonzern Caterpillar, und sein Job führte die Familie um die ganze Welt. Geboren in Neuseeland, verbrachte Philippa ihre prägenden Jahre in Indonesien, Thailand und den Vereinigten Staaten. Mit jedem neuen Ort kamen eine neue Schule und neue Freund*innen hinzu, aber der Freund, der ihr nie von der Seite wich, war Titan, der Shetland Sheepdog der Familie.

»Titan war ein Jahr alt, als wir ihn bekamen, und er wurde stolze sechzehn. Wir hatten eine sehr innige Beziehung – er war buchstäblich mein bester Freund. Als er ein Jahr war, wurde er von einem Auto angefahren, und ich erinnere mich, dass ich ihn mit meiner Decke einmummelte, um ihn warm zu halten. Ich habe mein Eis mit ihm geteilt, sehr zum Entsetzen meiner Mutter«, erzählt Philippa.

»Immer wenn wir umzogen, kam Titan mit. Scherzhaft haben wir öfter gesagt, dass wir als Hund oder Katze eines Ex-Pats wiedergeboren werden wollen, weil sie ein ziemlich gutes Leben haben. Ich bin es gewohnt, eine reisende Nomadin zu sein. Tiere werden dann zu deiner Konstanten – deiner Familie.«

Später rettete sie ein Kätzchen, Bugsy, das ebenfalls ein treuer Begleiter wurde. »Er stammte aus einem Wurf von sechs Kätzchen, doch die Mutter wurde nicht warm mit ihnen, so dass nur zwei überlebten. In den kleinen Zwerg habe ich mich sofort verliebt.«

Jahrelang waren Philippa und Bugsy ein eingespieltes Duo. Dann lernte sie Nathan kennen – sehr zum Leidwesen des pingeligen Katers. »Bugsy musste sich definitiv umstellen, als ich meinen Freund kennenlernte, der dann einzog und mein Ehemann wurde«, lacht sie.

Nathan stammt ursprünglich von der Norfolkinsel, aber durch seinen Job bei der Armee war auch er es gewohnt, viel herumzuziehen. Er mag Tiere – »Er hat eine Schwäche für gerettete Hunde«, verrät Philippa – und wollte deshalb einen Hund adoptieren, sobald er und Philippa lange genug an einem Ort blieben.

Ihre Chance bekamen sie 2011, als Nathan zur Militärbasis Williamtown, 15 Kilometer nördlich der Hafenstadt Newcastle, versetzt wurde. Newcastle, das für seine atemberaubenden Surfstrände und die Nähe zur weltberühmten Weinregion Hunter Valley ebenso bekannt ist wie für seine Kohle, fühlte sich für das Paar – und Bugsy – sofort wie Zuhause an. Nachdem sie ihr Haus im schicken Vorort Georgetown gekauft hatten, begann die Suche nach einem vierbeinigen Familienmitglied.

Ein Staffordshire Bullterrier stand auf Nathans Wunschzettel ganz oben. »Er ist mit Hunden aufgewachsen und hatte auch schon einen Cattle Dog, aber Staffys liebt er schon ganz lange. Er ist sehr sportlich und wollte bewusst einen ›stämmigen‹ Hund«, erklärt Philippa.

Surf-Freak Nathan hatte sogar schon einen Namen ausgesucht: Occy, der Spitzname seines Surf-Helden, des ehemaligen Weltmeisters Mark Occhilupo.

Philippa entdeckte Occys Bruder Mercury auf der Facebook-Seite der in Sydney ansässigen Tierschutzgruppe Fetching Dogs. Er war in einer Pflegefamilie in Strathfield, einem Vorort im Westen Sydneys, untergebracht, und sie fackelte nicht lange, sondern plante direkt einen Besuch. »Wir fuhren hin, um uns Mercury anzusehen, aber natürlich verliebten wir uns stattdessen in diesen frechen, aufgeweckten Kerl«, sagt sie. »Mercury wirkte ruhig und gelassen, während Occy wirklich aktiv war. Sie waren beide sehr anhänglich und hatten eine tolle Beziehung zueinander. Es fiel uns schwer, nicht beide mitzunehmen, aber wir wussten, dass wir nicht genug Platz gehabt hätten.«

Außerdem war da ja auch noch Bugsy. Als inzwischen fast staatsmännisch anmutender Zwölfjähriger hatte er bereits eine große Umstellung hinter sich, als Nathan auf der Bildfläche erschien. Und mit einem Hund zurechtzukommen, stellte garantiert eine große Herausforderung dar, aber gleich mit zwei? Das wollten sie ihm nicht zumuten.

So kam der drei Monate alte Occy im September 2012 nach Newcastle, und Philippa und Nathan genossen seine fröhliche Lebenseinstellung. Während sein Rassenmix nicht so genau zu ermitteln ist, zeigt sich der Staffy in ihm ganz offenkundig – von seinem ansteckenden Grinsen bis zum unaufhörlichen Schwanzwedeln. Philippa vermutet, dass auch etwas Bull Arab oder vielleicht sogar ein Labrador in ihm steckt. Occy geht auf jeden Fall entspannt wie ein Labrador durchs Leben – es sei denn, es gibt ein Gewitter. Das sensible Seelchen in ihm ist Staffy pur.

Occy mag verspielt sein, aber er ist auch schlau. Wer zuhause die Ansagen macht und der Spaßmacher ist, weiß er nur zu gut. »Wenn es darum geht, ein guter Junge zu sein, ist er ganz mein Hund – er hört mehr auf mich, reagiert auf ›Komm, sitz, bleib‹ – aber wenn es ums Spielen geht, ist er ganz auf Nathan fixiert«, sagt Philippa.

»Er wird rundum verwöhnt. Ganz nach dem Motto: ›Mama füttert und wäscht mich, aber bei Papa gibt's Spaß.‹ Er ist eigentlich ein Hund für draußen, aber wir lassen ihn tatsächlich nachts in unser Zimmer, furchtbar«, lächelt Philippa.

Sogar Bugsy freundete sich mit seinem neuen Hundebruder an und schlief auf Occys Kiste, wann immer der Neuankömmling darin lag. »Bugsy war der Opa der Familie; er hängte ein bisschen den Boss raus, aber sie entwickelten eine wirklich schöne Freundschaft. Sie verbrachten tagsüber die meiste Zeit damit, etwa einen halben Meter voneinander entfernt rumzuliegen. Dabei taten sie so, als ob sie sich nicht mögen würden, aber in Wirklichkeit stimmte das gar nicht.«

Dass Bugsy Occy so schnell akzeptierte, beruhigte Philippa, besonders da sie nur zwei Monate, nachdem der Welpe zur Familie gestoßen war, bemerkte, dass sie schwanger war. Nachdem sie miterlebt hatte, wie ihr wählerischer Kater Occy in der Herde willkommen geheißen hatte, war sie sich sicher, dass beide Tiere mit der bevorstehenden Ankunft ihrer menschlichen »Schwester« gut zurechtkommen würden.

Audrey wurde Ende 2013 geboren, und Occy verliebte sich sofort. »Ihre Bindung ist wirklich schön. Er ist sehr geduldig mit ihr«, sagt Philippa.

Für einen Einsatz verließ Nathan 2014 für sieben Monate sein Zuhause. Es war eine stressige Zeit für die Familie, denn Audrey war noch kein ein Jahr alt und Philippa ging wieder in Teilzeit arbeiten. Irgendwie schien Occy das zu verstehen. »Er hat es definitiv gespürt. Er wusste, dass ihm ein Teil seiner Familie fehlte.«

Nach Nathans Abreise entwickelte Occy plötzlich eine Abneigung gegen die Sommergewitter, die an den meisten Tagen den Himmel über Newcastle aufwühlten. Und als Philippa und Audrey im November nach Neuseeland fuhren, wurde Occy noch unruhiger.

»Früher hatte er nie Angst vor Gewittern, aber ich glaube, der Stress, weil Nathan weg war, hat ihn empfindsamer gemacht. Als Audrey und ich dann auch noch weg waren, wurde es noch schlimmer.«

Vielleicht fühlte es sich wie ein Sturm aus Angst und Einsamkeit an. Die Ankunft eines weiteren *echten* Sturms an diesem Mittwochnachmittag war mehr, als Occy ertragen konnte.

Binny hatte überall gesucht. Der Sturm, der Occy erschreckt hatte, war längst vorüber, doch noch immer durchstreifte sie die Straßen von Georgetown und der angrenzenden Vororte auf der Suche nach dem verängstigten Hund.

»Ich habe den ganzen Nachmittag und die ganze Nacht mit der Suche verbracht. Klingelte mehrmals bei den ortsansässigen Tierärzt*innen und Tierheimen durch und fuhr zu den lokalen Tierheimen der Royal Society for the Prevention of Cruelty to Animals (RSPCA), um sicherzugehen, dass er nicht dort war. Ich bat die Nachbar*innen, nach ihm Ausschau zu halten, und suchte alle seine Verstecke ab, aber wir fanden keine Spur von ihm«, erzählt sie.

»Unablässig kreiste die Frage in meinem Kopf, wie ich Pip nur sagen sollte, dass er weg war. Ich fühlte mich so schuldig. Ich fürchtete, dass ich nicht genug getan hatte, um ihn zu finden, und dass ich sie im Stich gelassen hatte. Occy ist wie ein Familienmitglied, also wusste ich, wie sehr sie das mitnehmen würde – und das wühlte *mich* noch mehr auf. Es war wahrscheinlich einer der schlimmsten Anrufe, die ich je machen musste.«

Selbstverständlich rief sie trotzdem am Tag nach Occys großer Flucht an, und erreichte Philippa im Haus ihrer Mutter in Christchurch. Es war Donnerstag, der Abend, bevor sie und Audrey nach ihrem wunderschönen zweiwöchigen Urlaub nach Hause fliegen sollten. Plötzlich konnte der Rückflug für Philippa nicht früh genug sein.

»Ich fand es schlimm, dass sich Binny zwei Tage Vorwürfe machte und sich stresste, während sie versuchte, ihn zu finden«, sagt Philippa. »Ich fühlte mich unendlich weit weg und dachte nur: ›Ach, Mensch, werde ich ihn jemals wiedersehen?‹ Wenn man einen vermissten Hund nicht innerhalb von ein paar Stunden gefunden hat, gibt es zwar noch keinen Grund zur Panik, aber nach zwei Tagen wird es schon ein bisschen beängstigend.«

Jedes denkbare Schreckensszenario wirbelte ihr durch den Kopf. Hatte sich Occy bei der verzweifelten Flucht am hohen Zaun verletzt? Hatte er sich irgendwo versteckt, war er verwundet und verängstigt? Der Bahnhof von Waratah lag nur einen Kilometer entfernt – was, wenn er sich auf die Bahngleise verirrt hatte und … allein der Gedanke daran war schrecklich.

»Ich machte mir über alles Mögliche Sorgen – nicht nur, dass Occy da draußen war und nirgendwo hinkonnte, sondern auch über Autos und wirklich beängstigende Dinge wie eine Entführung oder Hundekämpfe. Er mag ja wie ein harter Junge aussehen, aber das ist er ganz und gar nicht«, beschreibt Philippa ihren Gemütszustand.

Außerdem stand Philippa noch vor einem anderen Dilemma. So wie Binny ihren Anruf hinausgezögert hatte, überlegte auch sie nun hin und her, wann – oder *ob* – sie Nathan in Übersee anrufen und ihm sagen sollte, dass sein geliebter Hund vermisst wurde. Schließlich beschloss sie, damit zu warten, bis er wieder zu Hause war und selbst entscheiden konnte, wie es weitergehen sollte.

»Nathan ist der Typ Mensch, der Dinge in Ordnung bringen will, und ich wusste, dass er heimkommen wollen würde, um Occy mit mir zu suchen. Weil er das nicht konnte, wäre es für ihn dort drüben noch härter gewesen.«

Nach einer schlaflosen Nacht packte Philippa also ihre Koffer und bereitete sich darauf vor, am Freitagmorgen zurück nach Newcastle zu reisen. Selbst wenn sie nichts anderes tun konnte, als Binny bei ihren von Hoffnung getriebenen Patrouillen auf den Straßen von Georgetown zu entlasten, so würde sie zumindest das Gefühl haben, etwas zu tun, um Occy nach Hause zu holen.

Nur eine Stunde, bevor sie zum Flughafen aufbrechen sollte, klingelte Philippas Telefon. Ihr Herz schlug ihr bis zum Hals, als die Anruferin sich als RSPCA-Inspektorin Claudia Jones zu erkennen gab. Sie hatte einen sehr verängstigten Staffy-Mischling gefunden, der mit verletzten Pfoten auf den Bahngleisen eines Rangierbahnhofs entlang humpelte – und Philippas Telefonnummer stand auf dem Anhänger, der an seinem Halsband hing.

Philippa war überglücklich, sorgte sich aber wegen Occys Verletzungen. »Claudia sagte mir, er sei leicht verletzt, und fragte, ob es mir etwas ausmachen würde, wenn sie ihn zum Tierarzt bringen würde. Ich antwortete, das wäre toll, und gab ihr die Daten von Occys Tierarzt im nächsten Vorort, Hamilton.«

Am anderen Ende der Leitung trat daraufhin eine Pause ein. »Wohin?«, fragte Claudia schließlich nach.

»In Hamilton«, wiederholte Philippa. »Von wo aus rufen Sie an?« Der RSPCA führt ein Tierheim in Rutherford, etwa 30 Autominuten von Hamilton entfernt, und ein Tierkrankenhaus in Tighes Hill, nur fünf Autominuten entfernt. Claudia klärte Philippa auf, dass sie in Auburn saß. »Und ich dachte noch: ›Wo in Newcastle ist das?‹« Dann fiel der Groschen. Claudia war in Auburn bei Sydney – und das bedeutete, dass Occy auch dort war.

Claudia wollte es kaum glauben, doch auch die Verletzungen an Occys Pfoten bestätigten es offenbar: Der zu allem entschlossene Hund war am 5. November während des Sturms in Newcastle weggelaufen, und er hatte einfach nicht aufgehört zu rennen, bis er die westlichen Vororte von Sydney erreichte, zwei Tage später und mehr als 170 Kilometer entfernt.

Die Fahrt vom Zugdepot in Auburn zum nächstgelegenen Tierkrankenhaus war der einfachste Teil von Occys Odyssee; schließlich konnte er sie im klimatisierten Komfort von Claudias Tierschutz-Transportwagen zurücklegen. Der traurige Zustand seiner Pfoten war allerdings Indiz dafür, dass seine Odyssee von Newcastle zu dem riesigen Depot zwischen den Bahnhöfen Auburn und Clyde, wo die Flotte der Sydney Trains gewartet wird, eine weitaus anstrengendere Expedition gewesen war.

Occy wurde von Arbeitern des Rangierbahnhofs dabei beobachtet, wie er entlang der Bahngleise umherirrte. Als er angesprochen wurde, flüchtete er in ein großes Rohr, sie kamen nicht an ihn heran. Er hinkte, schien desorientiert und war eindeutig verängstigt. Die Arbeiter konnten jedoch sehen, dass er ein Halsband trug und dass an diesem Halsband ein Identifikationsanhänger baumelte. Um den armen verletzten Hund nicht weiter zu stressen oder zu verängstigen, hatten sie sich zurückgezogen und die RSPCA angerufen.

Claudia schaffte es, Occy einzufangen, und nach ihrem verblüffenden Telefonat mit Philippa brachte sie ihn zum Tierarzt. Occy war stark dehydriert und seine Pfoten wiesen furchtbare Blasen auf, als wäre er eine lange Strecke über sehr raues oder heißes Gelände gelaufen. Er hatte auch Muskeln abgebaut und war völlig erschöpft. Dies und die Tatsache, dass er in nur zwei Tagen eine so enorme Strecke zurückgelegt hatte, sprach eindeutig für die Hypothese, dass er den ganzen Weg von zu Hause gelaufen war.

Die Zugstrecke von Newcastle nach Sydney ist zwar eine Direktverbindung, aber sie verläuft alles andere als gradlinig. Wenn man davon ausgeht, dass Occy durch den stabilen Drahtzaun auf die Gleise in der Nähe des Waratah-Bahnhofs geschlüpft sein muss – dem nächstgelegenen Bahnsteig von zuhause –, dann hätte er sich im Anschluss einen Weg durch die südwestlichen Vororte der Stadt gebahnt, wobei er den stark verschmutzten Throsby Creek und seine Ausläufer mindestens viermal gekreuzt und sich durch den riesigen Broadmeadow-Bahnhof geschlagen hätte. Dabei hätte er Zügen ausweichen und gleichzeitig irgendwie den richtigen Gleisen in Richtung Sydney folgen müssen. Er hätte drei Hauptverkehrsstraßen über- oder unterquert, bevor er die Stadtgrenze von Newcastle erreichte, dann musste er wohl einen weiteren Bach überquert und sich seinen Weg durch ein weiteres Bahndepot in Glendale, einem Vorort an der Nordspitze des Lake Macquarie, gebahnt haben.

Von Glendale aus überspannen die Gleise den breiten Cockle Creek und führen dann am Rande des Lake Macquarie selbst entlang. Während er sich entschlossen nach Süden bewegte, hatte Occy sicherlich die salzige Luft über der riesigen Salzwasserlagune zu seiner Linken riechen können; der 110 Quadratkilometer große See ist doppelt so groß wie der Hafen von Sydney. Vielleicht ist er stehengeblieben, um die Aussicht zu bewundern. Wahrscheinlicher ist, dass er einfach weiterlief.

Zu Occys Rechten lag ... nicht viel. Riesige Flächen undurchdringlichen Buschlands, die Staatswälder Awaba, Heaton und Olney sowie der Watagans National Park. Und irgendwo mittendrin der M1 Pacific Motorway: Acht Fahrspuren, auf denen der Verkehr zwischen Sydney und Brisbane dröhnt – definitiv kein Ort für einen Hund fern der Heimat.

Was hat Occy wohl von den vier monolithischen Turbolüftern gehalten, die ihn überragten, als er an der Eraring Power Station, Australiens größtem Kohlestromerzeuger, vorbeirannte? Und hat er sein Tempo ein paar Kilometer später noch einmal erhöht, als der stechende Geruch der Dora Creek Waste Water Treatment Works, des Klärwerks vor Ort, in seine empfindliche Nase drang?

Occy pflügte weiter durch die Orte Morisset und Wyee an der Central Coast und überquerte dabei nicht weniger als elf Bäche, bevor er in Charmhaven eine weitere geruchsintensive Begegnung mit einer Kläranlage hatte.

Wer weiß, ob Occy sich von den Zuggleisen entfernte, um aus den vielen Wasserläufen auf seiner Route zu trinken? Das Wetter in jenem November war typisch für den späten Frühling in der subtropischen Central-Coast-Region: Tagsüber war es brütend heiß und extrem feucht, und die Art von heftigen Stürmen, die Occys Reise überhaupt erst ausgelöst hatten, brachten nachts nur vorübergehend Linderung. Sein Maul muss wüstentrocken gewesen sein, und das Ausmaß seiner Dehydrierung, als er gefunden wurde, deutete darauf hin, dass er nur selten oder gar nicht getrunken hat, während die Blasenbildung an seinen Pfoten dafür spricht, dass er nicht nur unbeirrt an der Zugstrecke festgehalten hatte, sondern direkt auf den sonnenerhitzten Stahlschienen gelaufen sein muss.

Kurz hinter Wyong treffen die Gleise aufeinander und laufen dann parallel zum Pacific Highway, der die Haupttransportader an der Ostküste darstellte, bevor der Sydney-Newcastle-Freeway M1 in den 1980er Jahren einen Teil der Verkehrslast übernahm. Aber Autos waren hier das geringste von Occys Problemen. Mit ihren erschwinglichen Wohnungen und den großen, freien Flächen sind die Städte der Central Coast bei Pendlern beliebt, die jeden Tag mit dem Zug nach Sydney fahren. In der werktäglichen Hauptverkehrszeit donnern die Züge alle vier Minuten diesen Teil der Strecke hinunter. Occy musste es mit Ach und Krach geschafft haben.

Könnte Occy einen Teil seiner Reise *an Bord* eines Zuges zurückgelegt haben? Vielleicht gelangte er in einen Waggon und genoss eine kurze Verschnaufpause, bis er von einem Zugbegleiter hinausgejagt oder zusammen mit der Flut der Pendler an einem Bahnhof in Sydney angespült wurde? Das wäre möglich, scheint aber unwahrscheinlich. Seine körperlichen Narben deuten darauf hin, dass Occy die ganze Odyssee aus eigener Kraft bewältigt hat.

Auch Claudia Jones ist davon überzeugt, dass es Occy ohne Hilfe nach Sydney geschafft hat. »Da er sich Fremden gegenüber so zurückhaltend verhielt, ist es unwahrscheinlich, dass er es per Anhalter versucht hat, und die Muskelermüdung, die er zeigte, sowie die Art, wie seine Pfoten beansprucht und wund waren, entsprachen einem langen Lauf«, sagt sie.

Die Bahnstrecke zweigt vom Pacific Highway ab und taucht bei Tuggerah wieder in den Busch ein, bevor sie bei Ourimbah erneut auf die Straße trifft und ihr bis nach Gosford folgt. Dort macht der Pacific Highway eine scharfe Rechtskurve und schlängelt sich durch den Busch, bevor er sich kurz hinter Kariong mit der M1 vereint. Die Zugstrecke führt zur atemberaubenden Lagune Brisbane Water und schmiegt sich auf fast der gesamten Länge von achtzehn Kilometern atemberaubend an ihrem Ufer entlang. Fahrgästen fällt oft die Kinnladen herunter, wenn sie die spektakuläre Aussicht genießen; Occy war zweifellos mehr damit beschäftigt, die beiden schmalen Eisenbahnbrücken unbeschadet zu überqueren.

Sollte Occy während seiner unerschrockenen Reise überhaupt gesichtet worden sein – vielleicht von einem Zugpassagier oder dem Fahrer eines Autos –, so wurde dies nicht gemeldet. Andererseits würde der Anblick eines Hundes, der an einer Zugstrecke entlang trabt, während die Lokomotiven mit 130 km/h vorbeirauschen, den meisten wahrscheinlich wie ein Hirngespinst erscheinen. Sollte Occy tatsächlich dort gesehen worden sein, dann wäre er auf der Flucht vor der Justiz gewesen: Diese Strecke durchschneidet nämlich den Brisbane Water National Park, und alle australischen Nationalparks sind für Hunde tabu.

Nach Brisbane Water überquerte Occy den Hawkesbury River über die 890 Meter lange, siebzig Jahre alte Eisenbahnbrücke knapp nördlich der Stadt Brooklyn. Nachdem er sich noch einmal in den Busch geschlagen hatte und die M1 noch einmal kreuzte, erreichte er schließlich den nördlichen Stadtrand von Sydney. Von dort aus humpelte er noch etwa 40 Kilometer bis nach Auburn, wo seine Reise in Claudias Armen ein gnädiges Ende fand.

Hat er auf seiner zwei-Nächte-Wanderung eine Pause zum Schlafen eingelegt? Hat er gegessen? War er erleichtert, als er Sydney erreichte, oder nur noch verwirrter und verängstigter als zuvor? Spürte er, dass seine aktuelle Sitterin Binny an dem Tag, als er weglief, dort gewesen war? Was hatte er sich nur dabei gedacht?

Dass Occy in Auburn aufgegriffen wurde, weniger als zehn Kilometer von seiner ehemaligen Pflegestelle in Strathfield entfernt – dem letzten Ort, an dem er seinen Bruder Mercury gesehen hatte – war Philippa nicht entgangen. War er vor dem Sturm in Newcastle geflohen und hatte, da er seine feste Familie vermisste, versucht, seine erste Familie – und seinen Hundebruder – zu finden?

»Wir vermuten, dass er durchgängig den Gleisen gefolgt ist. Ob er wusste, dass er von dort kam, und versucht hat, dorthin zurückzukehren, wer weiß?«, sagt sie. »Wahrscheinlich hat er zuerst gedacht: ›Ich muss hier weg, weg von diesem Sturm‹, und dann: ›Ich weiß nicht, wo ich bin, also gehe ich besser einfach weiter in diese Richtung.‹ Ich fühlte mich richtig schlecht, denn es sieht definitiv so aus, als ob er nach Nathan und mir gesucht hätte. Wobei nur Occy das weiß.«

Die Fahrt von Newcastle nach Sydney, um am Samstag mit Occy wiedervereint zu werden, war für Philippa eine Achterbahn der Gefühle. Sie und Audrey waren in der Nacht zuvor zwar in Sydney gelandet, konnten Occy aber nicht direkt mit nach Hause nehmen, weil der Tierarzt ihn über Nacht zur Beobachtung behalten wollte. Also stand sie am nächsten Tag um vier Uhr morgens auf, um ihren verirrten Hund einzusammeln. Für die Fahrt, für die Occy zwei Tage gebraucht hatte, brauchte sie kaum mehr als 90 Minuten.

»Es war verrückt. Ich war überwältigt und wusste nicht, ob ich unglaublich glücklich war oder kurz davor, in Tränen auszubrechen. Wahrscheinlich beides – ich wusste nicht, wie ich mich fühlte. In einem Augenblick lachte ich vor Glück, nur um eine halbe Stunde später wieder zu heulen«, sagt sie.

Auch Schuldgefühle nagten an ihr. Sie hatte beschlossen, Nathan nichts von Occys Tortur zu erzählen, bis sie ihren Hund sicher zu Hause hatte. Als sie Nathan am Abend zuvor angerufen hatte, um ihm zu sagen, dass sie sicher aus Neuseeland zurück waren, hatte er auch nach Occy gefragt. Philippa hatte zwar gesagt, dass Occy »okay« sei. Doch obwohl sie in ihrem Herzen wusste, dass der in Auburn gefundene Hund Occy war, gab es da eine kleine Stimme in ihrem Kopf, die ihr zuflüsterte: *Was, wenn er es nicht ist?* Die Stimme würde erst Ruhe geben, wenn sie ihn selbst sähe.

Deshalb durchflutete sie pure Erleichterung, als sie ihn endlich vor sich hatte – und Occy schien dasselbe zu empfinden. Er war schmutzig und erschöpft, aber seine Freude war spürbar.

»Er war so müde, hinkte, legte sich einfach hin und ruhte sich so gut wie möglich aus. Aber sein Schwanz bewegte sich und er war so aufgeregt, mich zu sehen, ganz so, als würde er denken: ›Oh Gott, ich habe dich gefunden – oder du hast mich gefunden!‹«, sagt Philippa. »Er war einfach super erleichtert. Man konnte diesen Blick in seinen Augen sehen, die Erkenntnis: *Ich kann jetzt nach Hause gehen.*«

Occy und Philippa waren nicht die Einzigen, die das Gefühl hatten, dass ihnen eine enorme Last abgenommen worden war: Binny war überglücklich, dass ihr entlaufener Schützling gefunden worden war. »Es war eine wilde Mischung aus absoluter Freude, Aufregung und Erleichterung, gefolgt von Erstaunen und Schock darüber, wie er den Weg nach Sydney gefunden hat«, berichtet sie.

»Bis heute hat sich an diesem Gefühl nichts geändert – ich würde zu gerne wissen, wie er dahin gekommen ist. Wenn er es uns nur erzählen könnte!«

Als Occy wieder zu Hause in Newcastle war, gestand Philippa auch Nathan die Wahrheit. »Ich musste noch bis nachmittags warten, um ihn anrufen zu können, und platzte dann heraus: ›Weißt du noch, wie ich dir sagte, dass Occy okay sei? Nun, er *war* okay – er war nur nicht bei uns.‹ Ich behaupte jetzt mal, dass das keine Lüge war, denn ich wusste ja eigentlich, dass es ihm gut ging«, lacht sie.

Sogar Kater Bugsy ließ Occy auf seine Weise wissen, dass er vermisst worden war. »Bugsy verhielt sich ganz typisch«, sagt Philippa über ihren langjährigen Katzenfreund, der leider Anfang 2016 verstorben ist. »Er sah leicht desinteressiert aus, ungefähr als dächte er gelangweilt: ›Oh Occy, du bist wieder da?‹ Aber er hing ein paar Tage lang an Occy, als wollte er sagen: ›Ich bin froh, dass du zurück bist, du Idiot.‹«

Occys Pfoten brauchten mehrere Wochen, um zu heilen, und seine Phobie vor Stürmen hielt an. Erst als Nathan ein paar Monate später von seinem Einsatz zurückkehrte, begann sich der Hund endlich zu entspannen.

»Man konnte Occys Seufzer der Erleichterung fast hören, als Nathan nach Hause kam. Es war, als hätte er die ganze Zeit gedacht: ›Ich muss mich mehr ins Zeug legen, um die Mädels zu schützen, während der große Mann weg ist‹«, sagt sie. »Als er seinen besten Spielkameraden zurückhatte, fand er endlich wieder zu seinem entspannten, fröhlichen Wesen zurück. Die Sturmphobie hat sich gebessert, und wir hoffen, dass er sie irgendwann ganz hinter sich lassen kann.«

Philippa und Nathan haben Ende 2015 eine zweite Tochter, Abigale, bekommen, und Occy ist ihr genauso eng verbunden wie Audrey. Nach einem Leben, das sie immer mit tierischen Gefährt*innen verbracht hat, deren Hingabe und Loyalität sie nie in Frage gestellt hat, hat Occys unglaubliche Odyssee Philippas Glauben an die Bindung zwischen Menschen und ihren Haustieren nur gestärkt. »Es hat mir bestätigt, dass Tiere, besonders Hunde, wirklich bemerkenswert sind. Wenn sie wissen, dass sie geliebt werden, werden sie überleben und alles tun, um zu ihrer Familie zurückzukehren.«

Besonders, wenn es eine Familie wie die von Occy ist.

Lauf, Lu, lauf!

Ludivine

Elkmont, Alabama, ist eine dieser amerikanischen Städte, die man fast übersieht. Versteckt im grünen hügeligen Norden des Bundesstaates, eine Autostunde von Alabamas viertgrößter Stadt Huntsville und nur einen Steinwurf von der Staatsgrenze zu Tennessee entfernt, hat der winzige Weiler gerade einmal 450 Einwohner. Die Einkaufsstraße in der Innenstadt besteht aus insgesamt sechs Geschäften. Es gibt nicht einmal eine Ampel.

Obwohl reich an natürlicher Schönheit, war Elkmont bis vor kurzem wohl am besten als Heimat der Country-Musik-Pioniere der 1930er Jahre, der Delmore Brothers, des National Football League-Stars Michael Boley und des preisgekrönten Ziegenkäseunternehmens Belle Chevre bekannt.

Doch am 16. Januar 2016 änderte sich das. Das war nämlich der Tag, an dem eine neugierige Bluthündin namens Ludivine spazieren ging und versehentlich einen Halbmarathon lief – und Elkmont damit weltweit in die Schlagzeilen geriet.

Ludivine begann ihr Leben im größten Gefängnis von Alabama. Sie war einer von vierzehn Welpen, die von Daisy, einer reinrassigen Bluthündin, und Otis, einem Coonhound-Mischling, in der Limestone Correctional Facility im Herbst 2013 geboren wurden. Etwa 30 Kilometer von Elkmont entfernt, zwischen den Städten Athens und Harvest gelegen, beherbergt Limestone mehr als 2000 männliche Gefangene auf 1600 Hektar mit Ackerland, Bächen und dichtem Wald – reichlich Platz also für unternehmungslustige Insassen, die in Versuchung geraten, Schmuggelware oder sogar sich selbst hier zu verstecken. Aus diesem Grund hat das Gefängnis auch ein umfangreiches Hundezuchtprogramm, in dem Beagles für den Einsatz als Spürhunde für Schmuggelware und Bluthunde als Personenspürhunde gezüchtet und ausgebildet werden.

April Hamlin, Beratungslehrerin an der Elkmont High School, wollte schon immer einen »Jagdhund«. Ihr Großvater züchtete Coonhounds, zu denen sechs verschiedene Rassen von speziell für die Waschbärjagd eingesetzten Spürhunden gezählt werden. »Als ich klein war, saß ich immer mit den Hunden meines Opas in deren Gehege. Jagdhunde habe ich schon immer geliebt«, verrät April.

Als Erwachsene hatte April immer mindestens einen hündischen Begleiter – »das waren meistens echte Straßenköter«, lacht sie. Als sie ihren Mann heiratete, einen langjährigen Schäferhund-Liebhaber, schwor auch sie dem Deutschen Schäferhund Treue. Aber der Wunsch nach einem eigenen Jagdhund ließ sie nie los.

»Natürlich habe ich die Schäferhunde lieben gelernt, aber sie brauchen eine Aufgabe, sonst drehen sie irgendwie durch.

Als ich dann Kinder bekam, hatte ich nicht mehr so viel Zeit für die Hunde, und nachdem unser letzter Schäferhund vor ein paar Jahren gestorben war, sagte ich zu meinem Mann: ›Ich hole mir einen Jagdhund.‹ Ich wollte etwas, das ein bisschen weniger intensiv ist. Ich wollte einfach einen faulen Hund!«

April wusste vom Zuchtprogramm des Gefängnisses und bat einen Freund, der dort arbeitete, sie doch anzurufen, falls er einen Bluthund habe, der nicht zum Spürhund tauge. Er machte April keine großen Hoffnungen; Beagle-Welpen hatten sie öfter abzugeben, da das Gefängnis nur eine bestimmte Anzahl brauchte, aber die Würfe der Bluthunde waren seltener, und alle Welpen wurden normalerweise als Spürhunde eingezogen. Er sagte, sie könne jederzeit einen Beagle haben, aber April wollte lieber auf ihren Bluthund warten.

Ein Jahr später kam tatsächlich der Anruf. Ein sechs Wochen alter weiblicher Bluthundwelpe hatte die Musterung nicht bestanden und suchte ein neues Zuhause.

Der Bluthund ist eine uralte Rasse. Man geht davon aus, dass er um das Jahr 1000 n. Chr. in Belgien entstanden ist, und die frühesten Erwähnungen in englischen Texten stammen aus dem dreizehnten Jahrhundert. Von Anfang an wurden Bluthunde zum Aufspüren von Rehen und Wildschweinen eingesetzt, ab dem Mittelalter dann auch von Menschen. Ein Bluthund kann erfolgreich einer Geruchsspur folgen, die Stunden oder sogar Tage alt ist, und das in jeglichem unwirtlichen Gelände. Im Jahr 1954 fand ein Bluthund die Leichen einer vermissten Familie aus Oregon fast zwei Wochen nach ihrem Verschwinden.

Was Bluthunde zu unvergleichlichen Fährtenlesern macht, ist, nun ja: alles. Ihre langen, hängenden Ohren schleifen auf dem Boden, wenn sie auf der Spursuche sind, und fegen die Hautzellen ihrer Beute und andere Geruchspartikel in ihre Nasenlöcher. Ihre kräftigen Nacken- und Schultermuskeln sorgen dafür, dass sie ihre Nasen über Hunderte von Kilometern und über lange Zeiträume hinweg nach unten halten können, um einem Geruch zu folgen. Sogar die Wangen, die ihnen ihren besonderen Hundeausdruck verleihen, erfüllen einen Zweck: Diese lockeren Hautfalten, die als »Schal« bezeichnet werden, fangen Duftpartikel aus der Luft und dem Gelände ein.

Aber hauptsächlich geht es um die Nase. Die Nase eines durchschnittlichen Hundes enthält zwischen 125 und 220 Millionen Riechzellen, also Duftrezeptoren. Das sind bereits vierzigmal so viele wie beim Menschen; wir haben vergleichsweise läppische fünf Millionen. Aber die Nase eines Bluthundes hat zwischen 230 und 300 Millionen Geruchsrezeptoren. Wenn der Riechkolben – der Teil des Gehirns, der Gerüche analysiert – beim Menschen die Größe einer Briefmarke hat, ist er beim Bluthund eher so groß wie ein Taschentuch. Diese Hunde sind so versiert im Aufspüren von Gerüchen, dass Beweise, die durch die Nase eines Bluthundes beschafft werden, vor Gericht zulässig sind.

Forscher glauben, dass Bluthunde tatsächlich Gerüche »sehen«. Das Erschnüffeln eines Geruchsartikels – ein Gegenstand, der von der Beute berührt wurde, wie zum Beispiel ein Kleidungsstück oder sogar ein Autositz – bombardiert die Geruchsrezeptoren, die dann eine Flut von chemischen Botschaften an den Riechkolben senden. Auf diese Weise entsteht ein hochdetailliertes »Geruchsbild«, das dem Hund hilft, Atem-, Schweiß- und Hautpartikel, die die Zielperson hinterlassen hat, aufzuspüren. Wenn ein Bluthund einmal eine Duftspur gefunden hat, wird er nicht mehr von ihr abweichen, egal, wie viele andere Gerüche ihm begegnen. Zumindest ist das bei den *meisten* Bluthunden der Fall. Ludivine zog es jedoch vor, die Dinge ein wenig anders anzugehen.

»Die Welpen werden, wenn sie etwa fünf Wochen alt sind, auf dem Gefängnishof ausgesetzt und dann wartet man ab, welche von ihnen eine Spur finden. So kriegt man heraus, welche die Gabe haben könnten, und die, die sie nicht haben, werden abgegeben«, erklärt April. »Ludivine war die erste, die sie losgeworden sind.«

Die kleine Ludivine, so schien es, war nämlich ein bisschen in ihren eigenen Sphären unterwegs. Ein Wirrkopf. Eine Tagträumerin. So liebenswert sie auch war, als sie die grundlegenden Fähigkeiten für Gefängnis-Spürhunde vermittelt bekommen sollte, war die leicht ablenkbare Lu eher mit der Jagd auf Schmetterlinge beschäftigt.

»Sie sagten, sie hätte noch nicht mal annähernd die Aufmerksamkeitsspanne eines Spürhunds. Lu hat einfach überhaupt keinen Fokus, was ja nicht schlimm ist, aber eben nicht für einen Spürhund in einem Gefängnis funktioniert! Mein Freund rief also an und sagte: ›Wir haben da eine Hündin, die zum Abholen bereit wäre‹. Also fuhren wir zum Gefängnis und sammelten sie ein, da war sie sechs Wochen alt.«

Natürlich war Ludivine – ausgesprochen luu-deh-vien – noch nicht Ludivine. Im Gefängnis hatte sie keinen Namen bekommen. Es lag an der Hamlin-Familie, einen passenden Namen auszuwählen, also wühlte April in ihrer immer größer werdenden Datei mit potenziellen Kosenamen.

»Wenn ich einen Namen höre, denke ich oft: ›Das wäre ein guter Name für einen Hund oder ein Pferd.‹ Das ist einfach meine Art«, lacht sie.

Gerade hatte sie den Film »Ein gutes Jahr« aus dem Jahr 2006 gesehen, in dem Russell Crowe einen Investmentbanker spielt, der das Chateau und Weingut seines Onkels in der Provence erbt. Zum Weingut gehört auch Ludivine Duflot, eine exzentrische Haushälterin, gespielt von der französischen Schauspielerin Isabelle Candelier. Der Name schien perfekt für Aprils Punk-Welpen aus dem Gefängnis zu sein.

»Die Figur ist wirklich abgedreht und verrückt, und der Name schien zu passen. Meine Kinder sagten: ›Bitte nenn die Arme doch nicht Ludivine! Der Name gefällt uns nicht.‹ Worauf ich nur sagte: ›Ihr könnt sie ja Lu nennen!‹«

Als langjährige, erfahrene Hundebesitzerin war April noch nie davor zurückgeschreckt, die notwendigen Zeit zu investieren, um einen Welpen zu erziehen. April ging davon aus, dass die Ausbildung von Lu ein Kinderspiel sein würde. Aber als sie sich daran machte, das neue Familienmitglied zu trainieren, stellte sie schnell fest, dass Ludivine zwar nicht die für einen Spürhund erforderliche Hartnäckigkeit besaß, aber definitiv eine sturköpfige Ader hatte.

»Ich hatte viel darüber gelesen, dass Jagdhunde ab einem bestimmten Punkt einfach nicht mehr hören, und ich dachte: ›Für mich wird das kein Problem sein‹«, sagt sie. »Aber Ludivine verbrachte viel Zeit damit, sich zu entscheiden, dass sie nicht tun würde, was ich ihr sagte.«

Sie weigerte sich, zu kommen, wenn man sie rief; lieber lief sie in die entgegengesetzte Richtung. Sie wollte nicht an der Leine laufen. Stubenrein zu werden, dauerte eine Ewigkeit:

Lu stand die 40-Hektar-Farm der Familie zur Verfügung, sie schlich in den Keller, um sich zu erleichtern.

»Der Keller hat einen Betonboden, und sie rannte dort hinunter, um auf die Toilette zu gehen, vermutlich, weil sie an den Betonboden im Gefängniszwinger gewöhnt war«, sagt April. »Wir dachten, wir würden sie nie stubenrein bekommen.«

Die ganze Familie hatte sich trotzdem in die schrullige Ludivine verliebt. »Sie ist einfach wunderschön. Sie hat diesen edlen Bluthund-Ausdruck und sie hat eine schöne Stimme«, sagt April. »Sie ist albern – sie hat absolut keine Vorstellung von persönlichem Abstand. Sie ist der beste Hund zum Knuddeln, sie lehnt sich einfach an und verschmilzt mit dir. Und sie ist absolut tiefenentspannt.«

Nach mehreren frustrierenden Monaten an der Trainingsfront mit Fortschritten im Null-Bereich stolperte April schließlich über Ludivines Schwäche: Salami! Plötzlich war der pfeilschnelle Köter viel einfacher zu handhaben. Die Familie war sogar in der Lage, Lus Fährteninstinkt in dem acht Hektar großen, von Quellen gespeisten Waldstück auf ihrem Grundstück zu fördern.

»Als sie größer wurde, machte ich mit ihr lange Spaziergänge um unseren Hof und lockte sie mit Salami. Ich werde nie vergessen, wie ich das erste Mal mit ihr in den Wald ging. Man konnte sehen, dass sie dachte: ›Wow, das ist eine ganz neue Welt.‹ Meine Tochter Thea und mein Sohn Van nahmen sie an die Leine, ich versteckte mich und sie fand mich.«

Die lustigen Verfolgungsspiele weckten offensichtlich etwas in Ludivine; etwas Ursprüngliches, dem sie nicht widerstehen konnte. Plötzlich wollte sie umherstreifen. Seit sie etwa eineinhalb Jahre alt ist, verschwindet Lu mit vorhersehbarer Häufigkeit aus Aprils Revier. Wenn April tagsüber zur Arbeit geht oder Ludivine nach draußen lässt, um dem Ruf der Natur zu folgen (das Toilettentraining hat sich endlich ausgezahlt), läuft die Hündin davon, genau wie die Ausbrecher, die zu suchen sie gezüchtet worden war. An den Wochenenden, wenn Lu das ganze Grundstück erkunden darf, streift sie immer weit über die Grenzen hinaus.

Manchmal dauern ihre Reisen nur ein paar Stunden. Dann kommt Lu fröhlich nach Hause getrabt, zweifellos hat sie gefunden, was sie gesucht hat. Zu anderen Zeiten muss April verlegen ihr umherstreifendes Hündchen von dort zurückholen, wo es gelandet ist.

»Sie findet uns, wo immer wir sind. Meine Kinder gehen in die Schule, in der ich arbeite, und Lu hat uns dort jeden Tag aufgespürt. Sie haben mich schon angefunkt und ich musste sie nach Hause bringen. Einmal hat sie uns auf dem Ballspielplatz gefunden.«

Die Bewohner*innen des verschlafenen Elkmont lernten die übermütige Bluthündin bald kennen und lieben, als sie ihre Runden durch die Stadt drehte. Manchmal rufen sie April an oder schicken ihr per SMS Bilder: »Lu ist in der Stadt, soll ich sie nach Hause bringen?« Meistens aber überlassen die Einheimischen sie sich selbst, denn sie wissen, dass sie schon den Weg nach Hause finden wird.

»Manchmal rufen Leute an, die nicht aus Elkmont kommen, und sagen: ›Ich mache mir Sorgen um Ihren Hund!‹ Eine Dame hat sie mal eingesammelt und nach Huntsville, das ist eine Stunde weit weg, mitgenommen, damit sie in Sicherheit war«, erzählt April. »Kürzlich rief ein Mann an und sagte, er habe sie entdeckt, und ich sagte: ›Wissen Sie was, das hört sich vielleicht schräg an, aber wenn Sie sie in Ruhe lassen, ist sie in ein paar Minuten wieder zuhause.‹ Sie ist eine Bluthündin, sie kennt ihren Weg.«

Ludivine hat ihre regulären Jagdgründe in Elkmont und Umgebung, aber ihr Lieblingsort ist der Richard Martin National Recreation Trail. Der 16 Kilometer lange Weg wurde auf einer stillgelegten Eisenbahnstrecke gebaut – daher auch sein Spitzname »Rails to Trails«, von den Schienen zum Erholungspfad. Er schlängelt sich durch die Innenstadt von Elkmont, über das Gelände der Schlacht vom Sulphur Creek Trestle mit seinem Fort und durch wunderschöne Feuchtgebiete, in denen es von im Tennessee Valley heimischen Pflanzen und Tieren nur so wimmelt. Er ist nach Richard Martin benannt, jenem Einwohner von Elkmont, der fünfundzwanzig Jahre lang die Bemühungen der Gemeinde um den Bau des Trails anführte.

»Rails to Trails« ist beliebt bei Wanderern, Radfahrer*innen, Läufer*innen, Vogelbeobachter*innen und Reiter*innen – und bei Ludivine, die sich gerne in der Innenstadt an der Compton Street auf den Weg macht und so lange neben Jogger*innen oder Pferden herläuft, wie es ihr gefällt, oder sie von einem wohlmeinenden Passanten angehalten und nach Hause geschickt wird. Der Pfad ist auch Teil der Strecke des jährlichen Halbmarathons von Elkmont, dem Trackless Train Trek.

Bei der Premiere 2016 hieß die Veranstaltung noch Trackless Train Trek. Von nun an ist er jedoch als Hound Dog Half bekannt, in Anerkennung seiner berühmtesten Teilnehmerin: Ludivine.

Der Trackless Train Trek war die Idee der Eltern und Freund*innen der jungen Langlauf- und Leichtathlet*innen der Elkmont High School. Das Ziel war, Geld für die Teams zu sammeln, damit sie an Wettkämpfen im ganzen Bundesstaat teilnehmen können.

»Etliche Eltern und Freund*innen in der Gemeinde trainieren im Sommer mit den Kindern, und wir lieben es, an den Wochenenden zusammenzukommen und zu laufen. Wir genießen die Halbmarathon-Distanz und haben gemerkt, dass im Januar oder Februar ein Wettbewerb im Norden Alabamas nicht schlecht wäre«, sagt Renndirektorin Gretta Armstrong.

Wie bei fast allen Langstreckenläufen und Volksläufen gab es auch beim Trackless Train Trek ein striktes Verbot von Haustieren. Es war keine offizielle Richtlinie; niemand dachte daran, dies in die Veranstaltungsbedingungen zu schreiben, denn niemand hätte sich je träumen lassen, dass eine zwei Jahre alte Bluthündin neben den 165 menschlichen Teilnehmer*innen an der Startlinie stehen würde.

Aber genau das ist passiert. Ludivine schlenderte am 16. Januar die 400 Meter von Aprils Eingangstor in die Innenstadt von Elkmont, zweifellos dem verlockenden Duft von frischem Kaffee und Bagels folgend, mit denen sich die Läufer*innen vor ihrem Rennen stärkten. Und als pünktlich um acht Uhr morgens der Startschuss fiel und alle losliefen, lief Lu gleich mit.

»Ich habe gesehen, wie Ludivine an den Start ging, und um ehrlich zu sein, war ich ein wenig besorgt, dass sie sich mit den Läufern verheddern und jemanden zu Fall bringen könnte. Am Start eines Rennens ist immer viel los, und wir waren nicht nur um ihre Sicherheit besorgt, sondern auch um die der anderen Läufer*innen«, sagt Gretta. »Glücklicherweise gab es beim Start keine Stolperfallenprobleme und alle haben sich amüsiert, als Lu mit den Führenden gestartet ist.«

Wie alle anderen in Elkmont kennt Gretta Ludivine gut. »Ludivine ist eine sehr, sehr liebe Hündin – sie begegnet keinem Fremden, jeder ist ihr Freund. Wenn man in einer Stadt mit 450 Einwohnern lebt, ist es nicht schwer, seine Nachbarn zu kennen – auch die vierbeinigen!«

Nachdem sie gesehen hatte, dass der Halbmarathon ohne Zwischenfälle begonnen hatte, widmete sich Gretta der wichtigen Aufgabe, sicherzustellen, dass auch der Rest des Rennens reibungslos ablaufen würde. Sie schenkte der sprintenden Bluthündin keine weitere Beachtung.

April erfuhr zuerst von Ludivines Heldentaten an diesem kühlen grauen Samstagmorgen, als eine Kollegin aus der High School, die als Freiwillige beim Halbmarathon mitlief, ihr ein Bild von einer stolz aussehenden Lu schickte, die eine sogenannte Finisher-Medaille um den Hals trug, die belegte, dass sie es bis ins Ziel geschafft hatte. Das Foto wurde begleitet von einer Nachricht: *Ihre Hündin hat gerade den siebten Platz beim Halbmarathon belegt!*

April gluckste. Sie hatte überhaupt nicht bemerkt, dass Ludivine das Grundstück verlassen hatte. Sie nahm an, dass Lu gegen Ende des Rennens dazugestoßen wäre, vielleicht die letzten paar hundert Meter gelaufen wäre, und die Organisatoren ihr die Medaille zum Spaß verliehen hätten. Aprils größte Sorge war, ob Ludivine eine Gefahr dargestellt oder den Läufer*innen in die Quere gekommen war.

»Mein erster Gedanke war, dass Barry Pugh, der Trainer der Cross-Country- und Leichtathletik-Teams, mit dem ich zusammenarbeite, mich umbringen würde! Ich habe sie gar nicht erst abgeholt, weil ich dachte: ›Sie wird schon nach Hause kommen‹«, erinnert sie sich. »Dann rief aber ein Freund an, der sagte: ›Du musst herkommen, die Leute sind verrückt nach deiner Hündin.‹«

Erst als sie sich auf den Weg in die Innenstadt machte, um ihr abenteuerlustiges Haustier abzuholen, wurde April das wahre Ausmaß von Ludivines unglaublicher Odyssee bewusst. Sie war den gesamten Halbmarathon – 21,1 Kilometer oder 13,1 Meilen – in einer beeindruckenden Zeit von 1:32:56 gelaufen. »Das hat mich allerdings nicht wirklich überrascht«, gibt April zu. »Sie liebt Menschen. Als sie gesehen hat, dass da Leute rumlaufen, hat sie beschlossen, mitzulaufen. Was mich aber überrascht hat, war ihre Konzentration dabei. Ich habe Fotos gesehen, auf denen sie richtig ernst aussieht.«

Gretta Armstrong hingegen *war* von Ludivines Leistung überrascht. Sie wusste auch nicht, dass die Hündin die gesamte Strecke gelaufen war, bis sie die Ziellinie überquerte. »Wir sind es gewohnt, dass Hunde mit uns mitrennen und dann abgelenkt, gelangweilt oder müde werden und sich zurückfallen lassen, aber dass sie die gesamte Strecke an der Spitze des Rudels mitgelaufen ist, ist einfach großartig«, sagt Gretta.

»Trainer Pugh und andere, die an der Ziellinie arbeiteten, waren überrascht, als sie sie auf sich zukommen sahen, aber erst als Jim Clemens, der den vierten Platz belegte, sie bat, ihr etwas Wasser zu holen, weil ›sie die ganze Strecke geschafft hat‹, wurde ihnen klar, dass Lu gerade 13,1 Meilen gelaufen war.«

Laut den offiziellen Rennergebnissen beendete Ludivine das Rennen in einem Zweikampf mit dem 50-jährigen Jon

Elmore und lag weniger als eine Minute hinter dem sechst-platzierten Tim Horvath aus Huntsville. Lu war drei Sekunden schneller als Julia Mateskon, ebenfalls aus Huntsville, was technisch gesehen bedeutet, dass sie die erste Frau im Ziel war. (Fürs Protokoll: Das Rennen wurde vom 38-jährigen Keith Henry aus Huntsville in schnellen 1:19:10 gewonnen.) »Sie ist mir zum ersten Mal vor dem Rennen auf dem Parkplatz aufgefallen. Sie sprang freudig hoch und ich streichelte sie am Kopf«, erzählte Tim Horvath dem Magazin *Runner's World* nach dem Rennen. »Ich sah ihr Halsband, also dachte ich, dass sie schon jemandem gehören wird. Elkmont ist eine kleine Stadt, in der jeder jeden kennt, also kam mir das nicht ungewöhnlich vor.«

Was ihn – und den Rest des Feldes – dann überraschte, war Lus Hartnäckigkeit. Sie hielt die meiste Zeit des Rennens mit der Spitzengruppe mit und wurde nur langsamer oder wich von der Strecke ab, wenn ihre Nase sie an einen verlockenden Ort führte. Nach drei Kilometern hielt sie inne, um einen Kaninchenkadaver zu untersuchen. Die Verpflegungsstationen, die von einheimischen Freiwilligen besetzt waren, mied sie zugunsten einer Rehydrierung in einem Bach.

Jedes Mal, wenn sie anhielt, dachten die führenden Läufer*innen, Ludivine hätte genug und würde sich auf den Heimweg machen. Aber sie hatten die Rechnung ohne ihren berüchtigten Bluthund-Sturkopf-Charakterzug gemacht.

»Einmal schweifte sie ab und traf einen anderen Hund neben der Strecke. Später machte sie einen kleinen Abstecher ins Feld mit einigen Maultieren und Kühen. Dann kam sie zurück und lief um unsere Beine herum«, erzählte Tim der *Runner's World.* »Ich fragte mich, ob sie nicht bald müde werden oder nach Hause zurücklaufen würde, wo auch immer das sein mochte.«

Ludivine war zwar leicht abzulenken, wenn es ums Spürhundetraining fürs Gefängnis ging, aber an diesem Tag konnte sie nichts von ihrem Ziel abbringen – sicher zum Leidwesen der Spitzenläufer*innen, die nicht damit gerechnet hatten, eine Hündin überholen zu müssen.

Als sie den Halbmarathon beendete, verlangsamte Ludivine, genau wie die anderen Läufer*innen, ihren Schritt, »als wüsste sie: ›Ich bin fertig‹«, sagt April. Ein freundlicher Mitläufer bot ihr ein Stück Pizza an, das Lu dankend annahm – und dann davonrannte, um es unter einem Baum zu vergraben. Sobald April sie nach Hause brachte, rollte sich die erschöpfte Hündin zusammen und schlief ein.

»Sie war sehr, sehr müde. Wir brachten sie nach Hause und sie schlief einfach auf dem Boden ein. Auch am nächsten Tag war sie noch müde«, sagt sie.

Falls April gedacht hatte, dass die Geschichte von Lus Halbmarathon-Abenteuer eine skurrile lokale Legende bleiben würde, erlebte sie bald eine weitere Überraschung. Die Nachricht von Ludivines epischer Odyssee auf vier Pfoten verbreitete sich wie ein Lauffeuer. Die Geschichte wurde von hochkarätigen Print-, Rundfunk- und Online-Medien in den USA und Kanada und sogar in Großbritannien, Europa und Australien aufgegriffen. Sie wurde zu einer Reihe von Volksläufen in nah und fern eingeladen, und April richtete einen Twitter-Account und eine Facebook-Seite für sie ein, die in nur einem Monat fast 2000 Follower anzogen.

Ludivine wurde später zum »First Dog of Limestone County« ernannt und ins Rathaus von Elkmont gerufen, wo der Vorsitzende der Limestone County Commission, Mark Yarbrough, ihr eine weitere Medaille überreichte, diesmal für die Förderung des Bezirks und der Stadt. Der Gouverneur von Alabama, Robert Bentley, gratulierte Ludivine sogar auf Twitter zu ihrem Einsatz und schrieb ihr später einen persönlichen Brief.

»Es hat Spaß gemacht. Und ja, es war großartig, aber ich kann die Reaktionen fast nicht glauben, denn für mich ist sie einfach Lu«, sagt April. »Jeder, der Hunde liebt, denkt einfach, dass es eine tolle Geschichte ist. Jedenfalls zehnmal besser als das, was normalerweise in den Nachrichten kommt.« Dass Ludivines bemerkenswerter Lauf offenbar keine Eintagsfliege oder Zufall war, fand April schließlich auch noch heraus. »Ich wurde von etlichen Leuten kontaktiert mit Nachrichten wie: ›Sie ist mit mir x Meilen auf dem Richard-Martin-Trail gelaufen‹, also vermute ich, dass sie dort unten ihr Training absolviert hat«, lacht sie. »Wenn sie draußen unterwegs ist, kann man nie genau sagen, bis wohin sie kommt.«

Der Trackless Train Trek wurde zu Lus Ehren in »Hound Dog Half« umbenannt und die Organisator*innen fertigten T-Shirts mit ihrem Bild an. Sie werden bei lokalen Veranstaltungen und online verkauft, um Geld für die Crosslauf- und Leichtathletik-Teams der Elkmont High School zu sammeln.

Für Gretta Armstrong war die Umbenennung des Rennens eine Selbstverständlichkeit. »Ludivines Geschichte ging viral und um die Welt. Wir wurden mit Anfragen nach Informationen, Bildern und Interviews überschwemmt. Da dieser Lauf eine Spendenaktion für die Kinder ist, setzten wir alles daran, um den Schwung zu nutzen«, sagt sie. »Selbstverständlich haben wir uns mit April abgesprochen, bevor wir das Rennen umbenannt haben, und sie war einverstanden.«

April sagt, sie wolle nicht persönlich von Lus Berühmtheit profitieren, aber sie sei begeistert, dass ihre alberne Hündin etwas bewirken könne. »Ich habe nichts getan – ich habe nur an einem Samstagmorgen die Tür geöffnet und sie rausgelassen – und dann ist es passiert, und ich glaube, es ist aus einem guten Grund passiert. Weshalb wir ihren Ruhm gerne für wohltätige Zwecke nutzen.«

Die Leute fragen April oft, was Ludivine sich wohl gedacht hat, als sie an diesem Tag rannte und rannte und rannte, und April ist überzeugt, dass sie die Antwort kennt.

»Ich habe lange darüber nachgedacht und bin mir ziemlich sicher, dass ich weiß, was sie gedacht hat. Irgendwann in diesem Rennen hat sie bewusst entschieden, dass sie den Rest des Rennens laufen will. Sie wird gedacht haben, dass sie einfach eine klasse Zeit und jede Menge Spaß hat, und so ist sie weitergelaufen«, sagt sie. »Sie hat sicher gedacht: ›Ich bin hier draußen, und all diese Leute sind hier, um mich zu sehen. Ich bin frei.‹«

Ganz schön erstaunlich, was passieren kann, wenn man einfach seiner Nase folgt.

In 80 Wegen um die Welt

Oscar

Es gibt höhere und breitere Wasserfälle auf der Welt, aber keiner produziert einen größeren und spektakuläreren Wasservorhang als die Victoriafälle in Afrika. Auf dem Höhepunkt der Regenzeit im März und April stürzen hier über 500 Millionen Kubikmeter Wasser pro Minute in die mehr als 100 Meter tiefe Schlucht. Sie ergießen sich über die Kante der 1,7 Kilometer breiten Fälle, die am Sambesi-Fluss die Grenze zwischen Sambia und Simbabwe bilden. Die Gischtsäulen ragen fast einen Kilometer in die Höhe und sind aus bis zu 50 Kilometern Entfernung zu sehen.

Das indigene Volk der Tokaleya nennt die Fälle Mosioa-Tunya – »Rauch, der donnert« –, und es ist leicht nachzuvollziehen, warum. Denn diese ursprüngliche, donnernde Schönheit ist ohne Zweifel gefährlich. Berichten zufolge sind in den letzten Jahren einige Touristen aus dem sogenannten »Devil's Pool«, einem natürlichen Becken am Rande der Fälle auf der sambischen Seite, in den Tod gerutscht.

Die atemberaubende Kulisse der Wasserfälle wird von der Fülle und Vielfalt der Tierwelt in den umliegenden National-parks noch übertroffen. Die Parks beherbergen große Populationen von Elefanten, Büffeln, Zebras, Affen, Pavianen und Giraffen, wobei auch Löwen, Leoparden und Geparden regelmäßig gesichtet werden.

Im Sambesi wimmelt es von Flusspferden und Krokodilen, die beide zu Recht einen furchteinflößenden Ruf besitzen – allein Flusspferde sollen in Afrika jedes Jahr für mehr menschliche Todesfälle verantwortlich sein als Löwen, Elefanten, Leoparden, Büffel und Nashörner zusammen. Die Hotels, die die Flussufer säumen, haben Elektrozäune installiert, um die für ihre Aggressivität bekannten Kreaturen davon abzuhalten, die Gäste zu bedrohen.

So beeindruckend die mächtigen und potenziell tödlichen Victoriafälle auch sein mögen, sie sind nicht unbedingt der ideale Ort für einen kleinen Hund, um in der Dämmerung eine Runde schwimmen zu gehen. Doch genau das passierte eines Nachts im Mai 2009, als ein fünfjähriger Mischling namens Oscar beschloss, ein Bad zu nehmen.

Sambia war für Oscar und seine Besitzerin, Joanne Lefson, die neueste Station auf ihrer Weltreise. Joanne entspannte sich gerade nach einem langen Reisetag mit einem Drink vor ihrem Hotel, als der Abend eine erschreckende Wendung nahm. Sie ging davon aus, dass Oscar in seiner gewohnten Position zu ihren Füßen lag, aber stattdessen hatte er sich klammheimlich davongeschlichen. »Im nächsten Moment drehten die Sicherheitskräfte durch. Oscar war durch die

Tore gewitscht und schwamm im Fluss, zweihundert Meter von den Victoriafällen entfernt«, erinnert sie sich. »Er liebt es zu schwimmen, weshalb er sich sofort ins Wasser stürzt, wenn sich die Gelegenheit anbietet.« Joanne rannte zum Ufer und schrie über das Tosen des Wassers hinweg seinen Namen. Oscar paddelte weiter, ohne zu bemerken, dass »da Tausende von Krokodilen« ihn wie einen leckeren Snack beäugten. »Ich fürchtete«, sagt Joanne, »dass er nicht zurückkommen würde.« Ihr blieb nur, in die Dunkelheit da draußen zu starren und zu beten.

Oscars und Joannes weltumspannende Odyssee hatte offiziell im Mai dieses Jahres begonnen, als sie Joannes Heimat Südafrika verließen, um die von ihr so genannte »World Woof Tour« zu starten. In Wirklichkeit fing ihre Reise jedoch schon im Januar 2004 an, als Joanne nach dem Ende ihrer Ehe mit einem amerikanischen Tierarzt von San Diego nach Kapstadt zurückkehrte.

Sie hatte nun zwar ein neues Zuhause und begann ein neues Leben, aber Joanne spürte, dass etwas fehlte. Als leidenschaftliche Hundeliebhaberin wusste sie, dass es Zeit für einen neuen hündischen Begleiter war.

»Es ist schwer zu sagen, wann und wo genau meine Liebe zu Hunden begann, aber es gab immer einen Hund in meinem Leben«, sagt sie. Ihr Vater hatte eine idyllische Kindheit im Stil von »Passage to India«, diesem historischen Roman von E.M. Forster, der 1984 verfilmt wurde, genossen. Als er mit seinen britischen Eltern in Indien unter britischer Herrschaft aufwuchs, hatte er Elefanten und Pfauen als Haustiere, aber Joanne »fühlte sich schon als Kind immer zu Hunden hingezogen«.

»Meine Eltern waren geschieden, also denke ich, dass der Familienhund, den wir zu der Zeit hatten, zu meiner Konstante in der Familie wurde – ein liebevolles Wesen, das sich nie veränderte«, sagt sie.

Sobald sie alt genug war, meldete sich Joanne als Freiwillige im örtlichen Tierheim der Society for the Prevention of Cruelty to Animals (SPCA). »Meine Eltern verboten mir das schließlich, mit der Begründung: ›Jedes Mal, wenn du ehrenamtlich arbeitest, bringst du einen anderen Hund mit zurück.‹ Vielleicht war ich ja in einem früheren Leben ein Hund, wer weiß!«

Obwohl ihre Anknüpfungspunkte vorübergehend auf Eis gelegt wurden, erwiesen sich die Erfahrungen im Tierheim als prägend für Joanne. Tagtäglich hatte sie dort vernachlässigte, misshandelte und unerwünschte Hunde gesehen, die im Tierheim abgegeben oder als Streuner aufgegriffen wurden, und sie sagt, dass sie hier ein Faible für die Underdogs des Lebens entwickelt hat – sowohl im wörtlichen als auch im übertragenen Sinne.

»Ich erinnere mich an einen kleinen Welpen, der eingeschläfert wurde, als ich zwölf oder dreizehn war, und zu sehen, wie etwas, das so gesund und lebendig war, innerhalb von Sekunden einfach nicht mehr da war, war für mich wie ein Schlag und ich fragte mich: ›Wie kann das passieren?‹«, sagt sie. »Es gab eine große emotionale Verbindung für mich, und diese hat mich nie wirklich verlassen.«

Der vorherrschende Glaube, dass Tierheimhunde »beschädigte Ware« wären, verblüffte sie, da sie nur gesunde, intelligente, liebevolle Hunde sah, die einfach eine Chance haben wollten. »Die meisten Leute gingen davon aus, dass es in den Tierheimen nur ›schlechte‹ Hunde gibt, und das fand ich unglaublich frustrierend. Tierheimhunde sind so wunderbare Geschöpfe und werden so oft übersehen«, sagt sie.

Später erwarb Joanne einen Abschluss in den Fächern Natur- und Fischereiwissenschaft an der Texas A&M University und machte Karriere als Profigolferin und Journalistin. Auch nach ihrer Heirat und einem Umzug in die USA ging ihr die Notlage der Tierheimhunde nie ganz aus dem Kopf. »Wahrscheinlich habe ich einen Tierarzt geheiratet, weil ich dachte, ich könnte so ein paar Rechnungen für die Tierheime sparen, mit denen ich zu tun hatte«, lacht sie.

Als sie nach ihrer Scheidung im Jahr 2004 nach Südafrika zurückkehrte, stand ein Besuch im Tierheim des SPCA am Kap der Guten Hoffnung in Grassy Park ganz oben auf ihrer To-do-Liste. Als erfahrene Hundeadoptantin – sie hatte im Laufe der Jahre mindestens einem Dutzend Hunde eine »zweite Chance« in ihrem Haus geboten und sie willkommen geheißen – hatte Joanne schon immer Wert darauf gelegt, die Hunde zu retten, die andere ablehnten. »Ich habe immer den ältesten oder hässlichsten genommen oder den, von dem ich dachte, dass er keine Chance hätte«, sagt sie.

An diesem Januartag hatte sie bereits einige Hunde in die engere Auswahl genommen, als sie am Zwinger B5 vorbeikam. Darin saß ein stämmiger kleiner Köter mit struppigem, braun-gescheckten Fell, Schlappohren und einem breiten Hundegrinsen. Er war als Streuner aufgegriffen worden und hatte nicht einmal einen Namen; die Tierheim-Mitarbeiter*innen nannten ihn einfach nach der Nummer auf seinem Käfig.

»Ich hatte eine Freundin dabei und wir fingen an zu lachen, weil er so lustig aussah. Er rollte sich auf den Rücken und war einfach zu süß«, sagt Joanne.

So betörend er auch war, Joanne schloss den kleinen Hund zunächst als potenzielles Haustier aus. Er war absolut bezaubernd und würde sicher schnell ein Zuhause finden. Sie war fest entschlossen, einen Hund zu wählen, der nicht mit einem so guten Aussehen gesegnet war. »Ich dachte mir: ›Ich kann doch nicht den süßesten Hund aus dem Tierheim mitnehmen‹«, verrät sie.

Aber das Schicksal ist so eine Sache, besonders bei Hunden in Tierheimen. Dieser sympathische Hund mochte der süßeste Hund im Tierheim gewesen sein, aber er war bereits seit zwölf Tagen dort. Bei der SPCA werden streunende Hunde, die nicht innerhalb von zehn Tagen abgeholt werden, zur Adoption freigegeben. Viele werden schnell adoptiert; andere können Monate oder sogar Jahre im Tierheim schmachten. Einige Hunde kommen im Tierheim nicht zurecht und entwickeln einen psychologischen Zustand, der als »Zwingerstress« bekannt ist und sich in übermäßigem Hecheln, Herumlaufen, Aggression oder Depression äußern kann. In diesen Fällen sieht die SPCA die Euthanasie als die beste Lösung vor.

Wenn eine freundlose Kreatur also nicht rasch ein Zuhause findet, kann seine Zukunft in der Tat düster aussehen. »In diesem Moment entschied ich: ›Okay, ich nehme ihn‹«, sagt Joanne. Sie nannte ihn Oscar.

Da er ein Streuner war, wusste das Tierheim auch nichts über Oscars Vorleben. Sie kannten nicht einmal sein Alter oder seine Rasse; allerdings vermuteten sie, dass er etwa ein

Jahr alt war und nach einem Terrier-Mix aussah. (Jahre später ließ Joanne für Oscar in einem Labor in Florida einen DNA-Test machen, und die Ergebnisse zeigten, dass sein Erbgut aus einer Mischung aus Schäferhund, Corgi und Bassett Hound bestand). Was zweifelsfrei feststand, war, wie *süß* Oscar war. Überall, wo sie mit ihrem neuen vierbeinigen Freund hinkam, wurde Joanne von Leuten belagert, die wissen wollten, wo sie so einen charmanten kleinen Hund gefunden hatte.

»Vom ersten Tag an zog er einfach die Aufmerksamkeit auf sich«, sagt sie. »Ich war auf der Suche nach einem Kumpel gewesen, mit dem ich abhängen konnte, aber egal, ob ich in einem Café saß oder Auto fuhr, die Leute fragten: ›Was ist das für ein Hund?‹ oder ›Wo kann ich so einen wie ihn bekommen?‹ Ich hätte ihn hundertmal am Tag verschenken können.«

2007, drei Jahre nachdem Joanne Oscar adoptiert hatte, fragten die Leute immer noch. Oscars ungewöhnliches Aussehen veranlasste die meisten Interessenten zu der Frage, ob er ein reinrassiger Hund sei, – eine neue Rasse, die den Markt in Sachen »liebenswert« erobert hatte. Ihre unvermeidliche Überraschung, wenn Joanne erklärte, dass sie Oscar aus dem örtlichen Tierheim gerettet hatte, war entmutigend.

»Jedes Mal, wenn ich sagte: ›Er ist aus einem Tierheim‹, war die Reaktion die gleiche. Der Unglaube war ernüchternd: ›Auf keinen Fall, man bekommt keine netten Hunde aus Tierheimen‹, das haben viele gesagt«, erinnert sie sich.

Laut Joanne liegt die Adoptionsrate von Hunden in Südafrika bei etwa sieben Prozent, was bedeutet, dass weniger als ein Tierheimhund von zehn adoptiert wird. Joanne wurde immer deutlicher, dass Tierheimhunde in ihrem Heimatland ein Imageproblem haben. In ihr reifte der Entschluss, etwas dagegen zu tun, und sie wusste, dass Oscar der Schlüssel dazu sein würde.

»Ich habe mir überlegt: ›Wie kann ich dieses erstaunliche, niedliche, freundliche Wesen nutzen, um die Wahrnehmung der Menschen über die Zustände in den Tierheimen zu verändern?‹ Denn wer wäre besser geeignet als ein Tierheimhund, um sich für diese Sache einzusetzen?«

Je mehr sie darüber nachdachte und je mehr sie recherchierte, desto klarer wurde Joanne, dass die niedrigen Adoptionsraten nicht ausschließlich ein südafrikanisches Problem sind. Tierheimhunde gelten bei vielen als minderwertige Alternative zu Welpen, die von Züchtern gekauft oder in Tierhandlungen erworben werden. In ihrer zweiten Heimat Amerika zum Beispiel kommen jedes Jahr fast vier Millionen Hunde in Tierheime, und mehr als eine Million davon werden letztendlich eingeschläfert. Wenn sie den entzückenden Oscar so vielen Menschen wie möglich vorstellen könnte, dann, so dachte Joanne, könnte sie die Meinung der Menschen zur Adoption von Tierheimhunden ändern.

Eine Idee begann in ihrem Kopf zu reifen. Sie liebte es zu reisen. Warum konnten sie und Oscar nicht die Länder besuchen, in denen die Adoptionsrate für Heimtiere niedrig war? Warum konnte Oscar nicht der ganzen Welt beweisen, was für ein toller Begleiter ein Tierheimhund sein kann?

»Irgendwo inmitten all dieser Gedanken fiel es mir ein: ›Wir müssen um die Welt reisen‹«, sagt Joanne.

Und genau so wurde die World Woof Tour (WWT) geboren. Anfang 2008 begann Joanne ernsthaft mit der Planung von Oscars und ihrer Tour. Sie legte eine Route fest und wählte die Länder nach einer Reihe von Faktoren aus, wie zum Beispiel der Reisefreundlichkeit, der Anzahl der dortigen Tierheime und der Wahrscheinlichkeit, dass die Medien darüber berichten würden. Sie wusste, dass die Mission sinnlos wäre, wenn sie nicht die Aufmerksamkeit auf die Themen lenken könnte, auf die sie und Oscar hinweisen wollten. Andere Ziele wurden in die Reiseroute aufgenommen, weil Joanne der Meinung war, dass sie nicht fehlen durften. »In der Türkei wollten wir ein Tierheim besuchen, das über dreitausend Hunde beherbergt, einfach, um es gesehen zu haben – so unbegreiflich schien das«, sagt sie.

Die WWT sollte hauptsächlich auf dem Landweg stattfinden. Joanne wollte die Anzahl der Flugreisen begrenzen, weil sie Oscar nicht gerne allein im Frachtraum eines Flugzeugs reisen ließ. Natürlich gab es einige Langstreckenflüge, aber Joanne versuchte, sich davon nicht zu sehr beunruhigen zu lassen.

Nachdem sie ihre Traumroute ausgearbeitet hatte, hatte Joanne eine Liste mit siebenunddreißig Ländern, die sie und Oscar besuchen wollten. »Ich rief einfach eine Firma an, die Tiertransporte durchführt, und fragte: ›Hier ist meine Route, ist das überhaupt möglich?‹ Sie meldeten sich zurück und sagten, es wäre zwar ein ziemlicher Papierkram damit verbunden, aber ja, es wäre machbar.«

Joanne gibt zu, dass sie bei der Planung der Reise nicht viel Zeit damit verbracht hat, über Einschränkungen wie Quarantäne nachzudenken. Folglich mussten einige Teile der WWT umgestaltet werden. »Wir mussten eines oder zwei Länder streichen, wie Japan und Australien. Alle Inselländer wären ein Problem gewesen, denn wenn eine Krankheit auf eine Insel kommt, verbreitet sie sich sehr schnell«, erklärt sie.

In den meisten Fällen funktionierte das Reisen zwischen den Ländern aber relativ einfach, obwohl in einigen Ländern ein komplexer Papierkram erforderlich ist.

Im Mai 2009, nach vierzehn Monaten nahezu Vollzeit-planung, waren Joanne und Oscar bereit zur Abreise.

Als das unerschrockene Paar die Victoriafälle erreichte, waren sie schon voll im Schwung ihres Abenteuers. Sie hatten bereits so viele unglaubliche Sehenswürdigkeiten gesehen – Joanne nennt Namibia, die dritte Station der WWT, als einen der Höhepunkte der Reise – und sie konnte ihr Glück einfach nicht fassen.

»Das Privileg und die Möglichkeit zu haben, mit mei-nem besten Kumpel um die Welt zu reisen, war ein wahr gewordener Traum. Ich war einfach so dankbar, dass ich das Geld hatte, dass ich meinen besten Freund hatte und dass wir das machen konnten«, sagt sie. »Es gab keinen Tag, an dem ich nicht aufwachte und dachte: ›Wie cool ist das denn?‹ Ich glaube, Oscar ging es genauso. Wir sahen uns an und fragten uns: ›Was machen wir hier?‹«

Aber als sie am Ufer des Sambesi-Flusses stand und Oscars Namen in die Dunkelheit heulte, spürte Joanne, dass alles Glück vor ihren Augen zerrann.

Wie durch ein Wunder *schaffte* es Oscar doch zurück ans Ufer, wo er ganz gemächlich aus dem schnell fließenden Fluss stieg. Er war unversehrt und unbeeindruckt von dem gan-zen Trubel, aber für Joanne war das Erlebnis ein »ernsthafter Realitätscheck« – ein Meilenstein in einer Reise, bei der es bis zu diesem Zeitpunkt nur um Spaß und Freundschaft und darum, für andere Tiere etwas zu bewegen, gegangen war.

»Da wurde mir klar, dass die Reise keine Party war und ich wirklich über ein paar Dinge nachdenken musste«, sagt sie. »Ich bekomme immer noch eine Gänsehaut, wenn ich daran denke, dass nur Sekundenbruchteile einen völlig anderen Ausgang hätten bedeuten können.«

Die WWT ging weiter. Joanne und Oscar reisten nach Kambodscha – »ein atemberaubendes Land voller glücklicher Menschen und glücklicher Hunde«, sagt sie –, Griechenland, Frankreich, Malaysia. Sie fuhren zusammen auf dem Piratenschiff *Peter Pan's Flight* in Disneyland, Los Angeles, USA. Sie wanderten sogar zum Machu Picchu, der geheimnisvollen Ruinenstadt der Inka hoch in den Anden in Peru.

Ein weiterer Höhepunkt war ihre »Hochzeit« in Las Vegas. Ein Elvis-Imitator nahm die Trauung vor, und Joanne und Oscar schworen, sich für die Adoption von Hunden einzusetzen, bis dass der Tod sie scheidet. »Ich war nicht einmal die erste mit dieser Idee. Vor mir haben Leute offenbar schon ihre Lamas und alles Mögliche geheiratet«, lacht sie.

Ihre Odyssee gestaltete sich nicht immer einfach. Oscars Anwesenheit in China war zum Beispiel umstritten und das Reiseunternehmen riet Joanne, einen lokalen »Fixer« – quasi einen Bodyguard – zu engagieren, um ihre Sicherheit zu gewährleisten. Die chinesische Hauptstadt Peking hat 2006 eine »Ein-Hund-Politik« eingeführt, die den Einwohnern den Besitz nur eines Hundes erlaubt. Mehr als vierzig Rassen sind in der Stadt verboten, darunter Dalmatiner, Australische Schäferhunde, Windhunde und Boxer. Hunde müssen unter 35,5 Zentimeter groß sein – Oscar war größer – und die Besitzer dürfen ihre Haustiere nicht an öffentliche Orte wie Märkte, Parks und Touristenorte mitnehmen.

Joanne sträubte sich gegen die Einschränkungen und widersetzte sich den Vorschriften, indem sie Oscar zur Chinesischen Mauer mitnahm. Es war riskant – »China zeigt null Toleranz; wenn du die Regeln brichst, war's das«, sagt sie – aber sie haben es trotzdem gewagt.

Auch Malaysia erwies sich als Herausforderung. Joanne und Oscar waren auf eine Fähre zur Insel Langkawi gebucht, als die Behörden Oscar im letzten Moment die Überfahrt verweigerten. Dabei war die Fahrt wichtig, um nach Thailand weiterreisen zu können.

»Als das Boot ablegte, habe ich Oscar in letzter Minute hineingeworfen und gehofft, dass sie uns nicht über Bord werfen, nachdem wir die Reise einmal begonnen hatten«, sagt Joanne. »Oft hatten wir auch keine andere Wahl. Am Ende haben wir immer unseren Willen durchgesetzt, aber manchmal war es schwierig. Es gab Momente, in denen wir nicht wussten, wie es ausgehen würde, und wir taten alles, um Oscars Sicherheit nicht zu gefährden.«

Ein weiteres schreckliches Erlebnis gab es in Kroatien, als Oscar und Joanne getrennt wurden und er spurlos verschwand. Schließlich wurde er anderthalb Stunden später gesichtet, die Nase am Boden, als ob er versuchen würde, den Weg zurück zu seinem Frauchen zu erschnüffeln.

»Ich werde den Blick, den er mir zuwarf, nie vergessen. Es war, als wollte er sagen: ›Das war knapp. Das sollte nicht noch einmal passieren‹«, sagt sie. »Er wusste, dass wir uns fast verloren hatten, und wir waren beide einer Meinung.«

Joanne und Oscar legten während ihrer Tour ein rasantes Tempo vor. An jedem Ort blieben sie nur ein paar Tage, um so viele Besuche in Notunterkünften und Fototermine an bekannten Orten wie möglich einzuplanen, bevor sie weiterzogen. »Es war kein Urlaub, wir waren ja auf einer Mission«, sagt sie, obwohl sie in Nordindien, wo Joanne Jahre zuvor ein Eselschutzgebiet in Ladakh mitbegründet hatte, und in Kalifornien, wo sie viele Jahre gelebt hatte, länger verweilten.

Natürlich war die Reise auch anstrengend, aber Oscar meisterte sie mit gewohnter Souveränität. »Hunde leiden auch unter Jetlag«, lacht Joanne. »Wenn ich müde war, war er auch müde. Und Oscar stand an erster Stelle, das heißt, wenn er müde war, schliefen wir.«

Die Menschen, die sie trafen, fragten Joanne oft, ob sie glaube, dass Oscar wisse, was vor sich gehe. Ob er die Tatsache zu schätzen wisse, dass er rund um die Welt komme und Dinge sehe, von denen viele Menschen nur träumen können? Joanne ist sich sicher, dass der kleine Hund das Ausmaß ihrer Mission verstanden hat.

»Oscar wusste, dass wir verschiedene Orte besuchten, und er reagierte je nach den Umständen unterschiedlich. Er war interessiert und neugierig«, sagt sie. »In der Wüste in Indien ritten wir auf einem Kamel. Er traf eine Seekuh am Amazonas. Er liebte Kalimantan, den indonesischen Teil der Insel Borneo – er ist ein echter Affenfan und liebte die Affen dort.«

Joannes Befürchtungen, dass Oscar im Frachtraum des Flugzeugs reisen müsse, erwiesen sich als weitgehend unbegründet – der kleine Hund war ein solches Novum, dass er auf fast jedem Flug mit Joanne in der Kabine reisen durfte. Das war auch gut so, denn bei den seltenen Gelegenheiten, bei denen er im Frachtraum *war*, erwies sich Joanne als sehr pflegeintensive Passagierin.

»Auf dem Flug von Moskau nach Delhi habe ich alle zwanzig Minuten zur Kabinencrew gesagt: ›Ich will die Temperatur im Frachtraum wissen!‹ Schließlich sagten sie: ›Wenn wir Ihnen den Hund im Frachtraum zeigen, halten Sie dann die Klappe?‹«, lacht sie. »Wir gingen in den hinteren Teil des Flugzeugs, wo es eine Luke gab, die man öffnen und in den Frachtraum gehen konnte. Da war Oscar, alles war in Ordnung.«

Da wurde ihr klar, dass Oscar keinen Fensterplatz und keine Aussicht brauchte. Er brauchte keine Luxushotels, keine Gourmet-Mahlzeiten oder irgendeine der anderen Annehmlichkeiten des Reisens, die viele Menschen für unverzichtbar halten. Alles, was er brauchte, war Joanne.

»Solange wir zusammen waren, war alles großartig«, sagt sie. »Wir waren ein perfektes Team.«

Joanne und Oscar beendeten die World Woof Tour im Dezember 2009. Ihre Reise hatte sie in insgesamt zweiundvierzig Länder geführt – die siebenunddreißig auf ihrer ursprünglichen Reiseroute plus weitere fünf, die sie nach dem Ende der offiziellen Tour besuchten. Sie kehrten nach Südafrika zurück und das Leben normalisierte sich weitgehend. Joanne nahm ihre Arbeit als Journalistin wieder auf und schrieb für Golfmagazine. Sie schrieb auch ein Buch über ihre Odyssee, *Ahound the World: My Travels with Oscar.*

Aber das Reisefieber hatte sie gepackt, und in den folgenden Jahren sehnte sich Joanne nach einer neuen Reise mit ihrem besten Freund. Die World Woof Tour hatte eine enorme Medienaufmerksamkeit auf die Not der Tierheimhunde weltweit gelenkt, aber sie wollte noch mehr Menschen zeigen, wozu Hunde, denen man eine zweite Chance gegeben hatte, wirklich fähig sind.

Also beschloss sie, mit Oscar zum südlichen Basislager des Mount Everest in Nepal zu wandern, 5364 Meter über dem Meeresspiegel. »Ich wollte die Adoption von Hunden wieder stärker vermarkten, denn das Problem ist ja nach der World Woof Tour leider nicht auf magische Weise verschwunden«, sagt Joanne.

Aber sie schafften es nicht gemeinsam auf den Berg.

Joanne und Oscar hatten immer mehr Zeit in den USA verbracht, obwohl Südafrika nach wie vor ihr Zuhause war. Am 11. Januar 2013 waren sie in San Jose, Kalifornien, um die letzten Vorbereitungen für ihre Base-Camp-Expedition zu treffen. In ein paar Wochen sollte es nach Kapstadt zurückgehen.

Tragischerweise erfasste Joanne Oscar mit ihrem Auto. Er konnte nicht gerettet werden, und ihre Welt brach zusammen. Es fällt ihr immer noch schwer, über diesen furchtbaren Tag zu sprechen.

»Es war ein Unfall. Ich weiß immer noch nicht, wie es passieren konnte«, sagt sie. »Es war ein Albtraum. Dieser Moment hat mein Leben verändert. Ich wachte als ein anderer Mensch auf. Oscar war mein Seelenverwandter. Jeder einzelne Tag, den wir hatten, ist unschätzbar wertvoll.«

Sie kehrte nach Südafrika zurück, quälte sich monatelang mit der Frage: ›Warum?‹ Freunde ermutigten sie, doch einen anderen Hund zu adoptieren, nicht um Oscar zu ersetzen, sondern um das fortzusetzen, was er begonnen hatte. Sie konnte sich nicht dazu überwinden, darüber nachzudenken. Für sie wurde Oscar geboren, um die World Woof Tour zu machen; geboren, um »seinen Freunden in den Tierheimen eine Stimme zu geben«.

»Es verging kein Tag, an dem ich nicht eine E-Mail von jemandem bekam, in der stand: ›Ich habe diesen tollen Hund, den ich aufgrund von Oscars Geschichte adoptiert habe‹«, sagt sie. »Das hat mich sehr bewegt. Jedes Leben zählt, und wenn unsere Tour nur ein Leben gerettet hat, war es das wert. Jeder gerettete Hund ist ein Oscar. Der Punkt ist, dass ein Hund wirklich Leben verändern kann.«

Ganz allmählich löste sich Joanne aus dem Nebel ihrer Trauer. Sie erkannte, wie glücklich sie war, ihn gehabt zu haben, und spürte, dass Oscars Reise weitergehen konnte – und sollte. Sie war sich nur nicht sicher, wie.

Sie zog sich nach Indien zurück, um darüber nachzudenken, und dort, genau wie bei Oscar, packte das Schicksal wieder einmal zu.

Der Filmemacher Dev Agarwal aus Mumbai hatte sich an Joanne gewandt, um einen Dokumentarfilm über das von ihr gegründete Eselschutzgebiet zu drehen. Sie nahm ihn mit, um einige Aufnahmen auf einer Müllhalde zu drehen, auf der einer der Esel des Tierheims gefunden worden war.

»Und dort kam dieser kleine Welpe auf mich zu und fiel mir direkt vor die Füße«, sagt sie.

Der Welpe war etwa acht Monate alt, ausgehungert und extrem dehydriert. Joanne wusste, dass ihn nur noch Stunden vom Tod trennten. Früher hätte sie den winzigen Hund vielleicht selbst aufgenommen, aber da sie noch unter dem Verlust von Oscar litt, brachte sie es nicht übers Herz. Stattdessen lieferte sie den Welpen in der Auffangstation ab, wo der Pfleger Sonam Angchuk ihn aufnahm. Er taufte den Hund auf den Namen Rupee und pflegte ihn wieder gesund.

In der Zwischenzeit kehrte Joanne mit einem neuen Ziel nach Kapstadt zurück: Sie wollte ihr eigenes Hundeheim eröffnen. Es war ein lang gehegter Traum, der jedoch im Zuge der World Woof Tour auf Eis gelegt worden war. Nach Oscars Tod, sagt Joanne, fühlte sie eine neue Dringlichkeit, der Welt zu zeigen, wie besonders Tierheimhunde sind.

Sie kaufte ein ländliches Anwesen in Franschhoek, 75 Kilometer östlich von Kapstadt – sie fand das Grundstück tatsächlich innerhalb einer Woche nach seinem Tod und nahm das als Zeichen, dass sie auf dem richtigen Weg war – und eröffnete Oscar's Arc, Oscars Lichtbogen, im Oktober 2016.

»Oscar und ich waren um die Welt gereist, hatten zusammen abgehangen und eine gute Zeit gehabt, aber wir hätten noch so viel mehr tun können«, sagt Joanne. »Ich würde alles geben, um ihn wieder zu haben. Aber als ich ihn verlor, bin ich auch aufgewacht. Ich vermisse ihn jeden Tag und natürlich schaue ich manchmal zurück und denke, *ich wünschte, wir hätten dies und jenes noch getan* – aber mit allem, was ich jetzt tue, was ich vorantreibe, ehre ich ihn und schaue in seinem Sinne nach vorne.«

Oscar's Arc ist zwar vordergründig ein funktionierendes Tierheim, so Joanne, aber das übergeordnete Ziel besteht darin, die Vorstellungen der Menschen zu hinterfragen und sie zu ermutigen, Hunde aus den örtlichen Tierheimen zu adoptieren. Zu den Innovationen des Tierheims gehören das Angebot von Adoptionen nach dem Prinzip »Entscheide selbst über den Preis« und das kostenlose Hundetraining für jeden adoptierten Hund. »Wir sind ein Tierheim, aber wir sehen aus wie ein Sechs-Sterne-Resort«, sagt sie über die innovative Einrichtung. »Unser großes Ziel ist es, die Vorstellung der Menschen von Tierheimhunden radikal zu verändern. Oscars Vermächtnis besteht darin, die Menschen dazu zu inspirieren, zu denken: ›Wir wollen einen Hund, also gehen wir in ein Tierheim‹.«

Dadurch, dass es nicht wie ein typisches Tierheim aussieht, hofft Joanne auch, dass Oscar's Arc Menschen erreicht, die sich nicht in ein Tierheim trauen, weil es angeblich »zu traurig« ist.

»Sie sollten erkennen, dass sie Teil der Veränderung sind, wenn sie ins Tierheim gehen. Sie wählen einen Hund aus, der nicht mehr dort sein muss. Damit retten sie ein Leben, und das ist stark«, sagt sie. »Oscar und ich haben auf unseren Reisen etliche Tierheime gesehen. Einige waren traurig, aber die meisten waren großartig, inspirierend und mit Menschen gefüllt, die sich wirklich um diese Tiere kümmern und hart für sie arbeiten.«

Während sich Oscars Tod für Joanna immer noch wie gestern anfühlt, hat sie sich in den Jahren seit dem Unfall dazu entschieden, sich auf die unglaubliche Odyssee zu konzentrieren, die sie und Oscar geteilt haben – nicht nur die World Woof Tour, sondern die gesamten neun Jahre, die sie zusammen verbracht haben.

»Er war ein toller Hund und ich bin glücklich, dass ich ihn hatte. Jeder einzelne Hund, den ich je adoptiert habe, war ein toller Hund, der viel in mein Leben gebracht und mir den Weg für die Zukunft geebnet hat«, sagt sie. »Viele Leute haben ihren eigenen Oscar, und wenn er stirbt, wollen sie sich keinen anderen zulegen, weil sie diesen Hund nicht ersetzen können. Das stimmt: Ich werde nie einen anderen Oscar finden, aber vielleicht finde ich einen Rufus oder einen Charlie ...«

Oder einen Rupee. Einige Monate, nachdem sie ihn von der Müllhalde gerettet hatte, kehrte Joanne nach Indien zurück und nahm Rupee dann mit nach Südafrika. Die Idee, einen Tierheimhund auf die Reise zum Basiscamp auf den Everest mitzunehmen, hatte sie nicht mehr losgelassen – auch wenn dieser Hund nicht Oscar heißen konnte. Und wer schien besser geeignet als ein Hund, der aus Ladakh stammte, einer Stadt, die mehr als 3000 Meter über dem Meeresspiegel im Himalaya liegt?

Im November 2013 verließen Joanne und Rupee die Stadt Lukla in Nepal und wanderten zehn aufreibende Tage lang bis zum Basislager, begleitet von Dev Agarwal, der ihre Reise filmte. Joanne hatte einen zusätzlichen Träger angeheuert, damit Rupee bei Bedarf getragen werden konnte, aber der mutige Berghund stellte sich der Herausforderung. Vermutlich ist er der erste Hund, der offiziell im Base Camp registriert wurde.

Rupee ist jetzt drei und fühlt sich bei Joanne in Südafrika sehr wohl. Er ist nicht Oscar, aber das ist in Ordnung.

»Rupee war eine Herausforderung, aber ich habe durch ihn gelernt, dass man einen Hund nicht so ummodeln kann, wie man das möchte. Jeder Hund ist ein Individuum, genau wie ein Mensch«, sagt sie. »Rupee kommt aus einer Gegend, in der Hunde nicht als Haustiere gehalten werden, also war das eine steile Lernkurve für ihn. Aber er hat eine Chance bekommen. Und es gibt keinen besseren Hund als einen adoptierten Hund.«

Joanne glaubt, dass vieles von ihrer, Oscars und Rupees, Odyssee in den Sternen geschrieben stand. Die Tatsache, dass Oscar seinen Namen mit einer gewissen Goldstatuette teilt, die an Filmstars verliehen wird, ist ihr nicht entgangen. »Ich habe mir einen Hund ausgesucht, den ich normalerweise nicht ausgewählt hätte und der am nächsten Tag wahrscheinlich nicht mehr da gewesen wäre, weil er hätte eingeschläfert werden sollen«, sagt sie. »Das ist also ein Hunde-Star, der aus dem Nichts kam und wirklich etwas geleistet hat.«

Oscar's Arc ist jetzt ihre Mission, – und was über diesen Lichterbogen hinausgeht, wer weiß das schon mit Sicherheit? Was Joanne sicher weiß, ist, dass Oscar immer da sein und sie leiten wird, wohin auch immer die Sterne sie als nächstes führen.

Ins Feuer

Bonnie

Die Hitze war unerträglich. Es trug sich zu während der verheerenden Waldbrände 2009 in Kinglake, Australien.

Die Flammen waren zwar noch 300 Meter entfernt, aber sie drängten wie eine Flutwelle vor und der Lack des alten Pickups zischte und warf Blasen.

John trat das Gaspedal durch, während er verzweifelt den Schlüssel im Zündschloss drehte. Schließlich erwachte der Pickup gnädigerweise zum Leben und knurrte. Er stieß gegen den Torpfosten, als er aus der Einfahrt schlitterte und rechts in die Sturt Road abbog. Das war zwar eine Sackgasse, aber John wusste, dass es am Ende der Straße eine Farm mit einem Damm gab. Und wenn es sein musste, würde John das Auto direkt dort hineinfahren.

Auf dem Beifahrersitz zitterte Bonnie. Die Hündin verstand genauso wenig wie John, was gerade passierte. Handelte es sich um einen Terroranschlag? Hatte jemand Bomben abgeworfen? Dem Getöse um sie herum und dem Dröhnen entfernter Explosionen nach zu urteilen, schien alles möglich.

Er drückte aufs Gaspedal und steuerte blindlings in den atemraubenden schwarzen Rauch hinein. Dann – *KNALL!* – prallte der Wagen mit solcher Wucht gegen etwas auf der Straße, dass die Windschutzscheibe heraussprang und zersplitterte. Johns erster Gedanke galt Bonnie. Gott sei Dank war sie unversehrt.

John versuchte den Anlasser einmal, zweimal, dreimal. Nichts.

Sie waren von Feuer umgeben. Große, gewaltige Flammenwände wüteten um ihr zerstörtes Fahrzeug herum. Das Inferno war wie ein lebendiges Wesen, ein Raubtier, das mit seiner Beute spielte. John kletterte aus dem Auto, Bonnie dicht an seinen Fersen. Durch den Rauchschleier konnte er gerade noch erkennen, was er getroffen hatte. Der schemenhafte Umriss eines massiven Eukalyptusbaums erstreckte sich über die Straße, sein Stamm leuchtet von der Glut, seine Rinde war schwarz und verkohlt.

John kauerte sich tief hinunter und suchte Schutz, indem er unter das Auto kroch, aber die Straße hätte genauso gut die Oberfläche der Sonne sein können. Es war so heiß, dass die Bitumen zu schmelzen begonnen hatten. Er rannte zum Straßenrand, schnappte sich einen Stock und versuchte, ihn in die Erde zu rammen. Wenn es ihm gelänge, ein Loch zu graben und sich und Bonnie mit Erde zu bedecken, hätten sie vielleicht eine Chance, diese unerbittliche, unheilvolle Hitze zu überleben.

Aber der Boden war zu hart – und wo war Bonnie? John suchte verzweifelt nach ihr, spähte in den Rauch, sein gutes Auge fühlte sich trüb und versengt an. Da war sie, ein paar Meter entfernt, ihr weißes Fell nun rußgeschwärzt. Sie drehte sich um und schaute John an, dann flüchtete sie in die andere Richtung.

»Bonnie!«, rief er und hörte die Angst in seiner eigenen Stimme. Sie blieb stehen, und er nahm die Verfolgung auf. Sobald er in Reichweite war, huschte sie wieder davon. Was spielte sie da? Sie war auf dem Weg zurück zum Haus, und ein Blick in diese Richtung zeigte John, dass davon nichts mehr übrig war. Er rief ihren Namen, und wieder blieb sie stehen. John ging ihr noch einmal hinterher. Wieder drehte sie sich um und lief davon. So ging es immer weiter. Jedes Mal, wenn John an Bonnie herankam, entfernte sie sich wieder. Er kämpfte mit dem Atmen. Das Feuer saugte den Sauerstoff aus der Luft. Die Hitze war zum Verrücktwerden, und er war erschöpft. Er versuchte, Bonnie zu folgen, aber irgendetwas packte ihn an den Beinen und er fiel. Er wusste nicht, was ihn zu Fall gebracht hatte; er konnte es durch den Rauch nicht erkennen. Er trat und kämpfte mit der spärlichen Energie, die er noch besaß.

Es war Stacheldraht, der von den Bäumen, die um ihn herum niederstürzten, heruntergerissen worden war. John befreite sich, so schnell er konnte, und taumelte auf seine Füße. Er suchte nach Bonnie, konnte sie aber nicht sehen. »Bonnie!«, schrie er. »Komm schon, Mädchen!«

Aber alles, was er hören konnte, war das Knistern und Zischen der Flammen. Von seiner Hündin keine Spur. Bonnie war vom Rauch verschluckt worden.

John Laffan ist ein Mann des Glaubens. Er glaubt an die den Menschen innewohnende Güte; er glaubt an die Fähigkeit der Menschen zur Veränderung. Als ehrenamtlicher

Seelsorger der Heilsarmee glaubt er auch an Gott, obwohl er nicht missionarisch unterwegs ist. Aber vor allem glaubt John an Hunde. Von all den Herausforderungen, die er in seinen dreiundsechzig Jahren gemeistert hat – von der teilweisen Erblindung, verursacht durch seinen Vater, bis hin zu Drogenmissbrauch und Obdachlosigkeit – gibt es nur eine, die ihn dazu inspiriert, das Wort »Wunder« zu benutzen. Dabei handelt es sich um das Wunder, das von einer kleinen Mischlingshündin namens Bonnie vollbracht worden war.

Die Art und Weise, wie John und Bonnie zusammenkamen, war an sich schon ein Wunder. Achtzehn Jahre lang hatte John sein Leben mit einem Drahthaar-Terrier-Mischling namens Patches geteilt. Er hatte für sie zehn Dollar in einer Zoohandlung bezahlt, kurz bevor die Besitzer des Ladens, die sie für unverkäuflich hielten, sie hatten entsorgen wollen – oder Schlimmeres. Als seine Ehe ein paar Jahre später endete, wurde Patches Johns ständige Begleiterin.

John hatte kein einfaches Leben. Als Kleinkind kosteten ihn die Schläge seines alkoholkranken Vaters die Sehkraft auf einem Auge. Er war mittel- und obdachlos. Fünf Jahre lang schlief er auf den Straßen von Melbourne. Inzwischen ist er vom Drogenmissbrauch genesen. Aufgrund seiner halbseitigen Blindheit erhält er eine Invalidenrente, doch viel Geld hatte er nie. Trotz oder vielleicht gerade wegen seiner vielen Prüfungen hat John schon vor langer Zeit erkannt, dass es seine Bestimmung ist, anderen zu helfen.

»Ich habe schon in jungen Jahren beschlossen, dass ich der Menschheit dienen möchte. Es gibt wertvollere Dinge im Leben als Geld. Darin liegt kein Reichtum«, sagt er.

John lebte in Kinglake, einer Bergstadt 50 Kilometer nord-östlich von Melbourne in den Kinglake Ranges, den zur Great Dividing Range gehörenden Bergen. Er schloss sich der Heilsarmee an und begann, der städtischen Obdachlosen-gemeinde von Melbourne zu dienen, sowie in Gefängnissen und in der Drogen- und Alkoholismusberatung – alles mit der kleinen Patches an seiner Seite.

»Ich habe meinen Wohnwagen zu einer Suppenküche umgebaut und versorgte so aus meiner eigenen Tasche Obdach-lose. Patches kam immer freitags und samstags abends mit mir raus. Sie war so eine freundliche, schöne, kleine Hündin.«

Leider wurde bei Patches in den späten 1990er-Jahren Lymphdrüsenkrebs diagnostiziert, und John traf die herz-zerreißende Entscheidung, sie einschläfern zu lassen. Mehr als fünf Jahre lang konnte er sich nicht dazu durchringen, einen neuen Hund in sein Leben zu holen. Dann, eines Tages im Jahr 2004, wurde ihm die Entscheidung aus der Hand genommen.

In seiner Funktion bei der Heilsarmee hatte es John mit einer Familie zu tun, die drogenabhängig war und der die Zwangsräumung ihres gemieteten Hauses im Melbourner Vorort Mill Park drohte. Als er eines Tages auf ihrem Grund-stück ankam, fand er die Polizei und die RSPCA vor. Sie waren gerufen worden, weil in der Nacht zuvor eine wilde Party stattgefunden hatte, bei der mehrere Hundewelpen und Kätzchen aus dem Besitz der Familie getötet worden waren.

Nur eine Hündin hatte überlebt, aber sie war schrecklicher Grausamkeit ausgesetzt gewesen und in einem schlechten Zustand. John schätzte, dass sie noch keine zwölf Monate alt war, sie war so untergewichtig, dass es unmöglich war, ihr Alter zu bestimmen. Sie hatte kein Fell mehr und ihr zerbrechlicher Körper war mit Zigarettenbrandwunden übersät. Sie blutete aus den Ohren und dem Rektum, was auf innere Verletzungen hindeutete.

In diesem Augenblick wusste John, dass die kleine Hündin – eine Mischung aus Kelpie und blau gesprenkeltem Cattle Dog – für ihn bestimmt war. »Als Kind waren mir Tiere mehr Freunde als Menschen. Von ihnen bin ich akzeptiert worden«, erklärt er. »Sie bedeuten mir viel, und wenn ich ein paar von ihnen helfen und retten kann, dann soll es wohl so sein.«

Er fragte die Leute vom Tierschutz, ob er die Hündin adoptieren könne. »Sie waren schon kurz davor, ihr den ›grünen Traum‹ (das Euthanasiemittel Pentobarbital) zu verabreichen. Ich flehte sie an, es nicht zu tun, aber sie sagten: ›Sie wird keine Woche überleben, es ist besser, sie einzuschläfern‹«, erinnert er sich. »Selbst wenn sie überleben würde, sagten sie, wäre sie sicher aggressiv und würde das Schreckliche nicht hinter sich lassen.«

Sie fürchteten auch, dass sich ihre inneren Organe nicht richtig entwickelt haben könnten, sagt John, da sie nie ausreichend Nahrung bekommen hatte. Nachbarn der Familie berichteten John später vom Ausmaß der Grausamkeit: Die Familie bot der Hündin Futter an und schlug sie, wenn sie versuchte, es anzunehmen.

Obwohl die Prognose für die Hündin düster ausfiel, ließ sich John nicht beirren. Er flehte um ihr Leben, schwor, ihr die beste tierärztliche Versorgung zukommen zu lassen, und schließlich gaben die Leute vom RSPCA nach.

Er taufte die Hündin Bonnie, brachte sie nach Hause nach Kinglake und lieferte sie ordnungsgemäß bei der örtlichen Tierärztin ab, die prompt in Tränen ausbrach. Sie diagnostizierte das ganze Ausmaß von Bonnies Verletzungen, zu denen drei gebrochene Rippen und eine durchstochene Lunge gehörten.

»Auch sie sagte, dass Bonnie keine Woche überleben würde, aber ich nahm sie mit nach Hause und pflegte sie wieder gesund. Ein Monat verging und es ging ihr besser«, sagt John.

In den ersten Tagen ihrer langsamen Genesung schien es, als ob Bonnie nichts anderes täte, als zu fressen. Sie fing und fraß Nagetiere, denn sie hatte sich daran gewöhnt, ihre Nahrung selbst zu erbeuten. John überließ sie weitgehend sich selbst, er zwang sie nie zur Interaktion und stellte sie nie in der Öffentlichkeit zur Schau.

»Ich habe sie einfach ihr eigenes Ding machen lassen. Sie schlief unter dem Bett, wo sie sich sicher fühlte, und beobachtete mich bei der Arbeit, ging ins Haus und wieder hinaus«, sagt er. »Es gab ein paar Momente, in denen ich erkannte, dass sie wieder zu sich kam. Einmal saß ich am Ende des Bettes und sie sprang auf und steckte ihren Kopf unter meinen Arm, oder ich ging auf die Toilette und sie kam herein und setzte sich zwischen meine Füße. Langsam begann sie, mir zu folgen.«

Als sie stärker wurde und an Gewicht zunahm, erkannte John auch, was für ein »hübsches kleines Ding« Bonnie war. Ihr Erbe als Gebrauchshund sah man ihr an. Aber sie besaß nicht das ungestüme Temperament eines Cattle Dog. Bonnie war ruhig, passiv, zufrieden damit, ihre Tage an der Seite des einzigen Menschen auf der Welt zu verbringen, dem sie vertraute.

Mehr als ein Jahrzehnt später weiß John immer noch nicht genau, warum er darauf bestand, die schwerkranke Bonnie an diesem Tag vom Mill Park mit nach Hause zu nehmen, aber er hatte das Gefühl, dass ihr Geist irgendwie zu ihm sprach.

Sie ließ ihn wissen, dass sie größer und mutiger war, als ihr gebrochener kleiner Körper vermuten ließ.

»Ich glaube, es war einfach der Blick in ihren Augen«, sagt er. »Tiere haben ein Gespür für Menschen, und sie muss etwas an mir gespürt haben, bei dem sie sich sicher fühlte.«

Wie Patches vor ihr, schien Bonnie sich in die Obdachlosen und Menschen in Not einzufühlen, mit denen John arbeitete. Sie war unermüdlich sanft und geduldig mit ihnen und schien sich in ihrer Gesellschaft wohlzufühlen.

Die sogenannte »unvermeidliche« Aggression, vor der John gewarnt worden war, trat nur einmal auf. Ein Ehepaar, mit dem John gearbeitet hatte, fand seine Privatadresse heraus und stattete ihm einen unerwarteten Besuch ab.

»Er war auf Ice, also Methamphetamin, und wollte Geld – für Drogen. Ich sagte: ›Nein, ich kann dir mit anderen Sachen helfen, aber nicht damit.‹ Er schlug mir ins Gesicht und ich fiel rückwärts auf den Boden«, sagt John. »Bonnie sprang auf und verbiss sich in sein Bein.«

Der Mann drohte, sowohl John als auch Bonnie zu töten, bevor er schließlich ging. Eine halbe Stunde später traf der örtliche Polizei-Sergeant ein, um der Anzeige des Mannes über einen Hundeangriff nachzugehen.

»Ich erzählte ihm, was passiert war, und er streckte seine Hand aus, tätschelte Bonnie den Kopf und sagte: ›Gutes Mädchen, gut gemacht. Du passt auf deinen alten Vater auf.‹«

Das war das erste Mal, dass Bonnie John das Leben rettete. Es würde nicht das letzte Mal sein.

Die Buschbrände vom Schwarzen Samstag in Victoria waren die schlimmsten in der Geschichte Australiens. Im Laufe jenes schrecklichen Tages wüteten bis zu 400 einzelne Brände auf einer Fläche von 1,1 Millionen Hektar und zerstörten 3500 Gebäude, darunter mehr als 2000 Häuser. Die Buschbrände forderten 173 Menschenleben – Australiens höchste Zahl an Todesopfern bei einer Buschbrandkatastrophe – und verletzten weitere 414 Menschen. Zusammen mit Marysville, eine Stunde östlich, war Kinglake eine der am schlimmsten betroffenen Städte, in der 38 Menschen getötet und mehr als 500 Häuser zerstört wurden.

Doch als der Samstag, der 7. Februar 2009, in Kinglake anbrach, gab es keinen Hinweis auf den Horror und die Zerstörung, die kommen sollten. Es war drückend heiß, aber das war für diese Jahreszeit nicht ungewöhnlich. In der vorhergehenden Woche hatten sich die Temperaturen in ganz Victoria um die 40° C-Marke bewegt, und am 30. Januar kletterte die Quecksilbersäule in Melbourne auf 45° C – der drittheißeste Tag in der Geschichte der Stadt. Zudem war es windig, mit Böen von bis zu 125 km/h.

John war seit etwa zwanzig Jahren einer der rund 1500 Einwohner*innen von Kinglake. Er war an das extreme Wetter gewöhnt, vom tiefen Schnee im Winter bis zu den schwülen Sommertagen. Aber selbst für John war der 7. Februar ein heißer Tag. So heiß, dass er seine Pläne, sich mit Freunden auf einem Country-Musik-Festival in der 25 Kilometer westlich gelegenen Stadt Whittlesea zu treffen, über den Haufen werfen musste. Sein Auto überhitzte und er war müde, nachdem er sich die ganze Nacht in der Hitze gewälzt hatte. Also beschloss er, zu Hause zu bleiben und in seinem alten, gemieteten Farmhaus zu werkeln, um sich und Bonnie so gut wie möglich abzukühlen.

Gegen 16 Uhr gab Johns Handy den Geist auf. Er tauschte den Akku aus, aber das änderte nichts; das Telefon ging nicht. Er versuchte es mit dem Festnetztelefon, auch das war tot. Dann hörte er ein schauriges Heulen im Wind.

»Ich ging nach draußen. Der Himmel war schwarz geworden, die Sonne blutrot. In der Ferne hörte ich ein Dröhnen, das sich wie ein Düsenflugzeug oder ein großer Zug anhörte«, sagt er. »Alle möglichen Dinge gingen mir durch den Kopf. Ich dachte, jemand hätte eine Bombe abgeworfen. Ich wusste nicht, dass es ein Buschfeuer war, denn so etwas hatte ich noch nie erlebt.«

Zusammen mit seiner treuen Begleiterin Bonnie war John allein auf dem Grundstück, das etwa fünf Kilometer von der Stadt entfernt und von dichtem Busch umgeben lag. Da seine Telefone außer Betrieb waren, hatte er keine Verbindung zur Außenwelt. Seine nächsten Nachbar*innen waren fast einen Kilometer durch den Busch entfernt. Er ging in der unheimlichen, dunklen Nachmittagszeit zu seinem Pickup und schaltete das Radio ein.

»Es knisterte ein wenig, dann hörte ich etwas über ein Buschfeuer. Sie sagten, es bestehe die Möglichkeit, dass Kinglake unter ›Glutangriff‹ geraten könnte«, erinnert er sich. »Was ich nicht wusste, war, dass um vier Uhr bereits die Hälfte von Kinglake zerstört war.«

John war trotzdem klar, dass es selbstmörderisch wäre, hier zu bleiben. Sein erster Instinkt war, sich in einem alten Wassertank neben dem Haus zu verstecken, aber er verwarf diese Idee schnell wieder. Selbst wenn er sich mit einer Leiter nach oben schleppen könnte, wie sollte er Bonnie dort hinaufbringen? Und es ging dreieinhalb Meter tief in den Tank hinunter; wie sollten sie später wieder herauskommen?

Es gab nur eine realistische Chance zu überleben. Er musste sich aus dem Staub machen. »Ich schnappte mir Bonnie und eine Keksdose voll mit Familienfotos und stieg ins Auto. Ich verzweifelte fast beim Versuch, das Auto in Gang zu bringen. Das Feuer saugte den Sauerstoff aus allem heraus. Ich sah, wie Bäume in Flammen aufgingen und Schuppen in die Luft flogen. Das halbe Dach hatte sich vom Haus gelöst. Die Fenster waren nach innen zerborsten.«

Er konnte jetzt die Flammen sehen, die sich wie eine dämonische Armee den Hügel hinauf auf sein Haus zubewegten. Am Ende der Straße befand sich ein Graben; dieser war ein Meer aus Feuer. Panik stieg wie Galle in Johns Kehle auf. Wenn er es nach Kinglake schaffen wollte, musste er in diesen Graben fahren.

Als er das Auto endlich in Gang brachte, fuhr er in die entgegengesetzte Richtung, eine Sackgasse, in der sich eine Farm mit einem Damm befand. »Ich dachte, in der Menge liegt die Sicherheit«, erklärt er.

Doch die Sicherheit blieb erschreckend unerreichbar. Im fast undurchdringlichen Rauchschleier prallte Johns Pickup gegen einen umgestürzten Baum. Er ließ das Auto stehen und suchte verzweifelt im brennenden Busch Rettung. Während er am Straßenrand ein Loch grub, begann sein Mobiltelefon in seiner Gesäßtasche zu vibrieren, nachdem es offenbar wieder eine Verbindung aufgebaut hatte.

»Ich zog es aus meiner Tasche und hielt es an mein Ohr und hörte eine mir unbekannte Stimme sagen: ›John, fang an zu beten.‹«

Aber John hat nicht gebetet. Er konnte nicht. Er ist ein gläubiger Christ, aber in diesem Moment konnte er nicht sehen, wie Gott ihm hätte helfen sollen. Es schien keinen Ausweg zu geben. »An diesem Punkt«, sagt er, »ging es nur noch um den Willen zu überleben.«

In diesem Moment fing Bonnie mit ihrem Spiel »Fang mich, wenn du kannst« an. Sie verschwand immer wieder in Rauch und Flammen und kehrte dann zurück, um ängstlich knapp außerhalb von Johns Reichweite zu bleiben.

»Sie blieb stehen und schaute mich an. Sobald ich in ihre Nähe kam, drehte sie sich um und lief zurück in den Busch«, sagt er. Dann fiel der Groschen.

Plötzlich verstand John, dass Bonnie ihn aufforderte, ihr zu folgen. Aber wohin? Alles um sie herum stand in Flammen. Das Dröhnen des Feuers wurde von Geräuschen unterbrochen, die John als explodierende Flüssiggas-Tanks, Dieselmotoren, Landmaschinen und Fahrzeuge erkannte. Ihr zu folgen könnte sich für sie beide als katastrophal erweisen.

»Ich dachte, Bonnie wollte mich nach Hause führen. Obwohl wir nur ein paar hundert Meter vom Haus entfernt waren, hatte ich keinerlei Orientierungssinn. Alles stand in Flammen.«

Aber Bonnie hatte ihn noch nie im Stich gelassen. Ihre Hingabe zu ihm hatte sie immer wieder unter Beweis gestellt. John wusste, dass Bonnie ihm vertraute; jetzt bat sie ihn, ihr zu vertrauen.

Als er zu Boden stürzte und sich im Stacheldraht verhedderte, huschte Bonnie wieder in den Busch. Sobald er sich befreit hatte, stand John auf und folgte ihr.

John tauchte hinter Bonnie in den Busch ein. Der Rauch war so dicht, dass er fürchtete, sie verloren zu haben, aber nach einer gefühlten Ewigkeit entdeckte er seine Hündin. Bonnie saß geduldig, fast erwartungsvoll, neben einem Loch. Sobald sie sah, dass John sich näherte, sprang sie hinein. Ohne zu zögern, tat John dasselbe.

»Wir waren in einer Vertiefung, die unter der Erdoberfläche und unter dem Wärmeniveau lag. Da war ein bisschen Luft drin, so dass wir atmen konnten. Es reichte gerade so«, sagt er.

Der Kaplan und sein Hund suchten vier Stunden lang Schutz in dem Erdloch, während das Buschfeuer direkt über ihrem Zufluchtsort wütete. Es klang wie ein Erdbeben und »fühlte sich an, als würde ein Bulldozer über uns hinwegfahren«.

Als sie schließlich wieder auftauchten, war die Landschaft um sie herum verwüstet. John hatte leichte Verbrennungen erlitten, und Bonnies Brust und Pfoten waren schmerzhaft versengt. Sie hinkte und zitterte vor Schreck. Aber sie waren beide am Leben.

»Ich wusste nicht, dass es das Loch überhaupt gab, aber Bonnie machte sich direkt dorthin auf den Weg. Ihr Instinkt ließ sie einen Platz zum Verstecken suchen. Ich glaube, sie wusste, dass der Tod auf uns zukommt, und ich stolperte einfach hinter ihr her«, sagt er.

Obwohl das Schlimmste vorüber war, war ihre Tortur noch nicht vorbei. John suchte die Straße und fand seinen Pickup, der nur noch eine ausgebrannte Hülle war. Er machte sich auf den Weg zu der Farm am Ende der Straße, zu welcher er Stunden zuvor schon wollte. Die Farm war weg.

»Plötzlich sah ich in der Ferne ein Licht. Ich lief darauf zu, stolperte über Äste und hatte Asche in den Augen«, sagt er.

»Es war ein Traktor – komplett niedergebrannt, aber irgendwie brannte noch ein Licht. Ein Farmer hatte offenbar versucht, damit eine Feuerschneise zu bauen.«

John und Bonnie gingen in Richtung der Farm des Traktorbesitzers, fanden jedoch das meiste davon in Flammen. Dann, als er ein gemauertes Nebengebäude durchsuchte, »kam diese große Hand heraus und packte mich an der Kehle«.

John wurde in die Toilette gezerrt. »Ich dachte, es sei der Sensenmann«, lacht er. Tatsächlich war es der Farmer. Er hatte seinen Traktor verlassen, als das Buschfeuer vorrückte, und mit seinem Hund in der robusten Backsteintoilette Zuflucht gesucht. Dort fand das ungleiche Quartett bis zum Tagesanbruch Schutz.

»Wir waren so dehydriert und es gab kein anderes Wasser, also haben wir alle Wasser aus der Toilettenschüssel getrunken«, sagt John.

Beim ersten Licht wagte sich John verzweifelt auf der Suche nach weiteren Lebenszeichen auf die Straße. Eine Entscheidung, sagt er, die er bis heute bereut. Er konnte keine anderen Menschen finden, aber die Spuren des Feuers waren überall.

»Ich lief auf die Hauptstraße und sah mehrere Autos, die frontal zusammengestoßen waren. Ich wünschte, ich hätte nicht in sie hineingeschaut, denn ich sah verbrannte Körper«, sagt er. »Ich sah ein Motorrad, das geschmolzen war. Alles war schwarz.«

In der Ferne konnte er das laute Heulen von Dirt-Bike-Motoren hören. Er hoffte, dass es die CFA, Victorias ländliche Feuerwehr, wäre, die zur Hilfe kämen. Motorräder waren die einzigen Fahrzeuge, die es in das Brandgebiet schafften, da die Straßen in einem üblen Zustand waren. »Diese Leute schauten in ein Auto und fuhren dann zum nächsten. Mir traten die Tränen in die Augen, denn ich dachte: ›Da kommt jemand, um mir zu helfen‹«, sagt er.

Das war aber nicht der Fall. »Als sie näherkamen, wurde mir klar, dass sie die Autos aufbrachen und alles stahlen, was sie finden konnten. In einigen dieser Autos saßen Tote. Einer von ihnen sagte: ›Seht euch den armen Kerl an‹, als wäre es ein Witz.«

Obwohl er in den vergangenen 24 Stunden viel durchgemacht hatte, war dies, sagt John, der schlimmste Moment. »Das Ausmaß der Plünderungen, die danach stattfanden, war unfassbar. Es brach mir das Herz. Solche Dinge ändern deine Einstellung zur Menschheit.«

Die Plünderer waren die einzigen Menschen, die John in den nächsten drei oder vier Tagen sah. Als er schließlich nach Hause kam, war sein Haus nur noch ein Haufen aus Asche und verbogenem Metall. Alles, was überlebt hatte, war ein alter Wohnwagen. Er wanderte durch den Busch zum Haus seiner Vermieter, Owen und Jane Baylis; auch das war weg. Glücklicherweise hatten sie sich in Sicherheit bringen können, aber John erfuhr später, dass Janes Eltern, der altgediente Nachrichtensprecher Brian Naylor und seine Frau Moiree, in dem Feuer umgekommen waren.

Schließlich schafften es John und Bonnie den Berg hinunter nach Whittlesea, wo sie in ein Katastrophenhilfszentrum des Roten Kreuzes gebracht wurden. Der RSPCA hatte ebenfalls Freiwillige in der Stadt stationiert, die Bonnies verbrannte, inzwischen entzündete Füße verbanden und Schmerzmittel verabreichten. Die Hündin war traumatisiert und zitterte ständig.

Im Rot-Kreuz-Zentrum waren noch andere Bewohner*-innen von Kinglake, aber John konnte sich nicht dazu durchringen, nach denen zu fragen, die er nicht sah. Später stellte sich heraus, dass der Brand in Kinglake durch einen zwei Kilometer langen Abschnitt von Stromleitungen verursacht worden war, der bei Kilmore East, 65 Kilometer nordwestlich der Stadt, durch den starken Wind umgestürzt war und offenes Grasland und eine Kiefernplantage entzündet hatte.

Was John bei seiner Flucht aus Kinglake nicht wusste war, dass die Behörden niemanden in die Stadt hineinließen. Er hatte bei dem Feuer alles verloren, einschließlich aller Fotos seiner geliebten Patches. Er wollte nur noch nach Hause – um zu sehen, was davon noch übrig war – und um vor Ort zu helfen. Schließlich fragten die Behörden John, ob er bereit sei, mit ihnen den Busch um Kinglake nach Opfern des Feuers zu durchsuchen. Sie hatten gehört, dass im Busch um die Stadt herum Menschen lebten, die sich aus der Gesellschaft zurückgezogen hatten, und sie wussten von Johns Arbeit mit ausgegrenzten Menschen. Deshalb fragten sie ihn, ob er helfen könne.

»Ich sagte ja, wir fuhren los und machten uns auf die Suche. Wir haben nur einen Wohnwagen gefunden. Die anderen konnten wir nicht finden, weil sich die Landschaft topografisch verändert hatte und ich mich nicht mehr zurechtfand«, sagt er. »Wir fanden nur einen Mann mit seinem Hund auf dem Arm.«

Der Winter kommt ohne Vorwarnung nach Kinglake. Die Stadt hatte nach dem Schwarzen Samstag drei Monate lang keinen Strom, während dieser Zeit wich die glühende Hitze des Sommers kühlen Tagen und eiskalten Nächten. In den vom Feuer heimgesuchten Regionen Victorias verloren mehr als 7500 Menschen ihr Zuhause. Viele von denen, die im verwüsteten Kinglake geblieben waren, lebten nun in Schuppen, Wohnwagen oder Zelten. Wie sollten sie dem Schnee standhalten, der sich im Juli und August über die Stadt legen würde?

John hatte sein Lager in seinem Wohnwagen aufgeschlagen, und die Frage, was er tun könnte, um seiner Gemeinschaft zu helfen, belastete ihn. Ihn trieb die Schuld des Überlebenden um und er hatte das Gefühl, dass er und Bonnie ihre Odyssee durch das Feuer noch nicht abgeschlossen hatten.

»Ich habe darüber nachgedacht, was man tun könnte, um die Menschen warm zu halten. Holz gab es zur Genüge. Es war zwar größtenteils verbrannt, aber darunter noch gut«, sagt er. »Ich überlegte mir also, dass wir einen Holzspalter brauchten.«

Also wechselte John »auf die dunkle Seite« und nahm den ersten und einzigen Bankkredit seines Lebens auf. Damit kaufte er einen Holzspalter und fuhr in den nächsten fünf Wintern mit Bonnie durch die Gegend um Kinglake, um Holz für die Bedürftigen zu spalten. Später zahlte die örtliche Baptistengemeinde den Kredit für ihn ab und er fuhr seine Lieferungen in einem grünen Mazda 121 aus, der von jener Produktionsfirma gespendet wurde, die die erfolgreiche Sitcom *Kath & Kim* produzierte. Das Auto wurde in der Serie von Magda Szubanskis Figur Sharon benutzt, und John bekam bald den Spitznamen »Shaz«.

»Ich nutzte diesen Weg, um an die Leute heranzukommen: ›Ich bin hier, um etwas Holz für Sie zu spalten, und – ach ja, wie geht es Ihnen denn so? Kann ich sonst noch etwas für Sie tun?‹ Es gab so viel Not da draußen in den hinteren Ablegern von Kinglake, aber den Leuten war es zu peinlich, um Hilfe zu bitten«, sagt er. »Bonnie war ein Teil von all dem. Ich glaube nicht, dass ich meine Arbeit hätte leisten können, wenn Bonnie nicht dabei gewesen wäre.«

Als sich die Tage nach dem Feuer zu Wochen, Monaten und dann Jahren ausdehnten, spielte Bonnie eine besondere Rolle auf dem Weg der Heilung von Kinglake. Sie schien zu verstehen, dass sie den Menschen, die so viel, eingeschlossen ihrer Haustiere verloren hatten, Trost brachte.

»Es gab nicht mehr viele Haustiere und Bonnie war eine von den überlebenden. Kleine Kinder kamen raus, um mit Bonnie zu spielen. Sie warfen ihr den Ball zu und sie lief damit die Straße entlang und brachte ihn zurück. Es gab keinen Spielplatz mehr, aber was braucht man mehr, wenn man einen Tennisball und einen Hund hat?«, sagt John.

»Menschen, die ihre Haustiere verloren hatten, sahen Bonnie vorbeischwänzeln und umarmten sie. Tiere haben etwas an sich, das Menschen hilft, die verletzt oder einsam sind. Auf ihre eigene Weise hat Bonnie ihren Heilungsprozess beeinflusst.«

John blieb nach dem Schwarzen Samstag sieben Jahre lang in Kinglake, aber irgendwann überkam ihn das Gefühl, dass er weiterziehen musste. Aufgrund seiner Sehprobleme und der Tatsache, dass er bei dem Feuer alles verloren hatte, riet ihm sein Arzt, sich um eine Sozialwohnung zu bewerben. Die einzige verfügbare Wohnung lag 150 Kilometer entfernt. John nahm an. »Ich glaube nicht, dass ich noch einmal nach Kinglake zurückkehren werde. So ein Ereignis trifft den Kern einer kleinen Gemeinde von Farmern, die Kartoffeln und Karotten anbauen. Das alles ist komplett verschwunden«, sagt er. »Jeder vierte Einwohner hat die Stadt verlassen, darunter auch einige frühe Siedlerfamilien.«

Obwohl das Leben ihn aus der Stadt, die er mehr als zwei Jahrzehnte lang sein Zuhause nannte, weggeführt hat, hat John immer noch seine treue Bonnie an seiner Seite.

Als er in den Tagen nach dem Buschfeuer endlich wieder nach Kinglake durfte, ging John zurück und maß die Entfernung von seinem Autowrack zu dem halb ausgehöhlten Wombat-Loch, das Bonnie wie durch ein Wunder erschnüffelt hatte. Er war seiner tapferen, schlauen Hündin auf ihrer Odyssee von knapp einem halben Kilometer gefolgt, aber der geistige Sprung – sein unerschütterlicher Glaube an seine kleine Rettungshündin –, war größer gewesen und nur wenige hätten ihn gewagt.

Deshalb zögert John auch nicht, das »W-Wort« zu benutzen, um die Odyssee zu beschreiben, die ihm und Bonnie an diesem Tag das Überleben ermöglichte. Er hat keinen Zweifel daran, dass göttliche Fügung eine Rolle bei ihrem Überleben spielte.

»Da ich ein gläubiger Mensch bin, denke ich, dass ein Engel vorbeigekommen ist. Er sprach zu Bonnie und führte sie in die richtige Richtung«, sagt John. »Ich habe viel erlebt, bin Rennen mit Motorrädern gefahren. Ich bin Flugzeuge geflogen. Ich war bei einem Fabrikbrand dabei. Ich wurde niedergestochen. Aber es war ein wahres Wunder, wie wir das überstanden haben.«

Spaziergang
nach Mitternacht

Sissy

In ihrer Hit-Single »Walkin' After Midnight« aus dem Jahr 1957 sang die amerikanische Sängerin Patsy Cline davon, dass sie nach Einbruch der Dunkelheit meilenweit auf der Suche nach ihrem Geliebten unterwegs war. Fast sechzig Jahre später könnte der Country-Klassiker als Erkennungsmelodie für eine andere hartnäckige Wegbereiterin herhalten: Zwergschnauzer Sissy. Ihr mitternächtlicher Spaziergang in den Tiefen eines eisigen Winters in Iowa, USA, sorgte weltweit für Schlagzeilen – und ließ bei ihrer Besitzerin Nancy Franck keinen Zweifel daran, wie sehr Sissy sie liebt.

Sissy war schon immer die Freche. Ihr Bruder Barney ist vernünftig, beschützend und stets auf der Hut, dass sein Geschwisterchen nichts Böses im Schilde führt. Aber Sissy liebt es, auf Entdeckungsreise zu gehen, Leute zu treffen und ab und zu ein bisschen Unfug zu treiben. »Sie ist sowohl frech als auch nett«, erzählt Nancy. »Sie ist diejenige, die den Futternapf umstößt und ihn unter den Tresen schiebt. Wenn wir rausgehen, ist sie immer die Letzte, die ihr Geschäft verrichtet, weil sie zu sehr damit beschäftigt ist, herumzuschnüffeln.«

Ihre Hunde haben schon früh klar gezeigt, wem sie loyal zugewandt sind. Seit Nancy und ihr Mann Dale – besser bekannt als »Bucko« – die beiden 2004 als acht Wochen alte Welpen adoptierten, ist Barney eng mit Nancy verbunden, während Sissy zweifellos »Daddys kleines Mädchen« ist. Aber als bei der damals 64-jährigen Nancy Ende 2014 Krebs diagnostiziert wurde und sie fast zwei Monate lang wegen ihrer Therapie nicht zu Hause war, waren sich beide Hunde ihrer Abwesenheit sehr bewusst.

Nach einer Operation im nahe gelegenen Iowa City kehrte Nancy nach Cedar Rapids zurück, einer malerischen Stadt, die für ihre lebendige Kunst- und Kulturszene bekannt ist. Sie wurde im Mercy Medical Center, einem hochmodernen Krankenhaus an der 10th Street, nur wenige Blocks vom Ufer des Cedar River entfernt, zur Reha aufgenommen. Ironischerweise gehört das Krankenhaus zum selben Gebäudekomplex wie das Hall-Perrine Cancer Center, in dem Nancy als Programmiererin arbeitete.

Nancys Genesung verzögerte sich, als sich bei ihr ein Blutgerinnsel bildete. Sie hatte Schwierigkeiten beim Atmen und wurde von der Reha-Station ins Schlaganfall-Zentrum im vierten Stock des Krankenhauses verlegt. Dort lag sie schon fast zwei Wochen, als Sissy in den frühen Morgenstunden des 7. Februar, einem Samstag, zu ihrem mitternächtlichen Streifzug aufbrach.

Zwanzig Blocks vom Krankenhaus entfernt wurde Dale von der heimtückischen Kälte Iowas aus dem Schlaf geweckt.

Die durchschnittliche nächtliche Tiefsttemperatur in Cedar Rapids liegt im Februar bei minus 7° C, und so frostig fühlte es sich auch im Haus an, als der 66-jährige Dale feststellte, dass die Heizung nicht funktionierte.

Er heizte den Kessel wieder hoch, zog sich warm an, befestigte die Leinen von Sissy und Barney an ihren Halsbändern und führte sie hinaus in den verschneiten Hof. Die Leinen waren ein Muss, es war 1:30 Uhr und der Garten der Francks ist nicht eingezäunt; Dale wollte nicht riskieren, dass die Hunde in die eisige Nacht hinausstürmten. Nachdem sie dem Ruf der Natur gefolgt waren, trabten Sissy und Barney an Dales Seite wieder zurück. Er öffnete die Haustür, nahm die Hunde von der Leine und sie traten alle wieder ins Haus.

Zumindest dachte Dale das.

Erst nachdem er die Tür gegen die beißende Kälte geschlossen hatte, bemerkte er, dass Barney zwar da war, Sissy aber nicht. »Normalerweise kann ich sie aushaken und sie laufen sofort zurück ins Haus. Ich dachte, dass Sissy das getan hätte, schließlich war es kalt und manchmal rennt sie direkt in die Küche, also habe ich mir nichts dabei gedacht«, sagte Dale in der Sendung *Talk of Iowa* des Iowa Public Radio.

Es waren sicher nur zwei oder drei Minuten, aber das genügte. Als Dale die Tür wieder öffnete und hinaus in die Nacht spähte, war Sissy bereits in der Dunkelheit entschwunden.

Er war verzweifelt. Er rief ihren Namen, aber die einzige Antwort war das Kreischen des Windes in den Bäumen. Instinktiv wollte er ihr hinterherstürmen, aber Dale wusste, dass das töricht war. Er war selbst nicht bei bester Gesundheit und hatte in diesem Jahr bereits einige Zeit im Krankenhaus verbracht, er war nicht mobil und kam nur mit seiner Gehhilfe vorwärts.

Stattdessen rief Dale das örtliche Tierheim an. »Sie sagten, er solle die Polizei anrufen und fragen, ob sie auf Patrouille nach ihr Ausschau halten würden«, sagt Nancy.

Er rief auch eines ihrer vier erwachsenen Kinder an, Sarah Wood, die etwa zehn Kilometer entfernt in der Stadt Marion lebt. »Ich wusste nicht so genau, was ich davon halten sollte. Es war früh am Morgen und ich war noch nicht ganz wach«, sagte Sarah dem Iowa Public Radio. »Also fragte ich, ob ich rüberkommen und bei der Suche nach ihr helfen solle, und er sagte: ›Nein, sie trägt ihren Anhänger, ich bin sicher, jemand wird sie finden.‹«

Doch Dales ruhiges Auftreten verbarg seine innere Panik. »Ich war zu Tode erschrocken«, erzählte er *Talk of Iowa*. »Ich habe geweint. Es tat mir so leid, sie ist doch mein Baby. Mein süßes Hündchen.«

Wenn es draußen so elend war, kam einem die Nachtschicht an einem Samstag gar nicht so schlimm vor. Der Wind heulte, der Regen peitschte auf den Gehweg und verwandelte den zuvor gefallenen Schnee in tückischen Schlamm. Es war kurz nach fünf Uhr morgens, kurz vor der Morgendämmerung. Bei einer so dichten Wolkendecke wusste Samantha Conrad, die Sicherheitsbeauftragte des Mercy Medical Center, dass das schwache Sonnenlicht an diesem Tag keine Wärme spenden würde.

Samantha verspürte Mitleid mit ihrem Kollegen, der gerade dabei war, die gemütliche Wärme des Sicherheitsbüros zu verlassen, um auf dem Parkplatz zu patrouillieren. Sie war froh, dass sie nicht diejenige sein würde, die Schneematschpfützen und rutschigen Bürgersteigen ausweichen müsste.

Während sie sich unterhielten, sah Samantha plötzlich aus dem Augenwinkel eine flüchtige Bewegung. »Ich weiß nicht mehr, worüber wir sprachen, aber irgendetwas fiel mir ins Auge und ich konnte nicht anders, als mitten im Satz darauf zu zeigen und ›Hund?‹ zu rufen«, sagt sie.

Und tatsächlich, eine kleine, nasse, struppige Hündin stand erwartungsvoll in der Krankenhauslobby. Die Sicherheitskameras hatten ihre Ankunft aufgezeichnet. Sie betrat den Komplex durch zwei automatische Türen, drehte sich dann um und sah zu, wie sich diese hinter ihr schlossen, bevor sie durch das Foyer zum Sicherheitsbüro trabte.

»Sie hatte die Ecke des vorderen Eingangsbereichs umrundet und schaute sich um, die Ohren spitz aufgerichtet und sehr aufmerksam«, sagt Samantha. »Wir rannten aus dem Büro und gingen auf das Tier zu, das aufgeregt und gleichzeitig ein wenig verängstigt wirkte.« In ihren zwei Jahren im Mercy hatte Samantha schon so manche*n ungewöhnliche*n Besucher*in im Krankenhaus erlebt – aber das war eine Premiere. »Wir hatten schon Rehe, Waschbären und Vögel, die durch die Tore des Ladedocks oder die Vorräume der Rampenzugänge eindrangen, aber alle wurden rechtzeitig aufgehalten und keins gelangte in den medizinischen Teil des Krankenhauses«, sagt sie. »Ich hatte auch schon mit Hunden zu tun, die außerhalb des Krankenhauses herumliefen, aber keiner hat es jemals soweit geschafft wie dieser. Dass ein Hund es in den Haupteingangsbereich schaffte, war ein besonderer Fall für die Geschichtsbücher der Sicherheitsabteilung.«

Die automatischen Türen schoben sich wieder auf und ein weiterer frühmorgendlicher Besucher trat ein; diesmal ein Mensch. Er eilte in die Lobby und hielt inne, um die Hündin zu betrachten.

»Gehört sie Ihnen?«, fragte Samantha den Mann. Der schüttelte den Kopf.

Die kleine Hündin zitterte vor Kälte, ihr grau-meliertes Fell war durchnässt. »Es regnete und war windig, also nahm ich ein Handtuch und versuchte, sie abzutrocknen«, sagt sie. In diesem Moment bemerkte sie, dass der Hund ein Halsband trug, an dem ein Anhänger mit einer Telefonnummer und einem Namen hing: Sissy.

Samantha packte die Hündin ein und trug sie in das Sicherheitsbüro, wo sie zum Telefon griff und die Nummer auf dem Anhänger wählte. Es war die Festnetznummer von Nancy Franck. Dale nahm ab.

Als sie ihm sagte, dass sie Sissy bei sich hatte, sagt Samantha, war Dale überwältigt. »Er sagte, dass Nancy im Krankenhaus war, und Sissy abgehauen sein muss, um sie zu finden. Er erklärte, dass er mit Sissy und seinem anderen Hund draußen sei und wohl die Tür zu langsam hinter ihnen geschlossen habe. Ich bin deshalb davon ausgegangen, dass er Nancy im Krankenhaus besucht und Sissy im Auto gelassen hatte.«

Als Dale Samantha erzählte, dass er von der Eingangstür seines *Hauses* sprach, war sie fassungslos. Die mutige, entschlossene Sissy hatte eine großartige Flucht inszeniert und war mitten in der Nacht mehr als 15 Kilometer durch Regen, Wind und Schnee gelaufen. Sie hatte den Minusgraden getrotzt, in einer hündischen Version von barfuß und nur mit einer leichten Jacke bekleidet. Sie hatte die Hauptstraßen der Stadt überquert, auf denen selbst zu dieser Stunde viel Verkehr herrschte. Und es schien, als hätte sie ihre beschwerliche Odyssee mit nur einem Ziel vor Augen angetreten: Nancy zu finden.

»Dale war genauso geschockt wie ich, als wir entdeckten, wie weit Sissy unterwegs gewesen sein musste, um ins Krankenhaus zu kommen«, sagt Samantha. »Sissy ist normalerweise der entspanntere der beiden Hunde, also war das sehr untypisch.«

Noch unglaublicher war, dass Sissy vorher noch nie im Krankenhaus gewesen war. Sie und Barney waren ein paar Mal in Dales Auto mitgefahren, wenn er Nancy von der Arbeit im Hall-Perrine Cancer Center abgeholt hatte, das in einem separaten Gebäude untergebracht ist. Obwohl dieser Teil vom Krankenhaus zugänglich ist, waren die Hunde noch nie drinnen.

Wusste Sissy, dass Nancy im Krankenhaus lag, einige Stockwerke über der Lobby, in die sie hineingerannt war? Und wenn ja, *woher?* Wissenschaftler*innen glauben, dass der Geruchssinn eines Hundes ein mächtiges Hilfmittel in seinem Navigationsarsenal ist. Ein Hund, der eine bestimmte Strecke gelaufen ist, kann oft denselben Weg zurückverfolgen, indem er seinem eigenen Geruch folgt – aber Sissy war noch nie zum Krankenhaus gelaufen. Der Geruch des Hundebesitzers kann sich als ebenso unwiderstehlich erweisen und ist unter den richtigen Bedingungen leicht aufzuspüren. Aber bei Regen und Schnee? Und wenn der Besitzer einer von Hunderten von Menschen in einem Krankenhaus ist, das vor stechenden Gerüchen nur so strotzt?

Nancy ist sich nicht sicher, wie sie es geschafft hat, aber sie ist sich sicher, dass Sissys Odyssee kein Zufall war. »Sie war auf einer Mission, um mich zu finden. Draußen war es verschneit und nass. Das war nicht schön für sie«, sagt sie. »Dale hat immer gesagt, dass Sissy sein und Barney mein Hund ist, aber sie war diejenige, die ins Krankenhaus kam, um mich zu finden.«

Sie fragt sich sogar, ob Sissy ihre waghalsige Reise vielleicht schon im Voraus geplant und nur auf eine Gelegenheit gewartet hatte, ihren Plan in die Tat umzusetzen. »Ich weiß, dass Hunde ›reden‹, und ich frage mich, ob Sissy zu Barney gesagt hat: ›Das ist es, was ich tun werde.‹«

So erstaunlich ihre Leistung auch war, so gehören doch Hunde nicht in Krankenhäuser. Nachdem sich die Aufregung über ihre Ankunft ein wenig gelegt hatte, war Samantha klar, dass Sissy gehen musste.

»Um ehrlich zu sein, ging es mir, als Sissy entdeckt wurde vorrangig darum, den Besitzer so schnell wie möglich ausfindig zu machen und den Hund aus dem Krankenhaus zu bringen«, sagt sie. »Ich war dankbar, dass Dale direkt ans Telefon ging, denn wenn ich niemanden gefunden hätte, der sie abholt, hätte ich die Tierschutzbehörde kontaktieren müssen, um sie ins Tierheim zu bringen.«

Dales eigene gesundheitlichen Probleme bedeuteten, dass er Sissy nicht selbst holen konnte, also rief er seine Tochter Sarah an. Als er ihr erzählte, dass Sissy im Krankenhaus sei, »habe ich ihm zuerst nicht geglaubt, aber sowas denkt man sich ja nicht einfach aus«, erzählte Sarah *Talk of Iowa*.

Also kletterte Sarah in ihr Auto und machte sich auf die 15-minütige Fahrt, um die mutige Hündin einzusammeln.

Aber Sissy bestand darauf, dass ihr Besuch noch nicht vorüber war. Ihr Blick schien auf die Aufzugsreihe in der Lobby fixiert zu sein. Wollte sie herausfinden, welcher sie zu Nancy bringen würde?

»Nachdem ich mit Dale gesprochen hatte, fiel mir auf, dass Sissy an der Eingangstür stand und in den Flur hinausschaute, als würde sie nach etwas suchen«, sagt Samantha. »Ich versuchte, sie abzulenken und mit ihr zu spielen, aber ohne Erfolg. Ich hatte sogar ein paar Kekse dabei, mit denen ich versuchte, sie zu bestechen. Aber nichts. Sie nahm mich überhaupt nicht wahr.«

Dale hatte Samantha von seinen gesundheitlichen Problemen erzählt und davon, wie sehr Nancy darum kämpfte, gesund zu werden. Er war traurig, dass seine Frau, die kurz vor der Pensionierung stand und sich darauf freute, mehr Zeit mit ihren acht Enkeln und dem Urenkel zu verbringen, einen so harten Kampf zu bestehen hatte.

In Samantha begann eine Idee zu reifen. »Sowohl Nancy als auch Dale hatten viel durchgemacht, und ich wollte einfach nur helfen, wo ich nur konnte. Ich bin eine große Hundeliebhaberin und weiß, wie glücklich ich wäre, wenn mein Hund mich im Krankenhaus besuchen könnte«, sagt sie.

Sarahs Ankunft bestärkte ihre Entschlossenheit. »Sissy war aufgeregt, Sarah zu sehen, schien aber nicht begeistert zu sein, als Sarah davon sprach, sie mit nach Hause zu nehmen!«

Sarah ihrerseits war schockiert, Sissy im Krankenhaus zu finden. Sie hatte sich vorgestellt, dass Sissy von einem patrouillierenden Sicherheitsbeamten auf dem Parkplatz entdeckt worden wäre.

»Ich sagte also: ›Ich weiß, dass sowas wahrscheinlich nicht in der Krankenhausordnung steht, aber Sissy hat bis hierher zwanzig Blocks zurückgelegt‹«, erzählt Sarah in der Radioshow. »Sie ist mitten in der Nacht angekommen. Ich weiß nicht, woher sie es weiß, aber meine Mutter liegt hier oben. Können wir sie vielleicht nach oben bringen, damit Mama sie sehen kann?‹«

Genau dasselbe hatte sich auch Samantha gedacht. Sie rief die Hausleitung an, die für den Betrieb des Krankenhauses nach Feierabend zuständig ist. Um Tiere auf die Stationen zu lassen, braucht man normalerweise die Genehmigung der Krankenhausverwaltung, Samantha fragte also die Hausleitung, ob Sissy ein kurzer Besuch bei Nancy erlaubt werden könnte. Immerhin hatte sie sich so viel Mühe gegeben, um herzukommen.

Die Aufsichtsperson stimmte zu, und Samantha begleitete Sarah und Sissy in den Aufzug und hinauf zu Nancys Zimmer. Nancy dachte, sie würde halluzinieren, als Sarah mit einer »nassen und zappeligen« Sissy auf dem Arm hereinkam.

»Ich habe meine Tochter vorgeworfen, Sissy reingeschmuggelt zu haben, aber sie betonte: ›Nein, sie hat sich selbst reingeschmuggelt!‹« Nancy lacht. »Sissy zappelte, wimmerte und wand sich, um mich zu sehen. Ich glaube, sie war einfach nur glücklich, weil sie geschafft hatte, was sie sich vorgenommen hatte.«

Nach zehn Minuten war es an der Zeit, Sissy nach Hause zu bringen – sie war erschöpft von ihrem Abenteuer. Außerdem wusste Nancy, dass Dale nicht eher ruhen würde, bis er sein Mädchen wieder an seiner Seite hatte.

Aber die Aufregung über Sissys nächtliche Odyssee hielt noch lange an, nachdem die kleine Hündin das Gebäude verlassen hatte. »Sissy hat vielen Menschen im Krankenhaus gute Laune beschert«, sagt Samantha. »Bis zum heutigen Tag kommen immer mal wieder Leute und fragen nach ›dem Hund, der ins Krankenhaus kam‹. Es ist wunderbar zu wissen, dass ein Tier so viele Menschen positiv stimmen und ihnen ein Lächeln ins Gesicht zaubern kann.«

Nancy konnte das Mercy Medical Center am 8. März 2015 verlassen. Sie hatte eine Chemo- und Strahlentherapie hinter sich, und schon im April begannen ihre Haare wieder zu wachsen.

Sissys Odyssee erregte nationale und internationale Aufmerksamkeit. Von der unerschrockenen Hündin wurde in Nachrichtensendungen in England, Schottland und Japan berichtet. Sie wurde sogar in der beliebten Kochsendung »*The Rachael Ray Show*« erwähnt.

Trauigerweise lag vor Nancy noch mehr Herzschmerz. Am 16. April verstarb Dale, nur zwei Wochen vor seinem und Nancys zweiundvierzigstem Hochzeitstag. Sein Tod war für alle hart, auch für die Hunde. Sissy hatte immer in Dales Schlafzimmer geschlafen – Nancy zog in ihr eigenes Zimmer, nachdem Dale 2008 in den Ruhestand gegangen war, um ihn nicht zu stören, wenn sie zur Arbeit ging – und die Hündin konnte nicht verstehen, wo ihr Kamerad geblieben war.

Aber wie sie bewiesen hat, als Nancy im Krankenhaus lag, ist Sissy Nancy genauso treu ergeben wie sie es Dale gegenüber war. Sie hat wohl nie einen bevorzugt, auch wenn Nancy und Dale gerne darüber gescherzt hatten.

»Sissy und Barney merkten, dass Dale gestorben ist; sie spürten, dass etwas anders war, und sie waren ein wunderbarer Trost«, sagt Nancy. »Wenn ich dasaß und weinte, setzten sie sich mir beide zur Seite. Und Sissy kommt jetzt nachts in mein Schlafzimmer.«

Es gab noch eine weitere Auszeichnung für Sissy. Im Januar 2016 wurde ihre Hingabe an Nancy belohnt, als sie bei den ersten World Dog Awards in der Kategorie »Most Amazing Journey« gewann. Nancy und Sissy wurden von Cedar Rapids nach Los Angeles geflogen, um ihre Trophäe – einen goldenen Feuerhydranten – bei einer mit Stars besetzten Hollywood-Zeremonie entgegenzunehmen.

»Ihr gefiel es überhaupt nicht, weil sie in einer Tragetasche sitzen musste. Irgendwann ist sie aus der Tasche ausgebüxt und weggelaufen«, sagt Nancy. Dieses Mal gelang es ihnen glücklicherweise, Sissy einzusammeln, bevor sie sich auf eine weitere heldenhafte Odyssee begab. »Sie begrüßte jede:n und schien sich zu freuen, Menschen zu treffen. Sie mag es, Menschen zu treffen, denn sie mag es, geliebt zu werden.«

Und auch Sissy liebt gerne. Schließlich ist sie nach Mitternacht losgezogen und kilometerweit die Straßen entlanggelaufen, auf der Suche nach ihrer Besitzerin, die sie anhimmelt. Vielleicht ist genau das Sissys Art, wie Patsy Cline es formuliert hätte, zu sagen: »Ich liebe dich«.

Davongetragen

Carry

Die rund 5000 Einwohner von Chinchilla, Australien, 300 Kilometer nordwestlich von Brisbane in den Darling Downs gelegen, kennen Überschwemmungen nur allzu gut. Das Städtchen wurde 1877 an den Ufern des Charleys Creek gegründet und am südlichen Stadtrand liegt der Fluss Condamine, weshalb man hier durchschnittlich ein- bis zweimal im Jahr mit Hochwasser rechnen kann. In der Regel reicht die Vorwarnzeit, damit die örtlichen Farmer ihre besten Arbeitshunde zusammenrufen und Rinder, Schafe und Schweine – das Rückgrat der Region –, auf höher gelegenes Gelände treiben können.

Dave Winfield ist einer dieser Farmer. Er betreibt Viehzucht auf einem halben Dutzend Ländereien an den westlichen Hängen der Berge der Great Dividing Range, die sich insgesamt über rund 14 000 Hektar erstrecken. Drei dieser Parzellen befinden sich in der Umgebung von Chinchilla, und weitere 8000 Morgen Land liegen in der Nähe von Mundubbera, fast drei Stunden nördlich. Bevor er sich in den Downs niederließ, verbrachten Dave und seine Familie – Ehefrau Jen und die beiden Söhne im Teenageralter – einige Zeit in Beaudesert, 80 Kilometer südlich von Brisbane, was ebenfalls ziemlich hochwassergefährdet ist, und in Birdsville, nahe der südaustralischen Grenze, wo Überschwemmungen die kleine Stadt wochenlang isolieren können. Dave hat wohl mehr Überschwemmungen gesehen als manch anderer eine warme Mahlzeit.

Doch es überraschte alle, wie heftig die Wassermassen im Sommer 2010/2011 über weite Teile von Queensland hinwegfegten, sogar Dave. »Wir waren zwar gewarnt, dass wir überflutet werden würden, aber so hoch war das Wasser noch nie gestiegen«, sagt er.

»An der Stauwehr in Chinchilla hängt ein Schild in zweieinhalb Meter Höhe. Als ich mit dem Rettungsdienst des State Emergency Service (SES) dort vorbeikam, sahen wir, wie das Wasser um das Schild herumwirbelte. Überall war so viel Wasser, selbst dort oben.«

Die Sintflut war die zerstörerischste in Queensland seit über einem Jahrhundert und zwang mehr als 200 000 Menschen aus neunzig Städten und Gemeinden zur Evakuierung, wobei die Gemeinden entlang der Flüsse Fitzroy und Burnett am stärksten betroffen waren. Auch die Flüsse Condamine, Balonne und Mary traten über die Ufer, während eine unerwartete Sturzflut Toowoomba, 125 Kilometer westlich von Brisbane, überschwemmte und im Tal von Lockyer alles in ihrer Bahn liegende zerstörte.

Tausende von Häusern standen in Brisbane und im 40 Kilometer westlich gelegenen Ipswich unter Wasser, als der Brisbane über die Ufer trat. Durch die Flut musste der

Wivenhoe-Damm in Brisbane die doppelte Kapazität seines regulären Wasserspeichers bewältigen.

Das Wehr verfügt über zwei Notüberläufe, um überschüssiges Hochwasser aufzufangen; einer dieser Polder lief voll und beim zweiten fehlten nur 60 Zentimeter und er hätte ebenfalls seine Kapazität erreicht. Mehr als 55 000 Freiwillige aus dem ganzen Land meldeten sich, um bei der Säuberung der Straßen zu helfen.

Drei Viertel der Gemeindebezirke von Queensland wurden zu Katastrophengebieten erklärt, und die Schadenssumme wurde auf 2,38 Milliarden Dollar geschätzt. Insgesamt hat dieser katastrophal nasse Sommer ein Loch von 40 Milliarden Dollar in die australische Wirtschaftskraft gerissen. Verheerender als die finanziellen Kosten war jedoch der menschliche Tribut. Die Überschwemmungen forderten fünfunddreißig Menschenleben. Sechzehn Menschen verloren ihr Leben in den Ortschaften des Lockyer Valley, darunter Grantham, Murphys Creek und Postmans Ridge.

Das Ausmaß der Katastrophe erschütterte das ganze Land. Als die Geschichten von Tragödien, Heldentum, Durchhaltevermögen und dem Überleben trotz aller Widrigkeiten bekannt wurden, konnten mehr als elf Millionen Dollar an Spenden durch öffentliche Katastrophenhilfeaufrufe gesammelt werden.

Auch Haustiere wurden in Mitleidenschaft gezogen, vor allem in den Städten. Hunde und Katzen wurden von den Wassermassen mitgerissen oder von ihren Besitzer*innen zurückgelassen. Wildtierbehörden machten sich große Sorgen um die einheimische Tierpopulation, vor allem um kleine Makropoden wie Wallabys, aber auch um Nasenbeutler, einheimische Ratten und Mäuse. Das wahre Ausmaß der Auswirkungen auf die Tierwelt wird wohl nie bekannt werden, da man davon ausgeht, dass viele Tiere, die die erste Flut überlebt hatten, später aufgrund des massiven Verlusts von Lebensraum und Nahrungsquellen starben.

Den Nutztieren ging es da besser, vor allem dank des unermüdlichen Einsatzes von Farmern wie Dave und ihren hart arbeitenden Gebrauchshunden. Neben der Verwaltung seines eigenen Viehs war Dave damals auch mit dem Zusammentreiben von Vieh im Auftrag von anderen beschäftigt. Anfang Januar 2011, auf dem Höhepunkt der Flutkatastrophe, wurde er von den Mitarbeiter*innen des Kogan Creek Kraftwerks, 20 Kilometer südöstlich von Chinchilla und nur eine Handvoll Kilometer von seinem Zuhause entfernt, gebeten, eine Herde Rinder in die Nähe des 1,2 Milliarden Dollar teuren Kohlekraftwerks, die durch das Hochwasser eingekreist war, in Sicherheit zu bringen.

In der Nacht vor dem Treiben stapfte er einen Kilometer durch das Wasser, um nach den unglücklichen Rindern zu sehen.

»Der Wasserstand schien damals nicht mehr zu steigen und war am nächsten Tag immer noch ungefähr gleich, aber er war auch nicht gesunken. Die Rinder waren auf einer Ebene in etwa ein Meter tiefem Wasser gestrandet. Sie hatten kleine Kälber und es war nicht viel nötig, um sie höher zu treiben, also planten wir, sie am nächsten Tag zu bewegen«, sagt er.

Auf dem Pferderücken würde er es in dem ganzen Wasser nicht schaffen. Also musste er mit Boot und Hund planen.

Und Dave kannte genau den richtigen Hund für diesen Job.

Als die Zeitungen später Wind von dem Vorfall bekamen, nannten sie sie alle Carrie, aber eigentlich heißt sie C-A-R-R-Y nach dem Verb »tragen« (engl. »carry«). Daves Jungs haben ihr den Namen verpasst. Sie ist so alt wie sein Jüngster und war immer der Liebling unter dem Dutzend Arbeitshunden der Familie. »Wenn man viele Hunde hat, gehen einem irgendwann die Namen aus. Ich hatte schon Hunde mit den Namen Eins, Zwei, Drei und Vier«, lacht Dave. »Man sucht nach irgendwelchen Anzeichen dafür, wie man einen Hund nennen könnte, und als die Kinder klein waren, wollten sie sie immer auf den Arm nehmen. Sie fragten immer wieder: ›Welpe tragen?‹ – ›Carry puppy?‹ –, also wurde sie so genannt.«

Bei seinen Gebrauchshunden hat Dave nie viel auf Rassen gegeben. Einige Farmer sind Kelpie-Puristen – 2012 wurde ein zweijähriger roter Kelpie aus Tasmanien für 12 000 Dollar bei der berühmten Kelpie-Schau von Casterton, Victoria, verkauft und stellte damit einen neuen Rekord auf. Aber Dave nahm »Hunde, die ihre Arbeit erledigen. Und Mischlinge sind auch gute Hunde«.

Carry hat allerdings »ein gutes Stück« Kelpie in sich und wird dem Ruf dieser Rasse als der am härtesten arbeitenden Hunde des Landes mehr als gerecht. Sie war ungefähr acht Jahre alt, also im mittleren Alter, als das Hochwasser in jenem Sommer kam. Gebrauchshunde werden häufig aufgrund von Unfällen, Verletzungen und wegen ihres ständigen Einsatzes nicht so alt –, aber Carry war ein unschätzbares Mitglied des Rudels, das für seine ruhige und doch energiegeladene Art geschätzt wurde.

»Carry punktet bei widerspenstigem Vieh, weiß aber auch, wann sie sich zurückziehen muss. Sie ist nicht wie manche verrückten Hunde, die buchstäblich bis zum Umfallen arbeiten«, sagt Dave. »Sie war immer eine gute Arbeiterin, aber man darf Carry nicht überhitzen – sie lässt sich nicht weichkochen. Sie weiß, wann sie eine Verschnaufpause einlegen muss. Carry hat etwas mehr Hirn im Kopf als manch andere Hunde.«

Schon mindestens einmal Carry hatte ihre Standhaftigkeit bewiesen: Als sie noch ein kleiner Welpe war, hat Dave sie versehentlich mit seinem Pickup überfahren. Glücklicherweise passierte das auf weichem Sand und der Pickup war nicht beladen. Carry überstand den Unfall unbeschadet und war seitdem unermüdlich unterwegs.

In jenem Januar, als Dave und zwei Kraftwerksmitarbeiter darum kämpften, das Vieh aus dem Hochwasser auf einen trockenen Hügel zu treiben, der durch die Kohleabbauaktivitäten des Kraftwerks entstanden war, war die unbekümmerte Carry wahrscheinlich das ruhigste Mitglied des Teams.

»In der Ebene war ziemlich viel Wasser, also schwammen wir mit einigen der Rinder mit dem Boot hinaus und führten andere zu Fuß. Wir hatten verschiedene Herden zu bewegen. Manchmal liefen wir hinter ihnen her, und die Babykälber schwammen und schwammen und schwammen«, sagt Dave. »Ich bin etwas über 1,80 m groß, aber manchmal ging mir das Wasser bis zur Brust. Verdammt, ich hatte Angst.«

Irgendwann, mitten im Stress und Chaos des Viehtriebs, verlor Dave Carry aus den Augen. Er wusste nicht, ob sie weggelaufen oder im Wasser weggeschwemmt worden war. Alles, was er wusste, war, dass er drei Hunde mitgebracht hatte. Aber als er den Viehtransport abgeschlossen hatte und bereit zur beschwerlichen Heimreise war, hatte er nur noch zwei.

»Ich habe keine Ahnung, wie Carry von uns abgetrennt wurde oder wohin sie unterwegs war. Ich hatte nicht mitbekommen, dass sie weg war. Bei so einem Einsatz konzentriert man sich nur auf das Vieh. Dass sie sich abgesetzt hatte, war ungewöhnlich, aber die Situation war ja auch nicht normal.«

Er war anfangs nicht allzu besorgt. Wenn man mit mehreren Hunden in stark bewaldetem Gebiet unterwegs ist, ist es nicht ungewöhnlich, dass man ab und zu einen verliert. Sie können ein paar Stunden oder sogar ein paar Tage vermisst werden, aber Gebrauchshunde haben einen ausgeprägten Orientierungssinn und tauchen immer wieder auf.

Als es nach zwei Tagen noch kein Zeichen von Carry gab und das Wasser immer noch nicht zurückging, begann Dave daran zu zweifeln, ob die hartnäckige Mischlingshündin ihren Weg nach Hause finden würde. Seit dem Viehtrieb war er jeden Tag zum Kraftwerk zurückgekehrt, um nach dem Vieh zu sehen, und hatte halb erwartet, Carry dort zu finden. In größerer Entfernung konnte er nicht suchen, weil sein Grundstück durch die Flut komplett abgeschnitten war.

Dann, am zweiten Morgen nach ihrem plötzlichen Verschwinden, wachte Dave auf und fand überraschend Carry auf dem Boden seiner Werkstatt liegend vor. Sie wedelte mit dem Schwanz, als sie ihn sah – trotz des klaffenden Lochs von der Größe zweier Fäuste in ihrer rechten Seite. Sie war sehr schwach und hatte offensichtlich Schmerzen. Wie Carry es mit einer solchen Wunde überhaupt die acht Kilometer vom Kraftwerk nach Hause geschafft hatte, konnte sich Dave kaum vorstellen – aber ihre Odyssee sollte noch viel unglaublicher werden.

Landwirte verlassen sich auf ihre Gebrauchshunde. Sie erkennen ihren Wert und schätzen sie, so wie ein Koch ein tolles Messerset oder ein Läufer sein Lieblingspaar Schuhe schätzt. Sie wissen, dass sie ohne ihre Tiere die Arbeit nicht bewältigen könnten.

Aber im Allgemeinen sind Landwirte praktisch veranlagt. Sobald ein Hund seinen Beitrag nicht mehr leisten kann, ist es schwer, seinen Platz im Team zu rechtfertigen, genau wie bei jeder*m anderen Mitarbeiter*in. In ländlichen Gebieten ist es unwahrscheinlich, dass Gebrauchshunde, die alt, verletzt oder nicht mehr nützlich sind, einen langen Ruhestand, womöglich im Luxus, genießen können. Das ist einfach die Realität des Lebens auf dem Land.

»Viele Gebrauchshunde haben keine lange Lebenserwartung. Sie sind eine Notwendigkeit. Aber jeder, der Hunde mag, kommt nicht umhin, sie zu lieben«, sagt Dave. »Manche haben vielleicht zwanzig oder dreißig Hunde – es hängt einfach davon ab, wie viel Arbeit man hat. Gerne gibt man sie nicht her, aber die Frage ist einfach, wie viele man behält?«

Das war auch die Frage, mit der Dave rang, als er Carry auf dem Betonboden der Werkstatt liegen sah. Zuerst konnte er nicht genau sehen, wie schwer ihre Verletzungen waren, aber da sie sich offenbar nicht mehr aufrappeln konnte, wusste er, dass es nicht gut aussah.

»Da war nur ein bisschen Blut, aber ich konnte sehen, dass mit ihr etwas nicht stimmte. Am Anfang wollte sie nicht aufstehen, und als sie es dann doch tat, konnte man die Luft in und aus ihrer rechten Lunge pfeifen hören. Ich habe schon einige schlimme Verletzungen bei Hunden gesehen, aber das war wirklich übel.«

Als Dave das Pfeifen hörte, wusste er sofort, was er vor sich hatte. Carry hatte einen Pneumothorax erlitten, der auftritt, wenn Luft aus der Lunge entweicht und in der Brusthöhle eingeschlossen wird – dem Raum zwischen der Lunge und der Brustwand. Er kann bei Hunden spontan auftreten – normalerweise bei großen Rassen mit tiefem Brustkorb – oder, wie in Carrys Fall, als Folge eines Traumas, zum Beispiel eines Einstichs in die Brustwand. Ein anderer von Daves Gebrauchshunden hatte Jahre zuvor eine ähnliche Verletzung erlitten, nachdem er im hohen Gras in eine freiliegende Baumwurzel gelaufen war. Aber Carrys Verletzung war nicht durch eine Baumwurzel verursacht worden; diese lagen alle unter Wasser. Sein Bauchgefühl sagte ihm, dass sie in ein Handgemenge mit einem Känguru geraten war und eindeutig das Nachsehen gehabt hatte.

»Es gibt nur zwei Dinge, die so eine Verletzung verursachen können: ein Känguru oder ein Wildschwein. Keine Kuh wird das tun, und Carry kann mit Schweinen nichts anfangen. Wir begegnen öfter Schweinen auf der Weide und sie hat sie nie beachtet«, sagt er.

Kängurus hingegen schrecken vor keinem Kampf zurück, besonders wenn sie in die Enge getrieben werden. Mit ihren rasiermesserscharfen Krallen können sie den Brustkorb eines Tieres aufreißen und zwischen den Rippen direkt in die Brusthöhle vordringen.

»Ich habe gesehen, wie Kängurus Hunde hochheben und auf den Boden schmettern. Wenn sie im Hochwasser aufgescheucht werden, – besonders wenn sie geschwommen und müde sind und zum Ausruhen innehalten –, dann flüchten sie nicht, sondern bleiben und kämpfen.«

Dave, normalerweise der pragmatische Problemlöser, wusste nicht, was er tun sollte. Mit den Erste-Hilfe-Sachen, die er zu Hause hatte, konnte er Carrys Wunde zunächst verbinden. Ein Kumpel am Ende der Straße, der Hunde für die Schweinejagd besaß, gab ihm Schmerzmittel und Antibiotika, um eine Infektion zu verhindern.

Nachdem er Carry so gut wie möglich versorgt hatte, war Dave ratlos. Carry kam irgendwie zurecht – aber für wie lange? »Wenn ich sie rief, richtete sie sich auf und kam, aber sie wollte nicht. Sie legte sich sofort wieder hin. Ich überlegte, ob ich sie nähen sollte, aber es war immer noch Luft in der Brusthöhle. Und sie wollte nicht trinken, also dehydrierte sie langsam, aber sicher«, sagt er.

Ihr Kampfgeist blieb jedoch ungebrochen. »Während des Triebs wimmerte sie kläglich, wenn man sie mit einem Stiefelkick aus dem Weg schnippte, aber an diesem Tag konnte ich meine ganze Hand in die Wunde stecken und sie lag einfach nur da und wedelte mit dem Schwanz. Sie ist eine Heulsuse, aber sie ist zäh.«

Einen Tag lang rang Dave mit der Entscheidung, was er für seine treue Mitarbeiterin tun sollte. Trotz ihres Stoizismus litt sie offensichtlich – und obwohl er sie nicht kampflos aufgeben wollte, wollte er ihren Schmerz auch nicht verlängern. Vielleicht war das Beste, was er für Carry tun konnte, ihr Elend zu beenden.

Die nächstgelegene Tierklinik war in Chinchilla, aber mit dem Auto kam man dort gerade nicht hin. Selbst die Tierärzt*innen konnten nicht rein oder raus. Die damalige Besitzerin des Chinchilla Veterinary Service, Dr. Sandi Jephcott, war in ihrem Haus am anderen Ende der Stadt vom

Wasser eingeschlossen. Ein weiterer Tierarzt, Dr. Ryan Ayres, wohnte in einem an die Klinik angeschlossenen Gebäudetrakt und war dort gestrandet.

Als Dave Dr. Jephcott am Telefon Carrys Verletzung beschrieb, meinte sie, den Hund retten zu können, wenn Carry es in die Stadt zur Behandlung schaffte. Daves Entschluss stand fest. Also begann er am zweiten Tag nach Carrys Rückkehr, alles zu organisieren.

»Ich hatte Carry schon eine ganze Weile. Sie ist eine gute Hündin und hat schon einiges mitgemacht. Ich wollte sie nicht so einfach verlieren«, sagt er. »Wir konnten die Tierärztin nicht mit dem Auto erreichen, also musste sie entweder auf einem anderen Weg dorthin gelangen oder sie würde sterben.«

Sein erster Gedanke war, Carry per Boot nach Chinchilla zu bringen. Der Rettungsdienst schickte Boote über das Chinchilla-Wehr, acht Kilometer südlich des Stadtzentrums, um Lebensmittel und Vorräte zu den durch die Überschwemmungen isolierten Menschen zu transportieren. Über die Straße waren es etwas mehr als 50 Kilometer bis dorthin und Dave glaubte, dass er ein Stück durch die Flut steuern und die Hündin dann auf ein Schlauchboot manövrieren und in die Stadt bringen könnte.

Dann hatte er eine bessere Idee. Sie war zwar verrückt, könnte aber funktionieren.

Queensland kam durch die Überschwemmungen praktisch zum Stillstand. Die Straßen waren unpassierbar, die Städte abgeschnitten, viele waren ohne Strom und sauberes Trinkwasser. Das riesige Kraftwerk Kogan Creek lief jedoch ununterbrochen weiter. Das 750-Megawatt-Kraftwerk – das größte in Australien – musste während der Katastrophe am Laufen gehalten werden, denn für die Rettungskräfte war der Zugang zu einer zuverlässigen Stromquelle buchstäblich eine Lebensader.

Die Mitarbeiter*innen der Station, von denen viele in Chinchilla lebten, konnten nicht zur Arbeit gelangen. Das Wasser stand überall, soweit das Auge reichte – an Autofahren war nicht zu denken. Also charterte der Eigentümer der Station, CS Energy, Hubschrauber, um die Arbeiter*innen die rund 20 Kilometer zwischen Chinchilla und Kogan Creek zu ihren Schichten zu fliegen.

Dave hatte während des schicksalhaften Viehtriebs fünf Tage zuvor zwei Kraftwerksmitarbeiter kennengelernt. Sie hatten Telefonnummern ausgetauscht, damit er sich nach den Rindern erkundigen oder sie ihn anrufen konnten, falls sich weitere Kühe in die Nähe des Kraftwerks verirrten.

Es war zwar weit hergeholt, aber einen Versuch wert. Dave rief sie an. »Während des Triebs hatte ich mich gut mit einem von ihnen verstanden. Er sah ein bisschen wie ein harter Kerl aus. Ich rief ihn an und fragte: ›Kann ich meine Hündin auf deinem Flug unterbringen?‹«

Die Chancen auf einen Gnadenflug für Carry standen schlecht. Die gecharterten Flüge waren für das Kraftwerkspersonal und den Nachschub vorgesehen. Sollte die Firma die Regeln für einen »Zivilisten« – und seine Hündin – beugen, standen garantiert bald andere auf der Matte und erbaten ebenfalls eine Sonderbehandlung.

Daves Kraftwerkskumpel arbeitete in der Nachtschicht, und Dave hatte ihn tagsüber zu Hause in Chinchilla erwischt. Aber er versprach, Carrys Fall dem Hubschrauberpiloten auf dem Flug zur Station am Abend zu schildern. Dave musste warten; Carry wurde mit jeder Stunde schwächer und er ahnte inzwischen, dass ein Platz im Hubschrauber ihre einzige Überlebenschance war.

In der Nacht klingelte das Telefon. Der Stationsarbeiter hatte Wort gehalten.

»Er rief mich zurück, nachdem er dort hingeflogen wurde, und sagte: ›Ja, bring sie morgen früh vorbei und sie fliegen sie in die Stadt.‹«

Es gab allerdings eine Bedingung: Der Pilot wollte Daves Zusicherung, dass Carry während des Fluges keine Probleme machen würde. Ein verängstigter, schwerkranker Hund in einem lauten Hubschrauber in mehreren tausend Metern Höhe konnte zu einer Katastrophe führen. Dave sah seine Hündin an, die nach Atem rang, aber immer noch um ihr Leben kämpfte, nachdem sie fast eine Woche lang unerträgliche Schmerzen gehabt haben musste. »Klar«, sagte er zu seinem Kumpel. »Leg sie einfach unter deine Füße und sie wird keine Probleme machen.«

Um Carry zum Hubschrauber zu bringen, watete er am nächsten Morgen noch einmal durch das Hochwasser zum Kraftwerk. Er sah zu, wie der Hubschrauber mit ihr an Bord abhob, dann ging er nach Hause und wartete.

Carry bewältigte den zehnminütigen Flug von Kogan Creek zum Ausstellungsgelände von Chinchilla mit Bravour. Nicht, dass sie in der Verfassung gewesen wäre, einen Aufruhr zu verursachen, selbst wenn sie es gewollt hätte. Ein Freund von Dave holte sie vom Hubschrauber am Messegelände ab, dann trafen er und Carry Sandi Jephcott, die Tierärztin.

Das Glück schien endlich auf Carrys Seite zu sein. Dr. Jephcott lebte auf der trockenen Seite von Charleys Creek und hatte aufgrund von Daves Beschreibung gehofft, dass sie mit der Ausrüstung, die sie von zu Hause mitgebracht hatte, vielleicht vor Ort etwas für die arme Hündin tun könnte.

Dr. Jephcott brauchte jedoch nur einen Blick auf Carry zu werfen, um das Ausmaß der Verletzung zu erkennen. Ein Pneumothorax war nichts, was man einfach mal so im Freien auf einem Messegelände zusammenschusterte. Carry brauchte eine richtige chirurgische Behandlung in einer Tierklinik, und zwar schnell.

Da Chinchilla Vet Services auf der Straße nicht zu erreichen war, obwohl es weniger als einen Kilometer entfernt lag, stapften Daves Kumpel Russell und Dr. Jephcott mit Carry zu Fuß durch überschwemmte Areale, die zur örtlichen High School gehören.

Endlich erreichten sie die Klinik, und Carry wurde eilig in den OP gebracht. In einer zweistündigen Operation entfernten Dr. Ayres und Tierarzthelferin Katherine Dougall fast einen halben Liter Luft aus Carrys Brusthöhle. Ohne die Operation hätte sie keinen weiteren Tag überlebt.

Da Carry Carry war, trug sie alles mit Fassung. Sie war dem Tod von der Schippe gehüpft, hatte die Operation gut überstanden und sich wunderbar erholt.

»Unglaublich, sie fühlte sich pudelwohl. Sie fühlte sich, als hätte sie das Glückslos gezogen«, sagte Dr. Jephcott. »Carry ist eine zähe Hündin, aber es ist schon lustig zu sehen, wie sie Spritzen und Temperaturmessungen hasst.« Dass sie wieder gesund wurde, hatte sicher auch mit ihrer langen Erholungsphase zu tun. Es dauerte Wochen, bis das Hochwasser so weit zurückgegangen war, dass Dave und seine Familie in die Stadt fahren konnten, um ihr Mädchen abzuholen. Ihr Grundstück war insgesamt siebenundzwanzig Tage lang überflutet, und Carry wurde in dieser Zeit garantiert mit Liebe und Fürsorge überschüttet.

Als sie nach Hause kam, war alles wie immer: Carry ging wieder an die Arbeit, und selbst nach ihrer Tortur blieb sie einer der besten Hunde für den Viehtrieb. Sie ist jetzt dreizehn und »immer noch halbwegs nützlich«, wie Dave es formuliert.

»Für einen Gebrauchshund ist sie ein bisschen in die Jahre gekommen, aber sie kommt immer noch gelegentlich mit raus. Sie ist eine alte Oma. Sie kommt und hilft, wenn sie das möchte, aber sie liegt auch viel rum.«

Nicht, dass es Dave allzu sehr stört. Er findet, Carry hat sich einen gemächlichen Ruhestand verdient. »Nach allem, was sie durchgemacht hat, ist sie jetzt ein Haus- und kein Gebrauchstier«, gibt er zu.

Während die Ereignisse sich überschlugen, hatte Dave keine Zeit, über Carrys unglaubliche Odyssee nachzudenken. Nicht viele Hunde haben es mit einem wütenden Känguru aufgenommen, wurden mit dem Hubschrauber aus einem gefährlichen Hochwassergebiet gerettet und überlebten eine schwere Verletzung.

Aber selbst im Rückblick ist Dave davon überzeugt, dass eine harte Arbeiterin wie Carry sich nicht besonders über das Drama aufgeregt hätte.

»Dass wir beim Viehtrieb auf die Jungs vom Kraftwerk trafen, war Glück, sonst hätte ich sie nicht herausholen können«, sagt er. »Andererseits: Wären wir nicht da unten gewesen, wäre sie vielleicht nicht weggelaufen und verletzt worden. Wer weiß? Im Leben eines Gebrauchshundes kann viel passieren.«

Stimmt, aber es braucht eine ganz besondere Art von Mischling, um ein Leben wie das von Carry zu führen.

Rosie retten

Rosie

Nicht jede Odyssee ist eine Reise. Sie beinhaltet auch nicht immer das Zurücklegen einer Strecke zwischen Punkt A und Punkt B. Vielleicht gehört überhaupt keine Fahrt dazu. Manche Odyssee erweist sich vielmehr als eine Reise der Seele. Diejenigen, die sie antreten, beginnen an einem Ort und la einem ganz anderen, ohne jemals einen einzigen S en.

 d physisch, manche sind spirituell. Die n Rosie, dem Pudel, war beides.

ktober 2010, und der strahlende Spät in war mehr, als Alice Bennett so früh ten konnte. Alice und ihre ältere Schwes Abend zuvor einen Städtetrip in die tas adt Hobart, Australien, unternommen und venig angegriffen, als sie die 55 Kilometer ichtung Dunalley zurücklegten, wo Alice ten, dem Farmer Tom Gray, lebte. Als viel hzeitsfotografin musste sich Alice an diesem

117

sonnigen Samstag auf eine Zeremonie vorbereiten, daher waren sie so früh unterwegs.

Die Schwestern waren nur eine Viertelstunde von ihrem Zuhause auf der Sugarloaf Road entfernt, auf halbem Weg zwischen den Weilern Forcett und Connellys Marsh, als sie einen »braunen Klumpen Flausch« am Straßenrand entdeckten. Alice ging von einem Wombat aus; er hatte ungefähr die richtige Größe und die nachtaktiven Beuteltiere waren in dieser Gegend weit verbreitet. Leider wurden Wombats oft nachts auf den dunklen Landstraßen von Autos angefahren.

Doch plötzlich schrie Lucy »Stopp!« und Alice trat auf die Bremse. »Ich hielt das Auto an und Lucy rannte raus und hob das Ding einfach auf«, sagt sie.

Der braune Flauschklumpen war kein Wombat. Es war ein Hund. Ein Pudel, um genau zu sein, obwohl das gar nicht so einfach zu erkennen war. Sein schokoladenbraunes Fell war verfilzt und stank, der Hund darunter schien gebrechlich und untergewichtig zu sein. Offensichtlich hatte die Kreatur schon lange keine anständige Mahlzeit mehr gesehen, geschweige denn einen Friseursalon.

»Wir dachten ›*Was sollen wir nur tun?*‹« erinnert sich Alice. »Zuerst beschlossen wir, nachzusehen, ob er jemandem in der Nähe *gehört*, aber gleichzeitig dachte ich, dass derjenige, dem er gehört, ihn nicht verdient hat.«

Die Suche nach dem Besitzer des Hundes ging nicht durch gepflegte Vorgärten, durch die die Schwestern schlendern und dann an Haustüren klopfen konnten. Sie waren nicht auf einer Vorstadtstraße unterwegs, sondern mitten im Busch. Alice und Lucy befanden sich quasi mitten im Nirgendwo, weshalb die Anwesenheit des Hundes umso ungewöhnlicher war.

Schließlich fanden sie doch ein Haus, versteckt am Ende einer langen Einfahrt. »Wir fragten den Mann, der dort wohnte, ob er etwas über den Hund wüsste, und er sagte, der habe schon ein paar Tage lang neben der Straße gesessen. Sein Sohn habe ihn einfangen und behalten wollen, aber er lasse sich nicht anfassen«, sagt sie.

Alices Herz sank. Konnte der kleine Hund wirklich die ganze Zeit dort gewartet haben? Dutzende, vielleicht sogar Hunderte von Fahrzeugen mussten an dem Tier vorbeigefahren sein. Wie war es möglich, dass niemand es geschafft – oder sich die Mühe gemacht – hatte, ihn abzuholen?

In diesem Moment stand Alices Entschluss fest: Der Hund kommt mit nach Hause.

Sie packten den Pudel ins Auto und fuhren weiter nach Dunalley, einem kleinen Fischerdorf an der Straße nach Port Arthur. Als sie ankamen, ging Lucy mit dem Hund auf dem Arm ins Haus. »Wir behalten ihn«, verkündete sie Tom ohne Umschweife.

Tom warf einen Blick auf den heruntergekommenen Hund und sagte: »Das ist ein Mädchen.«

Und tatsächlich war »er« eine »sie«. Nachdem Alice sie mit einer herzhaften Mahlzeit gefüttert hatte, setzte sie die verängstigte Hündin in den Wäschetrog und griff für ihr stinkendes Fell zur Schere. »Sie saß einfach nur da, als ich ihr Fell zurückschnitt«, sagt sie. »Offensichtlich war sie schon einmal gestriegelt worden, aber das musste schon sehr, sehr lange her gewesen sein. Das Fell war wahrscheinlich zwei Jahre lang gewachsen.«

Die Ohren der Hündin waren entzündet, und sie wirkte allgemein lethargisch und unwohl. Sie war schwach und erstaunlich ruhig. Am schockierendsten war jedoch, dass sie vor kurzem entbunden hatte. Ihre verstopften Zitzen ließen darauf schließen, dass irgendwo da draußen ein Wurf Welpen der Muttermilch beraubt wurde.

Die herzzerreißende Entdeckung warf eine Reihe von neuen Fragen auf. Wie war es dazu gekommen, dass die Hündin von ihren Welpen getrennt worden war? Waren sie immer noch da draußen im Busch, den Elementen ausgesetzt, und brauchten dringend die Fürsorge ihrer Mutter? Obwohl es sonnig war, waren die Temperaturen kühl. Die Quecksilbersäule kämpfte sich im Oktober nur mühsam Richtung 20° Grad, nachts sank die Temperatur in den einstelligen Bereich.

So sehr sie auch zu Hause bleiben und sich um das neue Familienmitglied kümmern wollte, Alice musste als Fotografin eine Hochzeit begleiten. Während sie also zur Arbeit ging, fuhren Toms Mutter, Penny, und Lucy zurück zur Sugarloaf Road und stürzten sich in den Busch.

»Sie gingen dorthin zurück, wo wir die Hündin gefunden hatten, weil sie dachten, dass dort ein paar Welpen sein müssten. Sie suchten und suchten und suchten, aber die Welpen waren nirgends zu finden«, sagt Alice. »Schließlich vermuteten sie, dass sie jemand ausgesetzt und die Welpen behalten hatte. Ich kann mir nicht vorstellen, dass sie in ihrem Zustand weit gelaufen war. Es steht für mich außer Frage, dass sie an diesen Ort gebracht wurde und dort darauf wartete, dass derjenige, der sie ausgesetzt hatte, zurückkäme.«

Bei der Arbeit konnte Alice nicht aufhören, an die kleine Hündin zu denken. Während sie Bilder von der schönen Braut und dem Bräutigam knipste, wanderten ihre Gedanken immer wieder zu diesem trostlosen Straßenrand. Sie fragte sich, welche Schrecken der Pudel – und möglicherweise auch seine Welpen – durchgemacht hatte, bevor sie sich allein am Highway wiederfand. Was wäre aus ihr geworden, wenn Alice und Lucy nicht zufällig auf sie gestoßen wären?

Auch die Braut war mit ihren Gedanken nicht bei der Sache. Sie war wegen irgendetwas aufgeregt, und das war auf den Bildern zu erkennen. »Ich dachte mir, *ich muss sie aufmuntern*, also erzählte ich ihr von dieser kleinen Hündin, die ich gerade gefunden hatte«, sagt Alice. »Sie war so gerührt und begann mir zu erzählen, wie viel ihre eigene Hündin ihr bedeute. Ihre Hündin hieß Rosie.«

Die Art und Weise, wie sich die Stimmung der jungen Frau veränderte, als sie anfing, über ihr Haustier zu sprechen, zeigte Alice, welch bedeutende Rolle Hunde im Leben von Menschen spielen können. Sie hatte vielleicht einen ausgesetzten Pudel gerettet, und etwas sagte ihr, dass dieser Pudel sich auf unzählige Arten revanchieren würde.

Zu Ehren der Braut und ihrer Verbundenheit mit ihrer Hündin beschloss Alice, ihr unerwartetes neues Familienmitglied Rosie zu nennen. Außerdem war eine Rose eine schöne Blume, und sie wusste, dass ihre Rosie unter all dem Filz und Dreck auch schön war.

Nach den Hochzeitsfotos ging es für Rosie gleich am Montagmorgen zum Tierarzt. Ihre Ohren mussten medizinisch versorgt werden, und Alice war besorgt, dass ihr verwahrloster Zustand andere Verletzungen verbarg. Gleichzeitig war sie besorgt, dass sie Rosie verlieren könnte.

»Ich wusste, wenn ich sie zum Tierarzt bringe und sage, dass sie ein Findling ist, muss sie von Rechts wegen ins Tierheim.

Dort wird geprüft, ob jemand sie abholt. Ich war besorgt, dass derjenige, der dieser Hündin so Schlimmes angetan hat, sie wieder mitnehmen könnte«, erklärt sie.

Also heckte Alice mit Lucys Hilfe einen Plan aus. Sie fuhren zur Tierklinik und versteckten Rosie im Auto. Dann überredeten sie eine sympathische Tierarzthelferin, in ihrer Mittagspause den tragbaren Mikrochip-Scanner der Klinik nach draußen zu bringen.

Sie scannte Rosie und fand keinen Mikrochip. Einerseits war das enttäuschend: Es bedeutete, dass niemand dafür zur Rechenschaft gezogen werden würde, Rosie missbraucht und im Busch ausgesetzt und damit entsorgt zu haben. Andererseits war es aber auch eine gute Nachricht – es bedeutete, dass Rosie offiziell Alice gehörte.

Obwohl Lucy Rosie am Straßenrand eingesammelt hatte, war klar, dass der kleine Pudel bei Alice und Tom leben würde. »Keiner hat das hinterfragt. Lucy hatte schon eine Hündin, Lottie, und Lottie hätte keinen anderen Hund in Lucys Leben akzeptiert«, sagt Alice. »Rosie war mir bestimmt.«

Nachdem ihre Vormundschaft geklärt war, wagte sich Alice in die Klinik. Allerdings hatte sie die Tierarzthelferin angeschwindelt, nur damit es absolut keine Unklarheiten über Rosies neugewonnene Mitgliedschaft in der Familie geben würde.

»Ich habe behauptet: ›Das war der Hund meiner Tante, aber meine Tante ist verstorben und sie gehört jetzt mir. Ich möchte, dass sie sofort auf meinen Namen mikrogechipt wird‹«, lacht sie. Nachdem der Mikrochip ordnungsgemäß eingesetzt worden war, gestand Alice jedoch die Wahrheit über Rosies Rettung. »Ich wollte nicht, dass jemand dächte, ein Familienmitglied von mir würde einen Hund so grausam behandeln. Der Tierarzt war sehr verständnisvoll«, sagt sie.

Der Tierarzt schätzte Rosies Alter zwischen drei und fünf Jahren und bestätigte, dass sie vor nicht mehr als zwei Wochen einen Wurf Welpen zur Welt gebracht hatte. Ihre Ohren waren von einer Infektion durchzogen. Das Klinikpersonal teilte auch Alices Verdacht, dass Rosie nie ein geliebtes Familienmitglied gewesen war. In Anbetracht ihres Zustands und der Umstände, unter denen sie am Straßenrand gefunden wurde, vermuteten sie sogar, dass sie entweder aus einer Welpenfabrik entkommen oder von dort ausgesetzt worden war.

Welpenfabriken sind kommerzielle Zuchteinrichtungen. Sie liefern Welpen an Zoohandlungen oder verkaufen sie direkt an Kunden. Laut Oscar's Law, einer Kampagne gegen Welpenhandel, wird den Hunden in den Welpenfabriken oft nicht genügend Nahrung, Wasser und Platz zur Verfügung gestellt, ihre tierärztliche Versorgung und sozialen Bedürfnisse werden oft völlig außer Acht gelassen. Zuchthunde sind ihr ganzes Leben lang eingesperrt und werden gezwungen, einen Wurf nach dem anderen zu produzieren. Ihre Welpen werden im Alter von nur wenigen Wochen zum Verkauf gebracht. Viele Hunde aus den Welpenfabriken leiden unter schmerzhaften, unbehandelten Krankheiten wie Augen- und Ohreninfektionen und Brusttumoren. Nach der aktuellen Gesetzgebung sind Welpenfarmen nicht illegal; die Tierschutzverband RSPCA (Royal Society for the Prevention of Cruelty to Animals) hat die Befugnis, diese Einrichtungen zu untersuchen, kann aber nur in Fällen von schwerer Grausamkeit oder Verstößen gegen den Verhaltenskodex Hunde beschlagnahmen.

Es ist zwar durchaus möglich, dass Rosie aus einer Welpen-fabrik stammt, aber so genannte »Welpenfarmer« werfen ihre Zuchttiere selten weg. Laut der Tierschützer*innen, die gegen Welpenfabriken vorgehen, züchten sie so lange wie möglich mit ihren Tieren und töten sie dann. Es ist auch ungewöhn-lich, dass Hündinnen aus Welpenfabriken entkommen, besonders wenn sie kürzlich Welpen geworfen haben. Tier-schützer*innen berichten auch davon, dass gerettete Hunde auf der Suche nach ihren Welpen darum kämpfen, wieder in die schmutzigen Zuchtställe zu gelangen.

Im Fall von Rosie ist das wahrscheinlichste Szenario, dass sie zur Sugarloaf Road gefahren und dort von einem Hinterhof-züchter oder herzlosen Besitzer ausgesetzt worden war. Was auch immer ihre Anfänge waren, Alice war entschlossen, dass der Rest von Rosies Leben mit der Liebe und Fürsorge gefüllt sein würde, die sie verdient hat. Ihre geografische Odyssee hatte sie aus dem Nichts auf ein 175 Jahre altes Gehöft auf einem historischen Schafsgelände gebracht, das sich seit drei Generationen im Besitz der Familie Gray befindet. Ihre spiri-tuelle Reise würde sich als ebenso unglaublich erweisen.

Am Anfang war es nicht einfach. Zwei Monate nach ihrer Rettung bahnten Grassamen sich ihren Weg in Rosies Magen. Die stoische Rosie ließ sich ihre Schmerzen nie anmerken. »Wir sahen das Problem erst, als sie ganz angeschwollen und bewusstlos war«, sagt Alice. »Es waren zwei Operationen nötig, um den Schaden zu beheben. Klar, dass Rosie in der Gras-Saat-Saison nicht mehr auf den Koppeln herumlaufen darf.«

Die Narben von Rosies früherem Leben gingen viel tiefer als ihre ranzigen Ohren und ihr verwachsenes Fell. Sie hatte

Angst vor Männern, und es dauerte einige Zeit, bis sie sich mit Tom anfreundete. Als er und Alice vier Monate nach ihrer Rettung heirateten, war Rosie jedoch ganz vernarrt in ihn.

»Sie vergöttert Tom jetzt. Sie schläft sogar auf seiner Brust«, sagt Alice. »Sie ist das süßeste, sanfteste kleine Ding.«

In diesen frühen Tagen bellte sie nur selten, abgesehen von einem gelegentlichen Kläffen, wenn sich ein Opossum im Garten verirrt hat. Auch heute gibt Rosie nur dann Laut, wenn ein Fremder ins Haus kommt. Bei vernachlässigten und misshandelten Hunden ist das häufig der Fall. Sie bellen nicht, weil sie gelernt haben, dass es keinen Sinn hat; ihre Bedürfnisse bleiben so oder so unbefriedigt, und Lärm zu machen, kann zu weiterem Missbrauch führen.

Rosie zeigte auch extreme Trennungsangst. »Sie wollte nicht allein gelassen werden. Am Anfang ließen wir sie in unserem ummauerten Garten zurück, wenn wir das Haus verließen, und sie versuchte, sich einen Weg nach draußen zu graben, bis ihre kleinen Pfoten und ihr Gesicht blutverschmiert waren«, sagt Alice. »Wenn Leute zu Besuch kamen und den Schaden im Garten sahen, fragten sie: ›Was für ein Haustier habt ihr denn?‹ Wenn wir ihnen dann verrieten, dass wir einen sehr kleinen Pudel haben, war die Überraschung groß.«

Heute hat Rosie eine riesige Holzkiste auf der hinteren Terrasse stehen, von der aus sie das Grundstück überwachen kann. Aber sie hat immer noch nicht gelernt, allein zu bleiben. »Wir leben und arbeiten auf unserer Farm, also ist sie nie lange allein, aber selbst wenn ich nur zehn Minuten weg bin, kratzt und scharrt sie an der Tür«, sagt Alice.

Im Januar 2013, etwas mehr als zwei Jahre nach ihrer Rettung, stand die sanftmütige Rosie vor einer weiteren Herausforderung, als verheerende Buschbrände über den Südosten Tasmaniens hinwegfegten. Dunalley war eine der am stärksten betroffenen Städte, in der 65 Gebäude zerstört wurden, darunter die Bäckerei, die Polizeistation und die Grundschule. Das gesamte Anwesen von Alice und Tom stand in Flammen, und die Familie Gray war gezwungen, an den Strand zu flüchten.

»Ich verbrachte viereinhalb Stunden im Wasser – mit meinem kleinen Sohn James, der drei Tage nach dem Brand ein Jahr alt wurde, Lucy, Penny, Toms Tante Deb und sieben Hunden, darunter alle Gebrauchshunde der Farm«, erinnert sie sich. »Die arme Rosie hat es schon immer gehasst, nasse Füße zu bekommen, also musste sie die ganze Zeit getragen und ab und zu zum Abkühlen untergetaucht werden.«

Wie immer gab Rosie während dieser Tortur keinen Ton von sich. »Wir haben gescherzt und gelacht, weil wir James dabeihatten und man das so macht, aber Rosie wusste offensichtlich, dass etwas sehr Ernstes vor sich ging.«

Seit diesem schrecklichen Tag ist Rosie Alice treuer denn je. »Wenn ich spazieren gehe, blicke ich mich um und denke: *Wo ist Rosie?*, und dann schaue ich nach unten und sie ist direkt an meinen Knöcheln«, sagt sie. »So nah bei mir, dass ich sie nicht einmal sehe.«

Jetzt, im Alter zwischen acht und zehn Jahren, hat sich Rosie von einem ängstlichen, misstrauischen Wrack in ein freundliches und liebevolles – und geliebtes – Familienmitglied verwandelt. Alice versucht, nicht länger darüber zu grübeln, wie Rosies Leben wohl ausgesehen haben muss, bevor sie sich gefunden haben, aber manchmal ertappt sie sich dabei, dass sie sich fragt, woher die kleine Hündin kommt und was sie sich so hart erarbeitet hat. Sie denkt an die Welpen von Rosie und fragt sich, ob Rosie auch an sie denkt.

»So richtig über ihr früheres Leben habe ich nachgedacht, als ich mit James schwanger war – das hat mich sehr traurig gemacht«, sagt Alice. »Ich glaube, sie wusste, dass ich schwanger war. Mein Bauch interessiert sie ungemein, und wenn ich gestillt habe, hat sie sich so nah wie möglich an mich gekuschelt und ihren Kopf auf meine Schulter gelegt.«

Sowohl James als auch sein jüngerer Bruder Barclay haben eine besondere Beziehung zu Rosie, und ihre liebevolle Aufmerksamkeit hat dazu beigetragen, dass sie noch weiter aus ihrem Schneckenhaus herausgekommen ist. Heute traut sie sich sogar, ab und zu freiwillig ihre Pfoten ins Wasser zu tauchen. »Unsere Farm liegt an der Küste, also sind wir ständig am Strand. Sie rennt herum, und wenn die Jungs im flachen Wasser sind, spritzt sie mit ihnen herum«, sagt sie. »Sie ist glücklich, wenn sie mit den Jungs spielen kann.«

Alice arbeitet nicht mehr als Hochzeitsfotografin. Zusammen mit ihren Nachbar*innen Matt und Vanessa Dunbabin betreiben Alice und Tom jetzt das preisgekrönte Restaurant Bangor Wine & Oyster Shed in Dunalley. Tom züchtet Austern, und das Unternehmen floriert. Das Leben ist turbulent, vor allem mit zwei ungestümen kleinen Jungs, aber die sanfte Rosie hält mit der Hektik Schritt.

Alice sagt, sie hätte sich nie vorstellen können, dass ein braunes Fellknäuel so ein wichtiger Teil ihrer Familie werden könnte. Ihre spontane Entscheidung, einen Hund in Not zu retten, ist zehnfach belohnt worden.

»In meinem Leben gab es schon immer Hunde, aber das waren Familienhunde. Eine kleine Hündin zu finden, die deine Hilfe braucht, ist etwas Besonderes«, sagt sie. »Als wir sie gerettet haben, war es, als ob sie uns ansähe und ›Danke‹ sagte.«

Wahrscheinlich wird niemand jemals wissen, wo Rosies physische Odyssee begann, aber ihre spirituelle Reise fing an dem Tag an, an dem Alice sie am Rande dieser einsamen Landstraße fand. Und wo ihre Reise eines Tages enden wird, ist klar: in den liebevollen Armen der Familie, die sie gerettet hat.

Operation Wüstenhund

Ily

Um die erstaunliche Geschichte von Ily zu verstehen, müssen wir in der Zeit zurückreisen. Wir müssen die Uhr fast ein Jahrzehnt zurückdrehen, zu einem Zeitpunkt, lange bevor Ily ihre unglaubliche 69-tägige Odyssee durch die sengende Wüste von Arizona, USA, antrat. Die Geschichte von Ily beginnt deutlich früher. Sie beginnt in den Tagen, bevor es eine Ily gab, als es nur einen Razy und eine Rose gab.

Rose Sharman adoptierte Razy, einen Boston-Terrier, im Jahr 2005 und er war für die nächsten acht Jahre ihr ständiger Begleiter. Er begleitete Rose, eine leidenschaftliche Langstreckenläuferin und Ultra-Ausdauersportlerin, sogar bei ihren regelmäßigen Läufen von bis zu 40 Kilometern in den Ausläufern rund um ihr Zuhause, der Wüstenstadt Phoenix.

Razy erkrankte im Alter von etwa sechs Jahren an Kokzidioidomykose, auch bekannt als Wüstenfieber, einer Pilzinfektion, die sowohl Menschen als auch Hunde befällt und im Südwesten der USA weit verbreitet ist. Etwa 70 Prozent der Hunde, die an dieser Krankheit erkranken, zeigen keine

Symptome und erholen sich vollständig. Razy hatte nicht so viel Glück. Die Infektion breitete sich aus und er wurde ernsthaft krank. Letztendlich mussten ihm beide Augen entfernt werden, um sein Leben zu retten.

»Razy trat zu einer Zeit in mein Leben, in der ich Balsam für die Seele brauchte, und Razy war in dieser Hinsicht einfach wunderbar«, sagt Rose. »Er war mein ständiger Begleiter und feuerte mich immer an. Sein kleiner Körper wackelte vor Freude und Aufregung, wann immer er mich sah. Dieser Hund hat mich vor einem gebrochenen Herzen bewahrt, und als er völlig erblindete, wusste ich, dass er einen Blindenhund braucht.«

Rose adoptierte eine Hündin namens Heffie, und die Bindung zwischen Razy und seinen neuen »Augen« baute sich zum Glück direkt auf. »Heffies ganzes Leben drehte sich darum, sich um Razy zu kümmern. Sie trug ein kleines Glöckchen und wenn ich sagte ›Hol Razy‹, sammelte sie ihn ein und brachte ihn zu mir«, erzählt sie.

Mit Heffies Hilfe konnte Razy sogar seine geliebten, ausgiebigen Laufeinheiten mit Rose wieder aufnehmen. »Wir liefen wieder Langstrecke. Wenn ich zu Heffie sagte ›Halte ihn auf dem Weg!‹, kniff sie ihm in den kleinen Hintern.«

Heffie war nicht nur Razys Wächterin, sondern auch eine fröhliche Persönlichkeit. Jeden Morgen tanzten sie und Rose zusammen, drehten das Radio laut und hüpften, wirbelten und kicherten durch das Haus. Als Razy 2012 starb, waren sowohl Rose als auch Heffie untröstlich. Sein Herz hatte sich nie ganz von den Folgen des Wüstenfiebers erholt, und er hatte eine Herzinsuffizienz entwickelt.

»Er war zu schwach, um sich im Haus zu bewegen, also musste ich ihn über die Regenbogenbrücke ziehen lassen.

Es tat mir nur in der Seele weh, dass ich ihn nicht retten konnte – das tut es heute noch«, sagt sie. »Nachdem Razy gestorben war, wollte Heffie nicht mehr tanzen. Sie lief nur noch mit hängendem Kopf durch das Haus. Ich wusste, dass sie Gesellschaft brauchte, aber ich konnte mich nicht dazu durchringen, einen anderen Hund anzuschaffen.«

Roses tiefe Liebe zu Tieren ist ein Teil von ihr, solange sie sich erinnern kann. Als Kind hatte sie Hamster und Vögel sowie einen Hund und eine Katze. Als sie ihre eigenen Kinder im trockenen, sonnenverbrannten Arizona großzog, gewöhnte sie sich daran, dass diese Eidechsen und andere Kreaturen mit nach Hause brachten, die sie in der Wildnis ums Haus herum aufgegabelt hatten.

»Sie brachten Tiere mit und baten, sie behalten zu dürfen, und ich sagte: ›In ein Gehege kommen sie auf keinen Fall, aber ihr dürft sie im Haus halten‹«, erzählt sie. »Ich war immer offen für alles, was die Natur mir vorbeibrachte.«

Ihre Affinität zu allen großen und kleinen Kreaturen geht über das Greifbare hinaus; Rose sagt von sich, dass sie mit ihren Haustieren kommuniziere. Als Razy ihr einen Monat nach seinem Tod in einem Traum erschien und ihr sagte, dass es an der Zeit sei, einen weiteren Hund in die Familie aufzunehmen, hörte sie aufmerksam zu.

»Meine Hunde kommunizieren mit mir; das haben sie schon immer getan. Razy kam im Traum zu mir und sagte: ›Du bekommst noch einen Hund und den nennst du Ily, denn ich liebe dich.‹«

Rose hatte das Gefühl, dass Razy den Neuankömmling für einen Cattle Dog wie Heffie hielt, also surfte sie im Internet und besuchte die Websites von fünf lokalen Tierschutzgruppen für Hunde. Auf allen fünf Websites befand sich auf der Startseite ein Bild desselben braun-weißen Cattle Dog. »Das konnte kein Zufall sein«, sagt sie.

Ganz offensichtlich gab Razy seine Vorliebe bekannt. Rose rief die Pflegestelle der Hündin auf dem Foto an und erklärte ihr Interesse an dem Welpen. »Ich erzählte der Frau am Telefon meine Geschichte und sagte: ›Mein verstorbener Hund hat mir gesagt, dass ich mir einen anderen Hund zulegen muss, und ich muss mir deshalb *diese* Hündin ansehen‹«, erzählt sie. »Die Antwort war eindeutig: ›Ja, kein Problem – komm vorbei und bring Heffie mit.‹«

Als sie im Haus der Betreuerin ankam, setzte sich Rose neben die neugierige Hündin auf den Boden. Die Hündin, die sie Ily nennen würde, kletterte prompt in Roses Schoß, rollte sich zusammen und schlief ein. Dann setzte sich Heffie neben die beiden und berührte mit ihrer Nase die von Ily. In diesem Moment wusste Rose, dass Ily wirklich »ein Geschenk von Razy« war.

»Er und Heffie haben sich immer gegenseitig berührt. Es gibt kein Foto von einem ohne den anderen«, sagt sie. »Die Frau sah mich an und sagte: ›Ganz klar – du musst die Hündin mit nach Hause nehmen‹.«

Und das war's. Genau wie mit Razy schloss sich Heffie sofort mit Ily zusammen. Heffie und Rose nahmen ihre täglichen Tanzpartys wieder auf und die beiden Hündinnen legten mit Rose auf ihren Strecken durch die Wüste bald bis zu 320 Kilometer pro Woche zurück. Aber während Heffie es vorzog, sich im Schatten zu entspannen, wann immer sie anhielten, um zu rasten oder sich auszuruhen, machte sich Ily sofort auf den Weg, um ihre Umgebung zu erschnüffeln.

»Ily war immer auf Erkundungstour, um Futterquellen zu finden. Sie kam mit einem Mund voll von dem, was sie gefunden hatte, zu mir und ›fragte‹ mich, ob sie es essen dürfe«, lacht Rose. »Einmal waren wir an einem Fluss und sie entdeckte Brunnenkresse. Sie mochte sie so sehr, dass sie sich einen zweiten Haps holte und dafür sorgte, dass Heffie auch etwas davon abbekam.«

Am 23. Juni 2013 kehrten Rose, Ily und Heffie von einem ihrer Wochenendabenteuer zurück. Sie hatten das Festival »Made in the Shade Beer Tasting« in Flagstaff, 230 Kilometer nördlich von Phoenix, besucht und atemberaubende Wanderungen in den umliegenden Bergen unternommen. Jetzt fuhren sie in Roses Luxus-Wohnmobil auf der Interstate 17 nach Hause. Mit einer Länge von zwölf Metern und einem Gewicht von mehr als 27 000 Kilogramm war der riesige Camper ein geliebtes Zuhause fern der Heimat.

Sie waren bereits am Stadtrand von Phoenix, als das Unglück geschah. Kurz außerhalb von Anthem, 50 Kilometer vom Stadtzentrum entfernt, platzte der rechte Vorderreifen des Wohnmobils. Rose versuchte verzweifelt, das riesige Fahrzeug unter Kontrolle zu halten, als es wild über den vierspurigen Freeway schleuderte. Sie schaffte es, das Fahrzeug noch 500 Meter auf der Straße zu halten, dann machte die Straße eine Linkskurve und das Rad pflügte sich in die Erde des Seitenstreifens. Sie hatte keine Chance, das Ungetüm wieder auf den Asphalt zu manövrieren.

Das Wohnmobil prallte gegen die Böschung, wobei die vorderen zwei Meter des Wohnmobils eingeklemmt wurden. Rose, Heffie und Ily wurden durch die Windschutzscheibe auf die Straße geschleudert. Heffie landete neun Meter neben dem Wrack. Rose war noch in ihrem Sitz angeschnallt, als der Wagen auf dem Asphalt aufschlug, wurde aber durch das wiederholte Überschlagen des Wagens trotzdem herausgeschleudert. Sie blieb schließlich fast drei Meter entfernt liegen. Nur wenig weiter und sie wäre eine zwanzig Meter hohe Klippe hinuntergestürzt.

Tragischerweise hatte die zweijährige Heffie den Unfall zwar überlebt, starb aber kurz darauf. »Als Erste trafen ein Sanitäter, der nicht im Dienst war und mir half, und eine Tierärztin, die Heffie half, am Unfallort ein«, sagt Rose.

Niemand wusste, wo Ily gelandet war. Bis Rose nach ihr fragen konnte, war die verängstigte Hündin schon in der Wüste verschwunden.

»Ich war zu diesem Zeitpunkt eine Jane Doe. Der Inhalt meiner Handtasche war verstreut und ich hatte keinen Ausweis bei mir. In das, was von dem Wohnmobil übrig war, konnte niemand, da dort Kraftstoff und Propan ausliefen«, sagt sie. »Ich erinnere mich, dass ich immer wieder sagte: ›Da ist noch eine Hündin ‹, aber sie dachten, ich wäre verwirrt, und niemand machte sich auf die Suche. Ich konnte nicht atmen, bekam keine Luft, konnte nicht nach ihr rufen, aber ich erinnere mich daran, dass ich dachte: ›Sie ist da draußen‹.«

Rose blieb während der ganzen Tortur bei Bewusstsein und sagt, sie erinnere sich »an jedes Detail des Aufpralls«. Mit unzähligen Verletzungen wurde sie in das John C. Lincoln Medical Center in der Innenstadt von Phoenix geflogen.

Der einzige Teil von Roses Körper, der nicht zerquetscht oder gebrochen war, war ihr linker Arm. Sie hatte beide Beine und Füße gebrochen, jede Rippe, ihren Rücken und Hals, ihr Brustbein und Schlüsselbein. Ihr Becken war zerschmettert und ihre rechte Schulter bis zur Unkenntlichkeit zertrümmert. Sie hatte einen Schädelbruch, einen gebrochenen Wangenknochen und zwei ihrer Zähne waren kaputt.

»Soweit ich das beurteilen kann«, sagt Rose, »war der einzige Grund, warum wir überlebten, dass wir Sportler*innen waren.«

Rose hatte noch nie solche Schmerzen erlebt. Die Qualen waren unerbittlich und fast unerträglich. »Ich hatte mir schon einmal das Becken gequetscht, und damals habe ich mich zu keinem Zeitpunkt auf der Schmerzskala als eine zehn eingestuft, aber jetzt weiß ich, wie sich Schmerzen der Stufe zehn anfühlen«, sagt sie. »In den ersten zweieinhalb Wochen war ich ständig unter Aufsicht, da ich mich für das Nicht-Atmen und ein Ende der Schmerzen entschieden hätte, wenn man mir die Wahl gelassen hätte.«

Rose verbrachte zweieinhalb Wochen auf der Intensivstation und insgesamt fünf Monate im Krankenhaus und wurde rund um die Uhr betreut. Doch während ihr Körper langsam zu heilen begann und die körperlichen Schmerzen abnahmen, blieb die Trauer. Heffies Tod ließ Rose mit gebrochenem Herzen zurück, aber wenigstens konnte sie um sie trauern. Nicht zu wissen, was mit Ily geschehen war, war eine andere Art der Qual. Rose konnte nicht um das mutige kleine Mädchen weinen, das Razy ihr geschickt hatte. Sie wollte es nicht, weil sie wusste, dass Ily überlebt hatte.

Das hatte Ily ihr gesagt.

Roses Familie und Freunde waren besorgt. Ihr Beharren darauf, dass Ily noch am Leben sei, behinderte sicher ihre Genesung. Ily konnte unmöglich diesen heftigen Aufprall überlebt haben. Wie konnte ein 25 Kilo schwerer Cattle Dog, kaum ein Jahr alt, bei einer solchen Katastrophe mit dem Leben davonkommen?

Rose wusste, dass sie es alle gut meinten, aber sie ließ sich nicht von ihrem Glauben abbringen, dass Ily es geschafft hatte. »Die Leute sagten: ›Du machst es nur schlimmer für dich – sie ist nicht mehr am Leben.‹ Aber ich erwiderte: ›Das ist sie doch, ich spüre es – und falls sich daran etwas ändert, werde ich es euch wissen lassen‹«, sagt sie.

»Ich habe es nämlich immer gewusst. Ich wusste immer, in welchem Augenblick eines meiner Tiere starb. Auch nach dem Unfall wusste ich schon, dass Heffie tot war, als sie mir sagen wollten, dass sie sterben würde. Der Tod kommt, wenn die Seele den Körper verlässt.«

Außerdem verfügte Rose über Insiderwissen. Heffie und Ily hatten sie vorgewarnt, dass sie gehen würden.

»Eines Morgens waren wir gerade dabei zu tanzen und Heffie hörte plötzlich auf. Sie verdrückte sich in die Ecke des Raumes und ließ den Kopf hängen. Ich fragte sie, was los sei, und sie sagte: ›Ich muss gehen.‹ Ich fragte: ›Wie meinst du das?‹, und sie antwortete: ›Razy braucht mich‹«, sagt sie. »Ich sah Ily an und fragte: ›Musst du auch gehen?‹ Sie antwortete: ›Ja, aber nur für zwei oder drei Monate, dann komme ich zurück.‹«

Das »Gespräch« fand nur zehn Tage vor dem Unfall statt, bei dem Heffie ums Leben kam und Ily in die Wüste flüchtete.

Ob andere Roses spirituelle Verbindung zu ihren Haustieren verstanden oder nicht, viele stimmten zumindest zu, dass es bis zum Beweis des Gegenteils möglich sei, dass Ily noch irgendwo da draußen sein könne. Schon wenige Stunden nach dem Unfall legten barmherzige Samariter in der Nähe der Unfallstelle Flugblätter mit den Infos zur vermissten Hündin aus. Während sich die Tage zu Wochen ausdehnten, wurden von Anthem bis hinauf nach Crown King, einer kleinen Berggemeinde 90 Kilometer nördlich, Tausende von Flyern aufgehängt.

Zur gleichen Zeit wurden die Truppen mobilisiert. Ein inoffizielles Suchkomitee wurde gegründet, das von Mark Happe, einem Bekannten von Rose, angeführt wurde. Freiwillige, die in Teams von zehn bis sechzig Personen arbeiteten, durchkämmten die Wüste zu Fuß, zu Pferd und in Fahrzeugen mit Vierradantrieb. Sie wurden mit Landkarten ausgestattet und darüber unterrichtet, wie man sich einem ausgebüxten Hund nähert und wie man verschiedene Arten von Tierkot identifiziert.

Bis heute weiß Rose nicht, warum so viele Menschen sich so eifrig an der Suche nach Ily beteiligten. Vielleicht war es der schreckliche Unfall und der Kummer über den Verlust von Heffie, der die Menschen dazu bewegte, sich freiwillig zu melden und ihr damit einen kleinen Hoffnungsschimmer zu geben, an den sie sich klammern konnte.

»Ich glaube, es waren insgesamt 147 Personen, die an der Suche teilgenommen haben. Davon kannte ich gerade mal acht persönlich. Die Leute sind Hunderte von Kilometern gewandert und haben unglaubliche Strecken zurückgelegt«, sagt Rose, die von ihrem Krankenhausbett aus ständig auf dem Laufenden gehalten wurde. »Aber es gab keine einzige Sichtung von Ily.«

Zwei Monate vergingen. Obwohl sie sich verzweifelt um ihre kleine Hündin sorgte, wusste Rose, dass Ily nicht verhungern würde. Vögel, Eidechsen und nahrhafte Gräser gab es im Überfluss, und Ily hatte einen Großteil ihres jungen Lebens in der Wüste verbracht und wusste, was sie fressen konnte und was nicht. Rose wusste aber auch, dass Dehydrierung eine allgegenwärtige Gefahr darstellte. Die Sommertemperaturen in der Wüste von Arizona konnten auf über 48 °C ansteigen, und Wasser war Mangelware. Außerdem bestand die Gefahr eines Schlangenbisses, eines Skorpionstichs oder eines Kojotenangriffs. Wie auch immer sie es betrachtete, die Chancen für Ily sahen schlecht aus.

Dennoch spürte Rose, dass Ily in Sicherheit war. Sie fühlte es tief in ihren gebrochenen Knochen. Ihre spirituelle Verbindung ließ nie nach, selbst als Ilys Odyssee länger und länger dauerte.

»Ily ließ sich ab und zu bei mir ›sehen‹. Am ersten Tag hatte sie Angst, aber als sie sich beruhigt hatte, genoss sie die Wüste. Sie war glücklich und fühlte sich da draußen pudelwohl«, sagt sie. »Ilys größte Sorge war, dass sie nie wieder längere Strecken mit mir laufen würde, aber ich versicherte ihr, dass ich alles in meiner Macht Stehende tun würde, damit es uns besser gehe.«

Als sich die unermüdliche Suche nach Ily der neunten Woche näherte, kam schließlich der Durchbruch.

»Plötzlich kam ein Anruf herein und ein Mann sagte: ›Ich habe sie gerade gesehen!‹ Die Sichtung war zwischen Anthem und der Stadt New River, nur etwa sechs Kilometer vom Unfallort entfernt«, sagt sie.

Der Mann, Jack, hatte gesehen, wie Ily über die Autobahn humpelte, wobei sie eindeutig eines ihrer Hinterbeine bevorzugte. Auch bei ihm war ein Flugblatt im Briefkasten gelandet und er hatte sich sofort mit dem Suchteam in Verbindung gesetzt. In der Nähe befand sich eine Uferzone – ein Übergang zwischen Land und einem Bach –, so dass sie möglicherweise auf der Suche nach Wasser war. Die Retter spekulierten, dass Ily versucht haben könnte, zur Unfallstelle zurückzukehren und nach Rose zu suchen.

Am nächsten Tag wurde Ily ungefähr an der gleichen Stelle wieder gesehen. Es war an der Zeit!

Rose erholte sich zu diesem Zeitpunkt zu Hause, und das Rettungsteam wollte, dass sie in der Gegend vorbeikam, in der Ily gesichtet worden war. Falls sie Roses Fährte aufnehme, so der Plan, könne Ily aus ihrem Versteck gelockt werden. Rose konnte nicht laufen. Sie konnte nicht stehen, nicht einmal sitzen, aber sie war entschlossen, alles zu tun, um ihr Mädchen zurückzubekommen.

»Sie luden mich ins Auto, ein Prozess, der über eine Stunde dauerte. Ich musste mich hinlegen, aber sie haben mich da rausgeholt«, sagt sie. »Sie legten eine Decke aus und setzten mich für etwa eine Stunde auf den Boden, um meinen Geruch nach draußen zu bringen.«

Die Retter hatten Rose auch gebeten, etwas mitzubringen, an dem nur Ilys Geruch haftete, aber das erwies sich als unmöglich und schmerzlich. Alle Sachen von Ily, so stellte sie fest, waren auch Heffies Sachen; sie waren nie getrennt gewesen. Stattdessen brachte Rose eine Decke, die mit dem Duft des Hundes ihrer Tochter Sparky durchtränkt war, der neben Heffie Ilys liebster Hundekumpel war.

Sie wusste, dass sich Ilys Reise dem Ende zuneigte; sie musste nur geduldig sein. »Ich hatte immer im Hinterkopf, dass sie mir gesagt hatte, dass sie für zwei bis drei Monate weg sein würde«, erinnert sich Rose.

Ily tauchte in dieser Nacht noch nicht auf, aber am nächsten Tag wurde eine dritte Sichtung gemeldet. Rose machte sich erneut auf die beschwerliche und schmerzhafte Reise in die Wüste. »An diesem Punkt hätte ich alles für sie getan«, sagt sie. Obwohl alle voller Hoffnung waren, blieben ihre Bemühungen wieder vergeblich. Ily blieb im Schatten verborgen.

Die Wüste von Arizona mag glühend heiß sein, wenn die Sonne aufgeht, aber um vier Uhr morgens beißt die Kälte. Sherry Petta hätte zu Hause im 65 Kilometer entfernten Scottsdale im Bett liegen können, aber stattdessen war sie eine von etwa 15 Freiwilligen, die durch die Dunkelheit stapften, um eine Hündin zu suchen, die sie noch nie gesehen hatte und die einer Frau gehörte, die sie nicht kannte.

Sherry ist eine Jazzsängerin und leidenschaftlich im Tierschutz engagiert. Sie leitet die Organisation Sherry Petta Rescue, die sich um Adoptionen und Spendenaktionen für gerettete Hunde kümmert und bei Such- und Rettungsaktionen hilft, um Besitzer*innen mit ihren verlorenen Haustieren zusammenzubringen. Bis etwa sechs Wochen nach Roses Unfall wusste Sherry noch nichts über Rose und Ily.

»Eine Bekannte, die Roses Unfall gesehen hatte – sie geriet an diesem Tag zufällig in den Stau –, hatte die Geschichte verfolgt und mich dann kontaktiert, weil sie wusste, dass ich in solchen Fällen helfe«, sagt Sherry.

»Mein Herz schlug für die Sache, denn Rose hatte schon Heffie bei dem Unfall verloren, und Ily nach Hause zu bringen, war das Einzige, was helfen konnte, ihren Herzschmerz zu heilen. Ganz zu schweigen von der Tatsache, dass Ily uns brauchte. Sie war schon so lange da draußen, und sie wurde wahrscheinlich immer dünner und schwächer, und damit anfälliger für Kojotenangriffe.«

Die Sichtungen von Ily in der Nähe von Anthem sorgten für Unruhe unter den Suchkoordinator*innen, die sich nicht einigen konnten, wie sie am besten vorgehen sollten. Sherry schlug vor, eine humane Falle aufzustellen, andere Sucher*innen waren skeptisch. So kam es, dass sie sich mitten in der Nacht in den trostlosen Badlands wiederfand.

»Wir fuhren in die Wüste hinaus und durchkämmten die Gegend, wo sie gesehen worden war. Es gab drei verlassene, verfallende Behausungen, in denen sie anscheinend Schutz gesucht hatte«, sagt sie. »Sie lagen zwar nicht sehr dicht beieinander, aber nahe genug, dass sie sich in einer von ihnen aufhalten oder zwischen allen drei bewegen konnte. Nachdem ich mir die Behausungen angesehen hatte, schätzte ich das Aufstellen von Fallen als ideal ein.«

In der Tat hatten zwei Bauarbeiter Ily in der Nähe der verlassenen Hütten gesehen. Es schien, als würde sie diese als Schattenspender und sicheren Ort zum Ausruhen während der sengenden Hitze des Tages nutzen.

Nach den aufeinanderfolgenden Sichtungen und Roses erfolglosen Pilgerfahrten in die Wüste verging eine weitere Woche ohne eine Spur von Ily. Sherry war besorgt, dass wertvolle Zeit vergeudet wurde, also kontaktierte sie eine befreundete Retterin, Lisa Bogart, und fragte diese um Rat. Lisa, eine Expertin im Einfangen entlaufener Haustiere, schlug vor, dass sie Rose direkt kontaktieren sollten.

»Also schickte ich Rose die Nachricht, dass wir Ily nach Hause holen wollten, und bot unsere Hilfe an. Sie rief mich noch am selben Morgen zurück und wir machten uns sofort auf«, sagt sie.

Sherry war nicht die Einzige aus dem Such-Team, die das Aufstellen einer humanen Falle für die beste Option hielt. Linda Weitzman, die vom ersten Tag an dabei war, hatte bereits zwei gekauft. Sherry setzte sich sofort in Bewegung und lieh sich von einem Freund eine dritte Falle, damit das Team an jeder der verfallenen Hütten eine aufstellen konnte. Am Tag vor dem Aufstellen der Fallen hatte eine andere Freiwillige, die von Anfang an an der Suche beteiligt war, Natalie, ein unheimliches Gefühl, dass Ily in der Nähe wäre. Sie fuhr durch in der Nähe der verfallenen Gebäude herum und sah die verängstigte Hündin. Sie beobachtete, wie Ily sich in eines der verlassenen Gebäude verkroch. Alle geplanten Suchaktionen wurden abgesagt und es wurde beschlossen, in dieser Nacht Futterstellen in den Gebäuden einzurichten, um Ilys Vertrauen zu gewinnen und die eigentliche Fallenstellung vorzubereiten.

Das Team stellte auch Babyphones auf, um Geräusche einzufangen, die auf die Nähe von Ily schließen ließen. Dann saßen Freiwilligen-Teams fünf Stunden lang in ihren Autos in der Nähe und behielten die drei Gebäude im Auge.

Alles hing nun an dieser Aktion.

»Ily ist eine sehr kluge Hündin und ich sagte zu den Freiwilligen: ›Ihr habt nur einen Versuch. Wenn ihr das vermasselt, ist sie weg‹«, sagt Rose.

Es war ein Sonntag. Der Tag zog sich. Alle Beteiligten warteten mit angehaltenem Atem.

Nichts. Wieder einmal blieb die kluge Ily fern.

Am nächsten Tag, einem Montag, kehrten Sherry und ein paar Tierschutzfreund*innen am Abend in das Gebiet zurück, um weitere Flyer zu verteilen und die Fallen mit warmen Grillhähnchen als Köder auszustatten, die wegen ihres köstlichen Geruchs ausgewählt wurden. Die Hitze des Tages begann sich zu verflüchtigen und es zogen schwarze Wolken auf. Als die Sonne unterging, nahm der Wind zu und es begann leicht zu regnen. Die Monsunzeit in Arizona war in vollem Gange, und das Trio befürchtete, dass ein schweres Gewitter aufziehen würde. Sie beendeten die Suche und machten sich auf den Heimweg, während die Freiwilligen, die die Fallen überwachten, in ihren Autos weiter ausharrten.

»Ich kam kurz nach 22 Uhr nach Hause und putzte mir gerade die Zähne, als ein Anruf einging. Es war Lynn Drewniany, eine der Freiwilligen, die eine der Fallen überwachte«, erinnert sich Sherry. »Sie flüsterte mir zu: ›Ich habe etwas gehört. Ich glaube, wir haben sie erwischt, ich glaube, sie ist in der Falle. Ich weiß nicht, was ich tun soll!‹«

Lächelnd antwortete Sherry: »Sieh nach!«

Die Momente der Stille, während Lynn in den Regen hinausrannte, um die Falle zu überprüfen, fühlten sich wie eine Ewigkeit an. Schließlich kehrte sie zurück und tastete nach dem Telefon. Als sie wieder sprach, war Lynns Stimme tränenschwer.

»Sie ist es! Sie ist es!«

Es war 23 Uhr 30 und Rose befand sich am Rande des Schlafes, als ihr Handy mit einer Textnachricht trillerte. Sie klappte es auf.

Es war das Bild von einer der Fallen, und in der Falle saß Ily. Sie war erschreckend dünn und sah verängstigt aus, aber das war zweifellos ihr Mädchen. Ily wurde in der Falle transportiert – »Wir wollten nicht das Risiko eingehen, dass Ily entkommt«, sagt Sherry – und zu einer 24-Stunden-Tierklinik nicht weit von Roses Zuhause gebracht. Roses Familie brachte Rose im Auto unter, lud ihren Rollstuhl auf den Rücksitz und machte sich auf den Weg.

Rose wartete am Eingang der Klinik, als Lynn und ihr Mann Curtis in den frühen Morgenstunden des 13. August 2013 – dem National Dog Day – vorfuhren. Sie ließ die Heckklappe des Geländewagens herunter und Ilys warme braune Augen lugten heraus. Ihre zermürbende Reise war endlich vorbei. Es waren neuneinhalb Wochen vergangen, seit sie und Rose sich das letzte Mal gesehen hatten.

»Als sie mich durch die Kiste sah, wedelte sie zum ersten Mal mit dem Schwanz, seit sie in der Kiste war«, sagt Rose.

Die Klinikmitarbeiter*innen trugen die Falle hinein und stellten sie vorsichtig in einem Korridor ab. Sie wollten sie nicht öffnen und riskieren, dass die verängstigte Ily wieder floh, bevor sie ihr eine Leine um den Hals gelegt hatten, aber Ily kauerte in der Falle und ließ sich vom Tierarzt nicht anfassen.

»Ich sagte: ›Wenn Sie den Käfig öffnen und zur Seite treten, verspreche ich Ihnen, dass sie zu mir kommt‹«, sagt Rose. »Also trat der Tierarzt zur Seite, und so schnell sie konnte, versuchte Ily, in meinen Schoß zu klettern.«

Im gesamten Haus blieb kein Auge trocken. Die Nachricht von Ilys Entdeckung hatte sich herumgesprochen, und Dutzende der an der Suche beteiligten Helfer kletterten freudig aus den Betten und eilten zur Klinik, um sie zu treffen.

»Wir hatten alle so viel Liebe für Rose, sogar diejenigen von uns, die sie vorher nicht kannten«, sagt Sherry. »Das Klopfen von Ilys Schwanz, als sie Rose zum ersten Mal sah, und wie sie gar nicht nah genug an Rose herankam, als sie aus der Falle stürmte, war ein bewegender Anblick und ein wahres Symbol dafür, wie sehr Hunde ihre Menschen lieben. Es war wunderschön.«

Linda Weitzman, die unzählige Stunden damit verbracht hatte, Flugblätter zu verteilen und mit Menschen in der Gemeinde zu sprechen, damit so viele wie möglich von Ilys Notlage wussten, ging zu einem der Flyer hinüber, die sie Wochen zuvor in der Klinik aufgehängt hatte.

Sie strich »Hündin vermisst« durch und schrieb in großen, dicken Buchstaben »GEFUNDEN« unter das Bild von Ily.

Rose drehte sich zu Sherry und den anderen Freiwilligen um und lächelte. »Himmel«, sagte sie, »ihr Mädels seid wirklich flott.«

Aber Sherry weigerte sich, die Lorbeeren für die Wiedervereinigung von Rose und Ily alleine einzuheimsen. Die Suche war schließlich eine gigantische Teamleistung gewesen. Rose sagt, dass sie allen Freiwilligen auf ewig zu Dank verpflichtet sein wird, besonders den Kernteam-Mitgliedern Mark Happe, Maia, Curtis, Tammy, Natalie, RuthAnne und Linda.

Letztendlich hat Sherry keinen Zweifel daran, dass es die Hingabe von Rose und Ily zueinander war, die Ily nach Hause geführt hatte.

»Rose war eine unglaubliche Inspiration für alle. Mit ihren Verletzungen war sie nicht in der Lage, für sich selbst zu sorgen, war aber bereit, sich von anderen helfen zu lassen«, sagt sie. »Und seither hat sie auch anderen geholfen, die Hilfe brauchten.«

Monate später schloss Rose sich Sherry bei der Suche nach einem winzigen, vier Kilo leichten Pudel an, der in der Wüste verloren gegangen war. Kurz nach Roses Ankunft fand man den kleinen Racker wohlbehalten. »Ein Teil von mir glaubt, dass Rose an diesem Morgen ein wenig Magie ins Spiel gebracht hat«, sagt Sherry.

Rose kaufte außerdem zwei humane Fallen und spendete sie den Tierschützern für zukünftige Suchaktionen; es war ihre Art, Danke zu sagen.

Wie durch ein Wunder fand Ily schließlich einen anderen streunenden Hund, einen Pitbull-Mix namens Buddy. Er war nur eine Woche vermisst worden, nachdem er einer Familie entkommen war, die ihn von seiner ursprünglichen Besitzerin adoptiert hatte, einer Frau, die ihn nur ungern weggegeben hatte, aber meinte, keine andere Wahl zu haben. Buddys neue Familie wollte ihn nicht mehr, aber seine erste Besitzerin nahm ihn gerne zurück.

Ily hat somit zwar Heffie verloren, aber sie hat das Andenken an ihre beste Freundin geehrt, indem sie einem anderen Hund in Not geholfen hat.

Ily war dehydriert und ausgehungert. Mehr als zehn Kilo hatte sie während ihrer Wüsten-Tortur verloren. Ihre linke Hüfte war bei dem Unfall gebrochen worden und heilte in den folgenden Wochen nicht richtig, was zu Nervenschäden führte. Später wurde sie zwar operiert, aber sie hat immer noch Schmerzen und humpelt. Keine ihrer Verletzungen trübte jedoch die reine Freude von Ilys Heimkehr.

»Als sie das erste Mal nach Hause kam, rannte sie durch die Tür und stieß diesen glücklichen, jaulenden Schrei aus, den Hunde draufhaben. Sie rannte die Treppe hinauf und hinunter, durch die Hundetür und hinaus in den Hof. Sie war einfach überglücklich«, sagt Rose.

Ily hatte immer auf Roses Bett geschlafen, aber jetzt, wo sie in einem umgebauten Krankenhausbett lag, war das nicht mehr möglich. Stattdessen stellte Rose eine Kiste auf dem Boden neben dem Bett auf. Ily kletterte hinein und schlief sofort ein.

»Etwa alle zehn Minuten wälzte ich mich um und sah sie an, und sie sah mich an, als wollte sie sagen: ›Wir haben es geschafft, Mama‹.«

Rose hatte eine weitere Überraschung für Ily. Etwa zwei Wochen, bevor sie gefunden wurde, und in dem Gefühl, dass ihre Rückkehr unmittelbar bevorstände, begann Rose sich Sorgen zu machen, dass Ily ohne ihre Seelenverwandte Heffie zu kämpfen haben würde. Also adoptierte sie Wyatt, einen 30 Kilo schweren Cattle Dog-Schlittenhund-Mix.

»Sie mochte Wyatt auf Anhieb, aber sie war so gebrechlich, dass sie weder mit ihm noch mit dem Hund meiner Tochter, Sparky, interagieren wollte. Sie war schwach und ausgelaugt, und die beiden waren groß, gesund und wollten toben, was sie nicht tat«, sagt sie.

Tatsächlich wollte Ily in den ersten Tagen gar nicht viel tun. Sie wollte das Haus nicht verlassen, wollte Besucher*innen nicht einmal an der Haustür begrüßen. Und sie vermisste Heffie.

»Eines Tages sah ich Heffie. Sie kam einfach und saß in der Ecke. Ily sah sie auch, lief in die Ecke und weinte«, sagt

Rose. »Das war das letzte Mal, dass sie sich mir gezeigt hat. Ich glaube, sie will Ily nicht wehtun.«

Die Geschichte von Ilys Wüsten-Odyssee verbreitete sich in den USA und auf der ganzen Welt, bis nach Großbritannien, Australien und sogar Tansania. Während die zähe Hündin von ihrer neu gewonnenen Berühmtheit unbeeindruckt blieb, sagt Rose, dass die Art und Weise, wie Ilys Geschichte andere berührt hat, ein wichtiger Teil ihres eigenen Heilungsprozesses war.

»Es hat mir ungemein geholfen, das zu sehen«, sagt sie. »Die Charakterstärke von Ily ist erstaunlich.«

Rose kehrte im September 2015, mehr als zwei Jahre nach dem Unfall, zur Arbeit als Dentalhygienikerin zurück. Seit diesem schrecklichen Tag hat sie mehr als fünfzehn Operationen hinter sich; ihr Körper wird nun von zwei Kilo Metallschrauben und -platten zusammengehalten. Sie hat an drei Tagen in der Woche fünf Stunden Physiotherapie.

Doch ihre Fortschritte übertreffen weiterhin die Erwartungen der Ärzt*innen, auch wenn sie persönlich den Heilungsprozess als frustrierend langsam empfindet. Sie konnte sogar das Laufen und Wandern wieder aufnehmen und schafft bis zu 25 Kilometer am Stück – natürlich mit Ily und Wyatt an ihrer Seite.

»Ich wollte wieder laufen, weil ich es liebe, aber ich hatte noch einen guten Grund: Ily liebt das Laufen auch«, sagt sie. »Ich musste es also für sie schaffen.«

Langsam ist Ilys angeborene Fröhlichkeit wieder zurückgekehrt. Sie ist dieser Tage etwas vorsichtiger, besonders in der Nähe von ungestümen Hunden, denn wie Rose lebt sie nun mit ständigen Schmerzen. Aber genau wie Rose ist auch

Ily auf einer Mission und bereit, jedes bisschen Glück in ihrem Leben zu genießen.

»Jeden Morgen, wenn ich aufwache, stehe ich vor der Wahl, glücklich oder unglücklich zu sein, und ich entscheide mich immer für das Glück«, sagt sie. »Egal, was einem passiert, es gehört immer ein Silberstreifen am Horizont dazu. Die Menschen, die ich durch diese Erfahrung kennengelernt habe, sind unglaublich. Deshalb weigere ich mich einfach, nicht glücklich zu sein.«

Ily empfindet das Gleiche. Rose weiß das, weil Ily es ihr gesagt hat.

Liebesgrüße aus Thailand

Kama

Sie hatten so lange auf diesen Urlaub gewartet. Im November 1998 sollte die idyllische Woche am Strand von Phuket, einer Insel im Süden Thailands, gefolgt von einer Woche in der geschäftigen Hauptstadt Bangkok, die dringend benötigte Erholung vom hektischen Leben von Kim Fox und Gary Cooling zu Hause in Woodford, im Nordosten von London, bringen. Kim schob als Sozialarbeiterin für die Gemeindeverwaltung Überstunden, während Garys Job als Dachdecker oft halsbrecherisch war. Sie freuten sich darauf, nur zu essen, zu schlafen und zu entspannen, und Thailand schien der perfekte Ort dafür.

Als das Paar über den Nachtmarkt im belebten Patong schlenderte und die warme, duftende Luft einatmete, konnte Kim spüren, wie der Stress von ihr abfiel.

Dann sah sie die Hündin, und mit einem Schlag änderte sich ihr Leben.

Auf den ersten Blick war nichts Besonderes an der Hündin, die sich ihren Weg durch die Marktbesucher*innen bahnte, nach Essen schnüffelte und versuchte, den Krachern auszuweichen, die einige junge Burschen nach ihr warfen. Die honigfarbene Kreatur war eine Streunerin, eine »Soi-Hündin«; *Soi* ist das thailändische Wort für Seitenstraße, Gasse oder Gässchen. Straßenhunde sind ein häufiger Anblick im ganzen Land. Nach Angaben der *Bangkok Post* gibt es allein in der Hauptstadt mehr als 300 000 von ihnen, und viele Hunderttausende mehr in Thailands anderen Großstädten, auf den Inseln und in den Badeorten.

Aber etwas an diesem abgemagerten Tier rührte Kims Seele. Sie konnte nicht älter als zwei Jahre sein, und Kim konnte sehen, dass sie trotz ihres schlechten Zustands wunderschön war. »Sie war ein ›gelber Hund‹ – eine weit verbreitete Art in Thailand –, aber sie war sehr auffällig. Sie sah nämlich aus, als hätte sie Eyeliner um die Augen«, erinnert sich Kim.

Da sie Hunde schon immer liebte, hatte sie es sich zur Gewohnheit gemacht, Streuner zu füttern, wann immer sich ihr die Gelegenheit bot. Deshalb hatte sie auch eine Dose mit Sardinen in Tomatensoße in der Tasche und bot sie der hungrigen Hündin an. Die Hündin wedelte mit dem Schwanz und fraß den Fisch.

»Wir liefen weiter und dachten nicht weiter darüber nach«, sagt Kim. »Aber sie ist uns gefolgt.«

Kim dachte, sie würde aufgeben und davondriften, sobald sie merkte, dass es nichts mehr zu futtern gäbe, aber das tat sie nicht. Als Kim und Gary auf ihr Hotel-Taxi auf der anderen Seite einer belebten Straße, die mit rasenden Autos, Motorrädern und *Tuk-Tuks* vollgestopft war, zugingen, war die Hündin ihnen dicht auf den Fersen.

»Wir bahnten uns den Weg durch dicken Verkehr und sie wich uns nicht von der Seite. Da dachten wir, dass es sicherer für sie wäre, wenn wir sie zurück zum Strand bringen würden, wo unser Hotel lag. So hätten wir die Möglichkeit, sie wenigstens noch ein paar Tage lang zu füttern«, sagt sie.

Sie packten die Hündin ins Taxi, wo ihr prompt schlecht wurde. »Sie kotzte alle Sardinen wieder aus, und der Fahrer schimpfte und berechnete uns viel Geld«, sagt Kim, die später erfuhr, dass Straßenhunde notorisch schlechte Reisende sind.

Schließlich schafften sie es zurück zu ihrem Hotel und verbrachten den Rest des Abends damit, mit der Hündin am Strand abzuhängen. Kim und Gary beschlossen, der Hündin für die Zeit in Phuket, in der sie sich um sie kümmern wollten, einen Namen zu geben. Sie tauften sie »Rama«, nach dem Hindu-Gott. Auch die thailändischen Könige werden oft als Rama bezeichnet.

Als es für das Paar Zeit wurde, ins Bett zu gehen, kroch Rama unter einen Liegestuhl und legte sich für die Nacht hin. Am nächsten Morgen war sie immer noch da, sie döste dort, wo sie sie zurückgelassen hatten.

In der nächsten Woche klebte Rama wie Leim an Kim und Gary. Jeden Morgen wartete sie schwanzwedelnd am Hoteleingang und begleitete das Paar dann tagsüber, wenn sie Phuket erkundeten. Sie aß sogar mit ihnen in Restaurants, saß unter dem Tisch und wartete auf Leckerbissen.

Aber sobald Kim und Gary abends in ihr Hotel zurückkehrten, wirkte Rama verstört. Sie legten sich schließlich eine Strategie zurecht: Gary ging zuerst hinein, während Kim

Rama mit Futter und Streicheleinheiten ablenkte und dann versuchte, diskret zu verschwinden. Das funktionierte selten; dafür war Rama zu schlau.

»Sie rannte in den Empfangsbereich und suchte nach uns. Wir hörten den Aufruhr und sahen dann, wie die Hotelangestellten herumliefen, sie hinausschoben oder versuchten, sie mit einem Besen nach draußen zu befördern. Es brach uns das Herz«, sagt sie.

Abgesehen von den allabendlichen Dramen war ihre Woche in Phuket genau der glückselige Urlaub, den sie sich erhofft hatten; Kim und Gary verlobten sich sogar. Doch als ihre Abreise näher rückte, hing die Realität, dass sie Rama bald einem ungewissen Schicksal überlassen müssten, wie eine dunkle Wolke über dem glücklichen Trio.

»In dieser gemeinsam verbrachten Woche ist sie uns ans Herz gewachsen. Wir haben sie in diesen Tagen sehr liebgewonnen. Wir haben eine wirklich enge Bindung aufgebaut«, sagt Kim. »Nachdem sie uns einmal gefunden hatte, wollte sie uns nicht mehr gehen lassen, vielleicht hat sie vorher noch niemand freundlich behandelt. Sie war eine sehr intelligente, liebenswerte und treue Hündin.«

Thailändische Straßenhunde werden selten alt. Sie verhungern, sterben an Krankheiten oder werden zu Verkehrsopfern. Der Gedanke, dass Rama etwas so Schreckliches zustoßen könnte, war niederschmetternd, aber es schien wenig zu geben, was das Paar tun konnte, um das zu verhindern. Sie hatten bereits nach einem Tierheim oder einer Tierschutzgruppe zur Rettung von Straßenhunden gesucht, aber zu diesem Zeitpunkt gab es in Phuket keine. Als Kim sich auf die Abreise vorbereitete, wollte sie sich damit trösten, dass Rama zumindest für kurze Zeit Liebe und Fürsorge erfahren hatte, egal, was danach passieren mochte. Doch dann erfuhren Kim und Gary etwas Erschreckendes.

Obwohl Phuket das ganze Jahr über ein beliebtes Urlaubsziel ist, gehört der November zur Nebensaison; die meisten Besucher*innen kommen zwischen Dezember und März, wenn es kühler und trockener ist. Einheimische erzählten dem Paar, dass die Regierung die Insel »säuberte«, bevor die touristische Hauptsaison begann, indem sie die Straßenhunde zusammentrieb und mit Strychnin vergiftete.

Das war ein abscheuliches Schicksal, und keines, das Kim für Rama zu akzeptieren bereit war. Sie wusste nicht, wie sie es anstellen sollte, aber sie wollte Rama unbedingt nach Großbritannien, nach Hause mitnehmen – und damit in Sicherheit bringen.

»Gary hat zuerst damit gedroht, mich zu verlassen, als ich sagte: ›Warum nehmen wir sie nicht mit?‹, aber ich hatte mich ihr gegenüber verpflichtet gefühlt«, sagt sie. »Letztendlich wollten wir beide, dass diese Hündin überlebt, und das konnte sie nur, wenn wir sie mitnahmen. Allein die Vorstellung, sie sicher bei uns zu Hause zu haben, fühlte sich überwältigend gut an.«

Gary zog bald am selben Strang und so verwandelte sich die restliche Zeit auf Phuket zu einer Achterbahnfahrt, bei der es darum ging, herauszufinden, wie man eine thailändische Straßenhündin die 10 000 Kilometer nach London transportieren könnte.

»Über Rama gestolpert zu sein, hat praktisch unseren Urlaub ruiniert. Nachdem wir wussten, dass sie vergiftet werden sollte, verbrachten wir jede Minute damit, Papiere für sie und ihren Flug nach Großbritannien zu organisieren«, lacht Kim.

Nachdem die Entscheidung gefallen war, gingen Kim und Gary entschlossen vor. »Wir konnten sie nicht diesem Schicksal überlassen, allein die Vorstellung davon war erschreckend. Wir hatten zwar nicht viel Geld, aber mir war es wichtig, Rama Lebenszeit zu kaufen, die sie sonst vielleicht nicht gehabt hätte.« Die Räder hatten sich in Bewegung gesetzt. Ramas unglaubliche Odyssee hatte begonnen.

Bevor es zurück nach England ging, mussten Kim und Gary Rama erst nach Bangkok bringen. Nach langem Hin und Her – wen auch immer das Paar um Hilfe bat, keiner konnte so recht glauben, dass sie für einen räudigen Straßenhund so viel Mühe auf sich nehmen wollten – kauften sie eine Transportbox und reisten mit ihr auf einem Inlandsflug in die thailändische Hauptstadt.

»Als wir am Flughafen in Bangkok ankamen, fragten wir herum: ›Wo ist der Tierempfangsbereich? Wo können wir sie abholen?‹«, erinnert sich Kim. »Dann hörten wir jemanden sagen: ›Da ist ein Hund!‹ und da war Rama auf dem Gepäckband, lief in ihrer Box herum und sah ganz unbeeindruckt aus.« Sie waren in einem gehobenen Hotel in der Stadt untergebracht und flehten den Manager an, Rama mit aufs Zimmer nehmen zu dürfen. Er lehnte ab, erlaubte aber widerwillig, dass sie in ihrer Box im Keller des Hotels bleiben durfte, wo Kim und Gary sie besuchen konnten, wann immer sie wollten.

Das weitläufige Bangkok ist bekannt für seine kunstvollen Schreine und sein pulsierendes Straßenleben – aber davon sah das Paar nicht viel. Sightseeing wurde gestrichen, denn es galt, die nächste Etappe von Ramas Odyssee zu organisieren.

Zuerst musste Kim eine Tierklinik finden, die ihr bescheinigen konnte, dass sie fit für die Reise nach Großbritannien war – und eine, die nicht davor zurückschrecken würde, ein Tier zu behandeln, das viele Thais als wertlos ansahen.

Schließlich fand sie eine geeignete Klinik, und die Tierärzte dort stellten fest, dass Rama etwa zwei Jahre alt war. Außerdem diagnostizierten sie bei ihr sogenannte Herzwürmer, parasitäre Spulwürmer, die von Stechmücken übertragen werden und häufig Hunde befallen. Die Würmer nisten sich im Herzen, in der Lunge und den umliegenden Venen und Geweben ein. Unbehandelt verläuft die Infektion tödlich, wobei die Hunde in der Regel an Herzversagen sterben.

Auch die Behandlung gegen Herzwürmer ist mit Gefahren verbunden: Die Würmer und ihre Larven werden mit arsenhaltigen Medikamenten abgetötet. Bei Hunden mit eingeschränkter Herz-, Leber- oder Nierenfunktion ist das Risiko zusätzlich erhöht, und Kim wusste nicht genau, in welchem Zustand sich Ramas Körper nach zwei Jahren Unterernährung und Vernachlässigung befand. Es war auch nicht abzuschätzen, wie fortgeschritten Ramas Infektion bereits war. Die Tierärzte warnten auch davor, dass Rama nach der Behandlung mehrere Wochen lang Ruhe brauchen würde, damit ihr Körper Zeit hätte, die toten Würmer zu absorbieren. Jegliche Anstrengung oder Stress konnten dazu führen, dass sich die toten Würmer lösten und in Ramas Lunge wanderten, was zu einem tödlichen Atemstillstand führen könnte. Da Rama – die nicht einmal eine kurze Taxifahrt ohne Erbrechen überstanden hatte – einen potenziell stressigen, zwölfstündigen Flug vor sich hatte, machte sich Kim große Sorgen. Würde ihre neue Hündin die Reise verkraften?

Ein weiteres Problem ergab sich dadurch, dass nur wenige Tierärzt*innen in Großbritannien mit dem Herzwurm vertraut sind. Ursprünglich aus dem Süden der USA stammend, ist der Parasit mittlerweile zwar in weiten Teilen der Welt zu finden – aber eben nicht in England.

»Die Tierärzte in Bangkok rieten uns, die Medikamente in Thailand zu kaufen, da Tierärzt*innen in Großbritannien eher wenig über die Behandlungsmethoden und Medikation wüssten«, sagt Kim. Deshalb kaufte sie die Medikamente, die mehr als 1000 Dollar kosteten, vor Ort. »Auch auf das Risiko durch den Flug wiesen sie uns hin, aber wir hofften einfach, dass die Infektion noch nicht zu weit fortgeschritten wäre. Sie war ja noch jung.«

Nachdem die Herzwurmbehandlung durchgeplant war, bestand die nächste Herausforderung darin, einen Platz für Rama in einer Londoner Quarantänestation zu buchen, wo sie nach ihrer Ankunft in Großbritannien sechs Monate lang bleiben musste.

Als Kim schließlich versuchte, Rama auf den Heimflug zu buchen, musste sie feststellen, dass die Transportbox, in der sie von Phuket nach Bangkok gereist war, nicht für internationale Flüge zugelassen war.

Nach einer unglaublich anstrengenden Woche schien endlich alles geklärt zu sein. Kim und Gary brachten Rama zum Flughafen, sie wollten ihr Mädchen unbedingt mit nach Hause nehmen. »Unsere komplette Thailand-Reise war ab dem Zeitpunkt, als wir sie entdeckten, geprägt von Stress pur«, sagt Kim.

Und die Aufregung war längst nicht vorbei. »Alle Männer am Flughafen lachten sich förmlich schlapp; sie hielten es für urkomisch, dass wir diese Hündin mitnehmen wollten. Wir sagten extra: ›Vergesst nicht, sie einzuladen‹, und alle wieherten nur vor Lachen«, erzählt sie. »Wir hatten echt Angst, dass wir das Land verlassen würden und Rama immer noch auf der Rollbahn sitzen und denken würde: ›Was ist denn hier los?‹«

Als das Paar an Bord des Flugzeugs ging, gab es noch einen Schreckmoment. »Als wir eincheckten, fragten wir noch mal nach: ›Unsere Hündin ist doch an Bord, oder?‹. Das Kabinenpersonal antwortete: ›Welche Hündin?‹ Alle im Flugzeug konnten sehen, wie wir aus dem Fenster starrten und uns das Herz in die Hose rutschte.«

Doch als sie ihre Plätze einnahmen, sahen sie, wie Ramas Transportbox in das Flugzeug verladen wurde. Das Bodenpersonal hatte freundlicherweise Eis auf den Behälter gelegt, um ihn in der sengenden thailändischen Hitze kühl zu halten. »Wir haben uns erst entspannt, als wir sahen, wie sie auf dem Förderband in den Frachtraum transportiert wurde und ihre funkelnden Augen hervorlugten«, sagt sie.

Als das Flugzeug zwölf Stunden später auf dem Londoner Flughafen Heathrow aufsetzte, war die Angst sofort wieder da. Hatte Rama den Flug überlebt?

»Das Fahrzeug der Tierannahme kam angefahren und holte sie vor allen anderen aus dem Flugzeug. Wir sahen sie auf dem Gepäckband, wie sie herausschaute, während wir noch im Flugzeug saßen, und dachten: ›Sie hat es geschafft!‹ Wir waren unendlich froh, aber auch sehr erschöpft.«

Zeit zum Ausruhen blieb keine. Kim und Gary rasten nach Hause nach Woodford, um ihre Taschen abzuladen, und fuhren dann zurück nach Heathrow, um Rama in der Quarantäne zu besuchen. Glücklicherweise »ging es ihr absolut gut. Sie schien bester Laune zu sein.«

Nach der Aufregung – und Erschöpfung – des »erholsamen« Urlaubs, der letztlich keine Entspannung gebracht hatte, gingen Kim und Gary direkt wieder an die Arbeit. An den Wochenenden fuhren sie die 80 Kilometer zur Quarantäneeinrichtung, um Rama zu sehen.

Kim hatte sich Sorgen gemacht, wie eine thailändische Straßenhündin, die daran gewöhnt war, nach Belieben durch die Straßen und über die Strände von Phuket zu streifen, in der Zwingerumgebung zurechtkommen würde, aber Rama kam damit besser zurecht als viele der verwöhnteren Haustiere dort. Zum ersten Mal hatte sie ein Bett, eine Decke und reichlich nahrhaftes Futter. Für sie war es wie ein Fünf-Sterne-Hotel.

»Wahrscheinlich hat sie gedacht, dass regelmäßige Mahlzeiten allemal besser sind, als auf der Straße zu leben, ständig hungrig zu sein und immer mit Fußtritten zu rechnen«, sagt Kim.

Auch die Behandlung des Herzwurms begann zu wirken, und Kim und Gary beobachteten eine bemerkenswerte Veränderung bei Rama. »In den nächsten Wochen wurde sie merklich lebhafter. Anfangs war sie wegen des Herzwurms noch sehr, sehr lethargisch – überhaupt nicht wie ein zweijähriger Hund –, aber schließlich begann sie, sich wie ein Welpe zu verhalten.«

Kim und Gary heirateten im Juni 1999, kurz nachdem sie ihr wichtigstes Hochzeitsgeschenk erhalten hatten: Rama durfte nach Hause. Alles in allem hatte Ramas Odyssee von den Straßen Phukets bis in die Londoner Vorstadt ein halbes Jahr gedauert und etwas mehr als 3200 Euro gekostet.

Oben: Über die unglaubliche Odyssee des hübschen Occy staunten alle.

Links: Kein Wunder, dass Occy nach seiner 170 km langen Reise von Newcastle nach Sydney erschöpft war.

Oben: Ja, ich will! Oscar und Joanne »heirateten« in einer Hochzeits-kapelle in Las Vegas, ein Elvis-Presley-Imitator führte dabei durch die Zeremonie.

Unten: Oscars Zeit in China war geprägt von Herausforderungen. Die Gelegenheit, die Große Mauer zu besuchen, war jedoch einfach zu verlo-ckend. *Fotos: Joanne Lefson, www.oscarsarc.org*

Oben: Der sanfte Oscar eroberte in jedem Land, das er besuchte, die Herzen.

Unten: Joanne war fest entschlossen, Oscars Andenken zu ehren und ihre geplante Reise zum Mount Everest Base Camp anzutreten. Und wer wäre als Reisebegleiter besser geeignet als Rupee, der Hund, den sie von einer indischen Müllhalde gerettet hat? *Fotos: Joanne Lefson, www.oscarsarc.org*

Oben: John Laffan hat Bonnie vor unvorstellbarer Grausamkeit gerettet – und sie hat sich mehr als einmal revanchiert.
Foto: Captain Bronwyn Williams, Heilsarmee

Oben und links: Trotz ihres schwierigen Starts ins Leben ist Rosie zu einem ruhigen, liebevollen Hund herangewachsen – und zu einem geschätzten Mitglied der Familie Gray.

Oben: BJ sagt, er fühle sich nach der einwöchigen Nachtwache der treuen Tillie für ihre beste Freundin Phoebe seinen Haustieren näher als je zuvor.

Oben: Ily musste am Bein operiert werden, das bei dem Unfall gebrochen und falsch verheilt war.

Unten: Heute ist Ily so energiegeladen wie eh und je und liebt es, mit Hundekumpel Wyatt lange Strecken zu laufen.

Oben: Bloß nicht ablegen – natürlich ist Ludivine ganz schön stolz auf ihre Halbmarathon-Medaille.

Links: Lucky war ein »schiefgelaufener Pflegefall«. Michele wollte sich eigentlich nur vorübergehend um sie kümmern und dann ein liebevolles Zuhause für sie finden, aber sie konnte sich dann nicht mehr von der schönen Hündin trennen.

Oben: Obwohl Inka jahrzehntelang weg war, machte sie es sich ohne Zögern wieder bei Peter und Janneke an der Goldküste gemütlich.

Links: Sissy und Barney. Sissys Leistung brachte ihr bei den World Dog Awards den Preis »Die unglaublichste Reise« ein.

Oben: Peros unglaubliche Odyssee machte weltweit Schlagzeilen, Alan und Shan wurden mit Interviewanfragen geradezu überhäuft.

Oben: Chris Jones glaubt, dass Jay einer verwilderten Katze in dieses Regenwasserrohr nachgejagt ist und nicht mehr herausfand.

Unten: Chris und seine heißgeliebte Hündin Jay sind seit über einem Jahrzehnt unzertrennlich.

Oben: Die enthusiastische, energiegeladene Bella war der Gegenpol zur ruhigen, geduldigen Lucky.

Oben und links: Als er endlich Zuhause angekommen war, wurde Chopper in Fergus umbenannt. Familie Panzera findet, dass sein neuer Name besser zu ihm passt.

Oben: Penny war vom ersten Tag an Colt Browns ständige Begleiterin.

Links: Überglücklich holen Kendra und Colt Brown Penny nach ihrem unerwarteten Abenteuer vom Flughafen ab.

Oben: Rama legte rasch an Gewicht zu, wurde gesund und liebt ihr neues Leben in Großbritannien.

Oben: Jamila war anfangs nicht davon überzeugt, dass sie und Dinah füreinander gemacht waren. Aber als die kleine Hündin ihr zweimal das Leben rettete, wusste sie, dass sie füreinander bestimmt waren.

»Der Tag, an dem wir sie aus der Quarantäne abholen konnten, war der glücklichste Tag in unserem Leben. Es war einfach ein wunderbarer Tag. Nach dieser Odyssee war sie endlich in Sicherheit. Sie war ein Teil der Familie«, sagt Kim. »Rama blühte von diesem Tag an richtig auf. Sie wusste, dass sie zu uns gehörte, und dass sie in Sicherheit war.«

Ihre Odyssee vom Straßenköter zum geliebten Haustier mag ungewöhnlich gewesen sein, aber Rama vergeudete keine Zeit: Sie gewöhnte sich in null Komma nichts an das Leben bei den Coolings und etablierte sich schnell als Anführerin von Kims und Garys Rudel von geretteten Hunden – diese hatten bereits vier Hunde aus britischen Tierheimen adoptiert – und sie liebte es ganz besonders, im nahegelegenen Wald von Epping frei herumzutollen.

»Sie ist einfach gerannt und gerannt und gerannt. Sie jagte die Füchse – da sie ein Hund aus Phuket war, hatte sie noch nie welche gesehen –, kletterte auf Bäume und machte alles Mögliche«, sagt Kim. »Im Winter hat es geschneit, also haben wir ihr einen schönen Mantel gekauft. Darin ging sie auf Zehenspitzen hinaus und dachte sicher insgeheim: ›Mein Gott, ist das kalt!‹«

Obwohl Rama sich wirklich gut einfügte, wenn man ihren steinigen Start ins Leben bedenkt, war sie nicht ganz unbeschadet aus ihrem alten Dasein entkommen. Sie verabscheute Regen und weigerte sich deshalb, bei Nässe rauszugehen. Ihre Abneigung gegen das nasse Zeug ergab Sinn; Straßenköter, die in einem Restaurant oder Geschäft Schutz vor dem Monsunregen Phukets suchen, werden alles andere als freundlich behandelt. Auch Nägel schneiden war für Rama so schlimm, dass sie jedes Mal von ihrer Tierärztin betäubt werden musste.

In den ersten Tagen ihres neuen Lebens in London verspürte Rama offenbar auch starke Trennungsängste. »Sie hasste es, von uns getrennt zu sein. Wenn wir sie tagsüber allein ließen, verstand sie nicht, dass wir zurückkommen würden, sie zerkaute viele Schuhe und zerlegte unsere Plattensammlung«, sagt Kim. »Dann wurde sie plötzlich ruhig. Ich glaube, sie hat irgendwann begriffen, dass wir immer zurückkommen.«

Mit der nachlassenden Angst vertiefte sich auch Ramas Hingabe an die Frau, die sie vor einem unvorstellbaren Schicksal bewahrt hatte. »Sie war mir so nah. Wenn wir Besuch hatten, stand Rama immer vor mir und passte auf. Sie hätte eine Kugel für mich eingesteckt.«

Teil von Ramas Odyssee zu sein, inspirierte Kim und Gary dazu, weitere Hunde aus Fernost zu retten. Im Laufe der nächsten zehn Jahre adoptierten sie noch mehr thailändische Straßenhunde sowie einige Streuner aus Sri Lanka.

Kim ging eigentlich davon aus, dass Rama aufgrund ihrer robusten Gesundheit und ihrer ausgemachten Lebensfreude richtig alt werden würde. Leider wurde daraus nichts.

Anfang 2009, fast genau ein Jahrzehnt, nachdem sie in Woodford angekommen war, entdeckte Kim eine Ansammlung von Knubbeln um Ramas Hals. Bei einer Operation wurden die Knoten erfolgreich und vollständig entfernt, aber im April fand Kim einen weiteren, größeren Knoten an Ramas Schulter. Auch dieser wurde entfernt, und die Biopsie ergab, dass es sich um ein Lymphom handelte, eine Form von Blutkrebs, der sich aus Lymphzellen entwickelt.

Weitere Knoten erschienen. Rama erhielt eine Chemo-therapie, und sie verschwanden, nur um innerhalb von Tagen zurückzukehren, größer als je zuvor. Der Krebs nahm über-hand und Rama wurde kränker und kränker.

»Es hat sie einfach überwältigt«, sagt Kim. »Sie wurde etwa zwölf Jahre alt, was ein gutes Alter ist, aber wir hatten gehofft, dass sie noch ein wenig länger durchhalten würde, denn abgesehen vom Herzwurm war sie nie krank gewesen.«

Am 8. Juni 2009 trafen Kim und Gary die herzzerreißende Entscheidung, Rama von ihren Schmerzen zu erlösen. Als sie sich auf die traurige Fahrt zur Tierärztin vorbereiteten, sagt Kim, drehte sich Rama an der Tür noch einmal um und blickte zurück zu ihren Hundefreunden.

Als das Paar dann ohne Rama nach Hause kam, heulten sie alle. Auch Kim und Gary.

Aber so schlimm Ramas Verlust auch war, er bedeutete längst nicht das Ende. Denn ihre Odyssee ging weiter.

Als Kim nach Ramas Tod über ihr außergewöhnliches Leben nachdachte und darüber, was die sanfte Streunerin ihr bedeutet hatte, spürte sie das Bedürfnis, etwas zu tun, um anderen Hunden wie ihr zu helfen.

»An diesem Strand in Phuket gab es noch andere Hunde und wir wussten ja inzwischen, dass sie mit hoher Wahr-scheinlichkeit vergiftet würden. Sie haben Besseres verdient«, sagt sie. »Das Leben mit Rama und der Gedanke an diese Hunde haben mich inspiriert.«

Je mehr sie über die Straßenhunde nachdachte und je mehr sie Ramas sanftes, liebevolles Wesen gegen die Grausamkeiten und Misshandlungen abwog, die die Streuner ertragen mussten, desto wütender wurde sie. Kim hat das Gefühl, dass die Menschen als Spezies versagten und Hunde verrieten.

»Wir domestizieren Hunde und lassen sie dann auf der Straße sterben, ohne Futter und Wasser. Ihnen kann so ziemlich alles unter der Sonne passieren«, sagt sie. »Es gibt so viel Tierleid auf dieser Welt. Als Einzelne erreicht man immer nur ein wenig, und für mich war das nie genug. Es gab einfach kein Happy End, weil diese Hunde nirgendwo sicher waren und versorgt werden konnten.«

Noch bevor Rama starb, hatte Kim schon alles in Bewegung gesetzt, um ihre eigene Hunde-Rettungsorganisation zu gründen. Sie registrierte Animal SOS Sri Lanka im Jahr 2007 in Großbritannien und machte sich daran, Gelder zu sammeln, um ein vier Hektar großes Grundstück in Galle an der Südwestspitze Sri Lankas zu kaufen. Das Land gehört jetzt einem Tierheim, das im Juni 2009 eröffnet wurde – nicht lange nach Ramas Tod. Es beherbergt 780 Hunde – die alle frei herumlaufen, es gibt keine Käfige – und 70 Katzen, die in einer separaten »Cattery« untergebracht sind. Die Tiere können dort ihren Lebensabend verbringen, es sei denn, sie werden von liebevollen Familien adoptiert.

»Im Grunde genommen haben wir Dschungel gekauft. Es gab keinen Strom, kein Wasser. Wir gruben Brunnen. Wir haben ein Gebäude errichtet«, sagt Kim, die die Wohltätigkeitsorganisation von Großbritannien aus leitet und Sri Lanka zweimal im Jahr besucht. »Wir bemühen uns, so viele Hunde und Katzen wie möglich aufzunehmen, aber es ist nicht so einfach, ein liebevolles Zuhause für sie zu finden. Viele Hunde werden in Sri Lanka als Wachhunde und nicht als Haustiere gehalten, so dass sie die meiste Zeit ihres Lebens angekettet oder in Zwingern gehalten werden. Wir finden zwar für einige wenige ein gutes Zuhause, aber leider nicht genug. Die meisten Tiere bleiben ein Leben lang in der Auffangstation, es ist ein harter Kampf.«

Sie nehmen auch behinderte und gelähmte Hunde auf, die wahrscheinlich nie ein neues Zuhause finden, und statten sie zum Beispiel mit Rollwagen aus, damit sie mobil sind. »Wir nennen sie ›The Cart Gang‹ – die Roller-Bande – und sie sind richtige Racker«, lacht sie. »Sie sind einfach nur glücklich, am Leben zu sein.«

Im Rahmen ihrer gemeinnützigen Programme kastriert und sterilisiert Animal SOS Sri Lanka Tiere, impft kostenlos gegen Tollwut und bietet tierärztliche Notfallversorgung für kranke, verletzte und streunende Tiere, meist Hunde. Sie behandeln auch Räude, Ohr- und Augeninfektionen, die bei Straßenhunden häufig vorkommen. Auch Aufklärungsprogramme sind sehr wichtig, sagt Kim, da streunende Tiere wegen der Angst vor Tollwut oft verteufelt werden. Oft werden sie auf grausame Art ferngehalten, zum Beispiel indem man sie mit kochendem Wasser übergießt. Unerwünschte Welpen und Kätzchen werden häufig über die Mauern des Tierheims geworfen, was die ohnehin schon knappen Ressourcen der Wohltätigkeitsorganisation zusätzlich belastet.

»Wir hatten schon Hunde dabei, die wirklich aggressiv waren, weil sie schlimme Erfahrungen mit Menschen gemacht haben. Sie wurden getreten oder mit Steinen beworfen. Diese Hunde können aber rehabilitiert werden, wenn man ihnen Zeit lässt und ihnen eine Chance gibt. Liebe übertrumpft alles«, sagt sie.

»Mein Herz schlägt für die Straßenhunde, denn sie sind auf sich allein gestellt. Die meisten von ihnen haben noch nie Liebe erfahren, aber sie sind so dankbar, wenn sie gerettet werden. Viele Hunde kommen in die Auffangstation und sind dem Tod nahe, aber sie nehmen bald all ihre Kraft zusammen und wedeln mit dem Schwanz, selbst die, die es nicht schaffen. Sie wissen, dass sie hier Hilfe bekommen; jemand kümmert sich um sie, will sie retten, und dafür sind sie so dankbar.«

Kim hat von der Wohltätigkeitsorganisation noch nie ein Gehalt bezogen, sondern setzt so viel wie möglich von den gesammelten Geldern für den Betrieb der Rettungs-station und die Bezahlung der Mitarbeiter in Sri Lanka ein. Das Team vor Ort besteht aus Tierärzt*innen, Tierkranken-schwestern, Pfleger*innen und sogar Köch*innen. Sie füttern täglich mehr als 900 Tiere – darunter sowohl Straßenhunde als auch die in der Auffangstation untergebrachten Pflege-tiere – und bereiten täglich mehr als 250 Kilogramm Fut-ter zu. Der Unterhalt für die Organisation und die Futter-kosten belaufen sich auf etwa 15 000 Pfund pro Monat, was ungefähr 17 500 Euro entspricht.

In den ersten Jahren leitete Kim Animal SOS Sri Lanka, während sie weiterhin hauptberuflich als Sozialarbeiterin arbeitete, aber bald merkte sie, dass sie kürzertreten musste.

»Ich kam spät nach Hause, kochte, ging mit den Hun-den Gassi, setzte mich gegen 21 Uhr an den Computer und arbeitete bis in die frühen Morgenstunden für die Wohltätig-keitsorganisation«, sagt sie. »Am Ende hatte ich gerade mal zwei oder drei Stunden Schlaf pro Nacht. Das wirkte sich auf meine Gesundheit aus und ich konnte mich nicht mehr auf die Arbeit konzentrieren. Zwischendurch dachte ich immer wieder, *ich kann so nicht weitermachen*, aber ich wollte nicht aufgeben, weil ich schon so weit gekommen war.«

Sie hat dann ihren Job gekündigt, um Animal SOS Sri Lanka in Vollzeit zu leiten. »Ich habe meine Karriere aufgegeben, um diese Arbeit machen zu können, aus Liebe zu den Straßentieren. Hunde waren schon immer die Liebe meines Lebens. Sie haben mir so viel gegeben. Und ich kann nur versuchen, etwas davon zurückzugeben.«

Die große Hundeliebe ihres Lebens ist natürlich Rama. Kim denkt oft an sie, besonders an harten Tagen – die in der Welt einer kleinen Wohltätigkeitsorganisation zahlreich sind.

Kommt ein neuer Hund in der Auffangstation von Animal SOS Sri Lanka an, erhält er zuallererst einen Namen. Denn sobald er einen Namen hat, ist er nicht mehr nur ein »Ding«. Er ist ein Lebewesen, eine Seele, eine Kreatur, die Liebe und Fürsorge verdient. Genau diese Philosophie brachte Kim dazu, eine kleine thailändische Straßenhündin nach einem mächtigen Gott zu benennen, und diese Entscheidung löste eine Odyssee aus, die das Leben der beiden tiefgreifend veränderte. Kims und Garys Traumurlaub in Thailand mag ruiniert worden sein, aber er lieferte letztendlich ein Happy End, das sie sich niemals hätten vorstellen können.

»Meine Liebe gilt den Hunden, und ich werde sie auch weiterhin lieben. Rama hat mich dazu inspiriert – es ist ihr Vermächtnis«, sagt Kim. »Wenn mich Leute wieder einmal fragen: ›Warum bedeutet Ihnen die Rettungsstation so viel?‹, dann antworte ich von Herzen: ›Weil darin ein Happy End liegt.‹«

Die große Chopper-Jagd

Fergus

Es sollte ein Anfang sein, ein Neustart für einen vernachlässigten, ausgesetzten Hund und eine Familie, die noch immer um ihr geliebtes Haustier trauerte. Stattdessen löste der Ausflug »einen elftägigen Albtraum« aus und bewies letztendlich, dass man jemanden nicht lange kennen muss, um zu wissen, dass man alles für ihn tun würde.

Die Familie Panzera ist ein hundebegeisterter Clan. Als sie in ihrer irischen Heimat aufwuchs, adoptierte Mutter Romy häufig Hunde aus dem örtlichen Tierheim. Zwei dieser Hunde zeigten dabei einen ausgesprochenen Hang zum Abenteuer: Das unerschrockene Duo schaffte es einmal, einen Bus in Richtung Dublin zu besteigen, und kehrte erst Stunden später von selbst zurück.

Als Romy dann nach Melbourne, Australien, zog und ihren italienisch-australischen Ehemann Dominic heiratete, adoptierte das Paar den zweijährigen Arthur, einen Rhodesian-Ridgeback-Labrador-Mischling, der misshandelt worden war und »vor allem und jedem Angst hatte«, wie sie sagt. Er war zwölf

Kilogramm untergewichtig, hatte Angst vor Männern und war anderen Hunden gegenüber aggressiv. Es brauchte drei Jahre Geduld, Liebe und sanfte Erziehung, bis Arthur aufblühte.

»Wir haben viel mit ihm gearbeitet und er entwickelte sich zum schönsten Hund, den man sich wünschen kann. Ganz so, als ob es für ihn irgendwann Klick gemacht und er erkannt hätte: ›Das Leben ist klasse‹«, sagt Romy.

Der Zeitpunkt war gut gewählt, denn Romy und Dominic hatten gerade einen Sohn, Valentino, bekommen. In den nächsten neun Jahren festigte Arthur seinen Ruf als vorbildlicher Familienhund, obwohl seine anhaltende Antipathie anderen Hunden gegenüber dazu führte, dass er draußen nie von der Leine gelassen wurde und die Kinder – Valentino, sein jüngere Bruder Rocco und seine kleine Schwester Aoife – nie alleine mit ihm spazieren gehen konnten.

Traurigerweise verstarb Arthur Anfang 2015. »Wir gehen davon aus, dass er einen Hirntumor hatte, denn er bekam Anfälle. Als ich eines Tages nach Hause kam, konnte er nicht mehr aufstehen. Wir waren alle dabei, als er starb, und es war furchtbar traurig.«

Arthurs Verlust traf die Familie aus Glen Iris, einem der östlichen Vororte von Melbourne, hart. Nach zwölf wundervollen Jahren fühlten sie sich ohne ihren hündischen Begleiter hilflos. »Jeden Tag in ein verlassenes, leeres Haus zurückzukehren, war schrecklich«, sagt Romy, und deshalb dauerte es nicht lange, bis sie sich für ein weiteres vierbeiniges Familienmitglied bereit fühlten.

Ihre erste Anlaufstelle war das Lort Smith Animal Hospital in North Melbourne. Als größtes gemeinnütziges Tierkrankenhaus Australiens hat Lort Smith seit seiner Eröffnung im Jahr 1936 mehr als fünf Millionen Tiere versorgt und für rund 200 000 Haustiere ein neues Zuhause vermittelt. Als Romy an einem kalten Winterdonnerstag im August 2015 bei der Arbeit auf die Website des Krankenhauses klickte, geschah dies zu reinen Recherchezwecken. Sie wollte sich nur über die Öffnungszeiten der Adoptionsstelle informieren, sie wollte sich nicht gleich einen Hund zulegen.

Aber wie so oft, wenn es darum geht, ein Haustier auszuwählen – oder von ihm ausgewählt zu werden –, hatte das Schicksal andere Pläne.

Auf der Startseite der Website war das Foto eines großen, schwarz-weißen Hundes mit einem ansteckenden Hundegrinsen zu sehen. »Ich habe mich einfach verliebt«, erinnert sich Romy. »Ich rief sofort bei Lort Smith an und rief: ›Was könnt ihr mir über diesen Hund sagen?‹«

Der Hund, der sie so betört hatte, hieß Chopper. Er war eine Kreuzung aus Irischem Wolfshund und Bull Arab und brachte stolze 46 Kilogramm auf die Waage, obwohl er erst achtzehn Monate alt war – praktisch noch ein Welpe. Chopper war seit sechs Tagen im Tierheim und nach Aussage der Mitarbeiterin sehr ängstlich und nervös. Angesichts seiner Größe und Schüchternheit überrascht es vielleicht nicht, dass es noch keine einzige Anfrage für ihn gab.

Für Romy war er perfekt. »Ich mag große Hunde, und da ich Irin bin, habe ich eine Schwäche für Irische Wolfshunde. Das Bild von Chopper war lustig, die Art, wie er seine Pfoten leicht spreizte. Und er hatte einfach diesen Ausdruck im Gesicht – wie ein kleiner Hund im Körper eines großen Hundes.«

Die Mitarbeiter*innen des Tierheims erklärten Romy, dass der Hund ängstlich wirkte, versicherten aber, dass er nicht aggressiv sei. Nachdem sie sich mehr als zehn Jahre lang um Arthurs Aggressionsprobleme gekümmert hatte, reichte ihr das. Mehr wollte sie gar nicht wissen. Sie rief Dominic an und schlug vor, am Wochenende mit den Kindern gemeinsam nach Chopper zu schauen.

Dominic spürte sofort ihre Aufregung und schlug Romy deshalb vor, sich mit ihm und den Kindern noch am selben Tag nach der Schule bei Lort Smith zu treffen. »Ich bin nach der Arbeit mit der Straßenbahn direkt dorthin gefahren. Auf dem Weg dachte ich noch darüber nach, dass es problematisch werden würde, wenn dieser Hund bei mir oder den Kindern in Panik geriete, aber wenn das nicht der Fall wäre, wollte ich ihn unbedingt haben«, sagt sie.

Als sie in Lort Smith ankam, besuchten Dominic und die Kinder gerade einige der anderen Hunde im Tierheim, also ging Romy schon einmal allein zu Chopper. Der erste Eindruck war nicht sonderlich vielversprechend. »Chopper zitterte, war nervös, ein verängstigtes Wesen, und ich dachte noch: ›Oh je, der Kerl ist sicher zu nervös für eine Familie mit drei ungestümen Kindern und einer Menge Trubel!‹«

Die Umgebung im Tierheim macht Hunde oft unruhig und ängstlich; selbst den kontaktfreudigsten Hund kann eine ungewohnte, laute Umgebung stressen, besonders wenn er sich nach Jahren bei seinem Besitzer durch welche Umstände auch immer plötzlich dort wiederfindet. Um Chopper eine Chance zu geben, nahmen die Panzeras ihn für einen kurzen Spaziergang mit nach draußen. Sofort entspannte sich der übergroße Welpe.

»Er ging wunderbar und kontrollierte ständig, ob alle da waren, sogar die Kinder«, erinnert sich Romy. Sie hatte ihre abendlichen Spaziergänge mit Arthur geliebt, sie aber eingestellt, als er krank wurde. Plötzlich sah sie sich selbst in der Dämmerung mit Chopper an ihrer Seite spazieren gehen. »Das war's dann«, sagt sie. »Die Entscheidung war gefallen.«

Romy wandte sich an Serena Horg, die Geschäftsführerin der Adoptionsstelle von Lort Smith, und sagte ihr, dass die Familie Chopper gerne sofort adoptieren würde. Nach einem rein beiläufigen Besuch auf der Website nur Stunden zuvor gingen sie nun mit einem neuen pelzigen Freund nach Hause.

Serena war begeistert, denn Chopper hatte sich in den wenigen Tagen im Heim zu einem Liebling gemausert. Er hatte einen schweren Start ins Leben gehabt. Soweit die Mitarbeiter*innen von Lort Smith herausfinden konnten, hatte sein Besitzer keine Zeit für den Hund gehabt, den er besaß, seit er ein kleiner Welpe war.

»Chopper war ein ziemlich schüchterner Hund, und das sind diejenigen, die ich am interessantesten finde. Ich ging zu ihm hin, setzte mich zu ihm ins Gehege und streichelte ihn«, sagt Serena. Von einer liebevollen Familie adoptiert zu werden, war genau das, was Chopper verdient hatte.

Während Dominic sich um den Papierkram kümmerte, kehrte Romy zur Arbeit zurück und erzählte ihren Kolleg*innen aufgeregt von dem neuen Familienmitglied. Gerade als sie sich wieder an ihren Schreibtisch setzen wollte, klingelte ihr Telefon. Es war Romys jüngster Sohn, Rocco.

»Chopper ist verschwunden«, sagte Rocco ihr. »Er ist abgehauen!«

Romys Herz sank. »Hol deinen Vater ans Telefon«, sagte sie grimmig.

»So begann unser elftägiger Albtraum«, erzählt Romy im Rückblick.

Chopper war tatsächlich weggelaufen. Dominic und die Kinder hatten die 25-minütige Fahrt von Lort Smith nach Hause hinter sich gebracht, während ihr neues Haustier auf dem Rücksitz mit Liebe überschüttet wurde. Aber als sie in die Einfahrt fuhren und die Kinder aus dem Auto kletterten, nutzte Chopper seine Chance. »Die Kinder stiegen aus und ließen dabei die Hintertür des Autos offen, Chopper sprang einfach heraus und rannte los«, erinnert sich Romy. »Ich war außer mir: ›Wie konntet ihr die Autotür offen lassen?!‹ Dominic erwiderte: ›Ich habe den Hund unterschätzt – ich war noch im Arthur-Modus!‹ Arthur wäre eindeutig in Panik geraten, wenn er weiter als drei Meter von uns entfernt gewesen wäre. Bei ihm bestand nie Fluchtgefahr. Er blieb immer bei uns.«

Aber Chopper war nicht Arthur – das war jetzt klar.

Dominic stürmte so lange hinter Chopper her, bis er ihn aus den Augen verlor, dann raste er nach Hause, um das Auto zu holen und die Suche fortzusetzen. Währenddessen eilte Romy von der Arbeit nach Hause und begann, die umliegenden Straßen zu Fuß abzusuchen. Es dauerte nicht lange, bis sie Chopper beruhigend nahe am Haus entdeckte – aber sie kam nicht an ihn heran.

»Er lief immer wieder über eine vierspurige Straße – hin und her. Da quietschten Autoreifen und zwei Leute versuchten, ihn zu packen«, berichtet sie. Ihre Bemühungen waren jedoch erfolglos; Chopper rannte einfach weiter.

Innerhalb weniger Stunden hatte Romy die Straßen von Glen Iris mit »Hund vermisst«-Flyern zugepflastert, und zum Suchtrupp stießen immer mehr Menschen. Nachbar*innen und Freund*innen durchkämmten die Gegend bis Mitternacht auf der Suche nach Chopper, während eine verzweifelte Romy alle Tierärzt*innen, jede Tierklinik und alle Tierheime in und um Melbourne anrief.

»Dann bekamen wir eine Sichtung gemeldet und ich dachte schon, *toll*! Aber als wir dort ankamen, verlor sich Choppers Spur«, sagt sie.

Es war nur die erste in einer langen Reihe von Enttäuschungen – die Suche sollte fast zwei Wochen dauern.

»Weißt du noch, der Hund, den du mir vor einer Stunde übergeben hast? Wir haben ihn verloren.«

Was peinliche Telefonanrufe angeht, so gibt es nicht viel Schlimmeres. Falls Romy mit Schuldzuweisungen gerechnet hatte, als sie an jenem Donnerstag die Tierschutzbeauftragte von Lort Smith, Jacqui Boyd, anrief, um zu gestehen, dass Chopper entwischt war, erlebte sie eine große Überraschung. Statt sie zu verurteilen, traten Jacqui, Serena Horg und ihre Kolleg*innen von Lort Smith sofort in Aktion, um bei der Suche zu helfen.

Jacqui rief Freund*innen aus Rettungsgruppen hinzu, und sie machten sich auf den Weg. Für die Dauer der Suche übernahmen sie inoffiziell die Nachtschicht und fuhren bis Mitternacht oder sogar drei Uhr morgens herum, um Chopper zu suchen. Zu Jacqui gesellte sich in dieser ersten Nacht auch ihre Kollegin Mary-Anne Sanders. Am nächsten Tag meldete sich Mary-Anne für ihren Jahresurlaub ab, um die Suchaktion von Lort Smith auch tagsüber leiten zu können.

»Jacqui und Mary-Anne waren diejenigen, die sich Vollzeit engagierten. Sie haben einfach nicht aufgehört mit ihrer Suche«, sagt Serena.

Wenn sie nicht gerade selbst auf der Suche nach dem schwer zu fassenden Hund war, kümmerte sich Serena um das Hauptquartier der Operation »Findet Chopper« in Lort Smith. Sie aktualisierte die Social-Media-Seiten, die eingerichtet worden waren, um die Suche zu verbreiten, nahm Anrufe entgegen und koordinierte die mehr als fünfzig Freiwilligen.

»Wir machten so etwas zum ersten Mal und es lief sensationell«, sagt sie. »Am schwierigsten war, alle auf dem neuesten Stand zu halten. Alle wollten auf dem Laufenden sein, vor allem, wenn es Sichtungen gab. Manchmal konnte ich nicht mitsuchen, sondern beantwortete Anrufe und E-Mails. Dann hatte ich ein schlechtes Gewissen, weil ich nicht draußen mit dabei war.«

Frustrierend an der Suchaktion war, dass es Sichtungen von Chopper *gab* – viele sogar. Aber sie führten alle ins Nichts. Jedes Mal, wenn sich jemand Chopper näherte, entschwand er wie ein Geist. Ein riesiger, pelziger Geist, mit der Sprintfähigkeit eines Olympiasiegers wie Usain Bolt.

»Es kamen ständig Textnachrichten über mögliche Sichtungen rein«, sagt Romy. »Alle in der Gegend waren auf der Suche nach ihm. Ein kleiner Junge hatte ihn eine Einfahrt hochlaufen gesehen und wir dachten mal wieder: *Super!* Aber dann kam nichts mehr.«

Der Tag nach Choppers Verschwinden war ein Freitag, Romys freier Tag. Sie verbrachte den ganzen Tag in ihrem Auto auf der Suche nach ihm, gab jedem, an dem sie vorbeikam, ein Flugblatt und bat um Nachricht.

»Ich hielt eine Frau an und fragte: ›Haben Sie diesen Hund gesehen?‹ Sie sagte: ›Ja! Er ist gleich da hinten‹«, erinnert sie sich. »Also rannte ich los und sah einen Mann, der mit seinem

Hund den Weg entlang rannte, und rief ihm zu: ›Haben Sie Chopper gesehen?‹ Der Mann rief zurück: ›Ich jage ihm gerade nach!‹ Aber er entkam wieder.«

Am Samstag schwärmte ein riesiger Suchtrupp – Familie, Freund*innen, Lort-Smith-Mitarbeiter*innen und völlig Fremde – durch die östlichen Vororte aus. Keiner hatte Chopper gesehen. Am Sonntag wurde er dann mindestens dreimal beim Überqueren des Princes Highway in Malvern East gesichtet. Eine Armee von freiwilligen Suchern schwärmte in dem Vorort aus, aber sie konnten ihn nicht finden. Dann gab es eine Sichtung am Bahnhof im nächsten Vorort, Ashburton. Für Romy war das keine gute Nachricht. Wenn Chopper Richtung Osten unterwegs war, steuerte er auf dicht besiedelte Stadtteile mit viel Verkehr und mehreren Hauptverkehrsstraßen zu, darunter den Monash Freeway und belebte Abschnitte des Princes Highway.

Dann kam allerdings eine weitere Wendung: Chopper wurde in Murrumbeena, fünf Kilometer südlich von Ashburton, gesehen. Sollte sich das bestätigen, hatte Chopper es auf wundersame Weise geschafft, die belebte vierspurige High Street zu überqueren.

Die nächste Sichtung, im Boyd Park von Murrumbeena, war ermutigend. »Der Park ist wie ein bisschen Wildnis in der Stadt, und ein Typ hatte ihn dort eine halbe Stunde zuvor gesehen. Wir dachten also: ›Okay, so groß ist der Park nicht – da kriegen wir ihn sicher‹«, sagt Romy.

Sie haben ihn nicht erwischt, aber die Sichtung erwies sich trotzdem als entscheidend. Boyd Park ist ein langes, schmales Reservat, das zwischen Murrumbeena und dem benachbarten Hughesdale verläuft. Der Streifen ist Teil eines linear verlaufenden Parknetzwerks, dem Melbournes Osten seinen grünen Ruf verdankt. Das nächste Glied in der Parkkette ist der Urban Forest von Malvern East, daran schließt sich der Malvern Valley Public Golf Course an, der entlang des Anniversary Trail Linear Park mit Ashburton verbunden ist. Aber der Golfplatz hat auch eine Verbindung zum Darling Park, der in das Dorothy Laver Reserve übergeht, an das sich der Glen Iris Park anschließt – nicht weit vom Haus der Panzeras entfernt.

Plötzlich verstand Romy, wie Chopper sich weiterhin der Gefangennahme entziehen konnte. Er hielt sich so gut wie möglich von Menschen fern, indem er sich in den Parks versteckte. Der schlaue Hund folgte seiner ganz eigenen grünen Route.

Auf der Pakenham-Zugstrecke herrscht reger Betrieb. Während der werktäglichen morgendlichen Hauptverkehrszeit rumpeln die Züge alle zehn Minuten über die 56 Kilometer lange Strecke von Pakenham, am Rande der Region West Gippsland, zur Southern Cross Station im Zentrum von Melbourne. Hinzu kommen die Züge der V-Line, die das Stadtzentrum von Melbourne mit der Region Victoria verbindet, sowie leere Züge, die auf der Pakenham- und der angrenzenden Cranbourne-Linie in die Bahnhöfe ein- und ausfahren. Die Lokführerin von Metro Trains, Jane Evans, hatte viel zu bedenken, als sie ihren voll beladenen Zug am Montagmorgen nach dem Verschwinden von Chopper aus dem Bahnhof Murrumbeena manövrierte. Einen Hund auf den Gleisen konnte sie dabei ganz und gar nicht gebrauchen.

»Ich verließ gerade Murrumbeena Richtung Pakenham, als mich ein Zug auf dem Weg in die Stadt überholte. Als der

Zug vorbeifuhr, sah ich einen Hund auf der anderen Seite der Gleise. Er schien zwischen den Gleisen und dem Zaun festzustecken«, sagt Jane.

Sie trat sofort auf die Bremse. Als waschechte Hundeliebhaberin wusste sie, dass ein verängstigter, desorientierter Hund genauso wahrscheinlich auf eine Gefahr zu- wie vor ihr weglaufen würde. Sie fuhr langsam an dem Hund vorbei und beobachtete, in welche Richtung er sich wenden würde. Er wirkte verängstigt, sah zerzaust aus und schien zu hinken. Als Janes Zug langsamer wurde und schließlich zum Stehen kam, überquerte der Hund die Gleise hinter ihr und stellte sich mitten auf die Gegenschienen.

»Dieses Bild hat sich in mein Gedächtnis eingebrannt«, sagt sie. »Als ich in meinen Rückspiegel schaute und diesen Hund auf den Gleisen stehen saß, war mir klar, dass ein Zug kam und ich nicht viel tun konnte. Der Hund sah so verloren aus. Verwirrt darüber, wie er eigentlich dorthin geraten konnte.«

Ihr Zug hatte zu weit entfernt angehalten, aussteigen und ihm nachgehen stand außer Frage, selbst wenn das erlaubt gewesen wäre. Lokführer*innen dürfen ihre Funkgeräte nur im Notfall benutzen, also nur, wenn es um andere Züge oder Menschen geht. Aber ihr Zug war vor dem herannahenden stadtauswärts fahrenden Zug zum Stehen gekommen, und Jane war fest entschlossen, den anderen Fahrer auf den streunenden Hund aufmerksam zu machen.

»Ein herumirrender Hund interessiert Bahnbetreiber nicht sonderlich, also musste ich mir etwas anderes einfallen lassen, um den entgegenkommenden Fahrer zu warnen. Ich vollführte all diese verrückten Handgesten, um dem Fahrer des Nahver-

kehrszuges mitzuteilen, dass vor ihm ein Hund auf den Gleisen stand, oder um ihn zumindest dazu zu bringen, langsamer
zu fahren, weil vor ihm etwas ist, auf das er aufpassen muss.«

Obwohl sie alles getan hatte, was sie tun konnte, fühlte
sich Jane »ziemlich gestresst«, als sie Pakenham erreichte. Zu
den schlimmsten Aspekten ihres Jobs, sagt sie, gehören die
verendeten Tiere, die den Versuch, die Bahngleise zu überqueren, nicht überlebt haben.

»Ein Opossum oder ein Vogel sind schon beschissen, aber
ein Hund zerreißt mir einfach das Herz. Mein Hund bedeutet
mir die Welt, und ich nahm daher an, dass es irgendwo einen
verzweifelten Besitzer geben würde, der nach diesem Hund
suchte. Als ich ihn auf den Gleisen sah, sank mein Herz«,
sagt Jane.

Auf dem Rückweg hielt sie in der Gegend von Murrumbeena Ausschau nach dem Hund. Als sie keinen Hund – und
vor allem keinen Hundekadaver – sah, atmete sie erleichtert
auf. Der verlassene Hund musste sich ohne Zwischenfall von
den Gleisen entfernt haben.

Zwei Tage später jedoch teilte Janes Cousine einen Bei-
trag über einen vermissten Hund auf Facebook. Wie es der
Zufall wollte, war ihre Cousine eine gute Freundin von Serena
Horg. Bei dem vermissten Hund handelte es sich um Chop-
per – und Jane erkannte mit einem Blick auf das Bild, dass
Chopper der Hund war, den sie Anfang der Woche auf den
Bahngleisen gesehen hatte.

Sofort teilte Jane Choppers »Vermisst«-Post in einer pri-
vaten Facebook-Gruppe für Metro-Trains-Fahrer*innen und
forderte sie auf, auf der Pakenham-Linie die Augen nach ihm
offen zu halten. Sie fuhr an diesem Tag selbst auf der Strecke,

war auf der Hut und hielt Ausschau nach Chopper. Als ihre Schicht zu Ende war, fuhr Jane zurück nach Murrumbeena und machte sich im strömenden Regen selbst auf die Suche. »Ich parkte mein Auto und spazierte durch die Gegend, durch die Parklandschaft und so nah an den Bahngleisen entlang, wie möglich. Die Zugführer*innen sind misstrauisch, wenn jemand zu nahe an den Gleisen entlangläuft, und ich wollte keine Aufmerksamkeit erregen«, sagt sie. »Aber ich hatte einfach das Gefühl, etwas tun zu müssen. Ich hasse es, herumzusitzen und darauf zu warten, dass etwas passiert.«

Während ihres Spaziergangs traf die durchnässte Jane auf Mary-Anne Sanders von Lort Smith, die ebenfalls auf der Suche nach Chopper war und neue Plakate anbrachte, da sich die alten gelöst hatten. »Nach diesem Gespräch mit Mary-Anne, als wir beide von Tränen und Regen durchtränkt waren, wurde mir klar, dass ich zu tief drin steckte, um diese Suche nicht zu Ende zu führen. Ich kannte mich in der Gegend und an der Bahnlinie gut aus und hatte das Gefühl, dass ich vielleicht helfen könnte. Wenn es um meinen Hund ginge, würde ich auch Himmel und Erde in Bewegung setzen, um ihn zu finden. Davor konnte ich die Augen nicht verschließen.«

Jane versprach, die Suche fortzusetzen, und schrieb sich Mary-Annes Telefonnummer auf, damit sie sich melden konnte. Sie hielt Wort und durchkämmte jeden Tag nach der Arbeit die Gegend, oft im sintflutartigem Regen, während der berühmt-berüchtigte kalte Melbourner Winter Einzug hielt.

Nicht lange, sagt sie, und das nasse Wetter wirkte auf seltsame Weise beruhigend. »So ein bisschen Regen sollte einen nicht aufhalten.«

Eine Woche war seit Choppers Verschwinden vergangen. Die unermüdlichen Suchbemühungen von mehr als fünfzig Personen hatten sich bisher als vergeblich erwiesen. Mehr als 71 000 Menschen hatten die Facebook-Seite besucht und über 5000 Kommentare gepostet. Aber jede Spur, die sie verfolgten, führte in eine Sackgasse, und jede Sichtung war ins Leere gelaufen. Die Familie Panzera hatte mit sich zu kämpfen. Romy hatte seit Tagen nicht mehr geschlafen, aber die Kinder hatte die Abwesenheit ihres Hundes am schwersten getroffen.

»Die Kinder hatten sich im Tierheim sofort in Chopper verliebt. Rocco hatte einen kompletten Zusammenbruch. Seine Großmutter war erst ein paar Monate zuvor gestorben und er hatte sich damals zusammengerissen, aber als Chopper dann auch noch weg war, brach er zusammen«, sagt sie. »Aoife war am Boden zerstört und weinte sich tagelang in den Schlaf.«

Insgeheim begann Romy die Hoffnung zu verlieren. »Ich hatte zu Dominic gesagt: ›Ich weiß nicht so recht, ob das gut geht.‹ Chopper besaß keinen Heimkehrinstinkt, also wusste er nicht, wohin er gehen sollte. Wir waren für ihn noch nicht sein Zuhause, also war er nicht daran interessiert, uns zu suchen.«

Am Donnerstag, eine ganze Woche nach dem Verschwinden von Chopper, war Romy zu Hause geblieben, um sich um Valentino zu kümmern, der sich unwohl fühlte. Chopper wurde in Oakleigh, etwa sieben Kilometer südöstlich von Glen Iris, und dann noch einmal in der Nähe der North Road, einer anderen Hauptverkehrsader, die in die entgegengesetzte Richtung, nach Westen, bis zum Strand führt, gesehen. Die Sichtung an der North Road war von einem

Ranger der Gemeinde telefonisch gemeldet worden, und zunächst war sich Romy nicht sicher, ob das stimmen konnte. Konnte Chopper tatsächlich so viele stark befahrene Straßen überquert haben? Aber die Beschreibung passte, also packte Romy Valentino ins Auto, und sie fuhren noch einmal los.

»Ich sagte zu ihm: ›Du kannst auch im Auto krank sein – steig ein, wir fahren!‹ Dann schleppte ich ihn im Regen über den Golfplatz von Oakleigh. Wir hatten herausgefunden, dass Chopper den Grünflächen folgte, also zerrte ich meinen kranken Sohn fast den gesamten Donnerstag und Freitag dort herum. Wir hüpften ständig ins Auto und fuhren überall hin, ohne Erfolg«, sagt sie.

Aber die Sichtung an der North Road war aus zwei Gründen ermutigend. Erstens bewies es, dass Chopper klug genug war, um Hauptstraßen sicher zu überqueren, und zweitens schien es darauf hinzudeuten, dass er nach Westen in Richtung Ozean unterwegs war.

»Als er in die strandnahen Vororte vordrang, fanden wir das gut. Denn wenn er aufs Meer zusteuerte, musste er am Strand landen und wo sollte er von dort aus noch hin?«

Romys Hoffnung bestand darin, ihn zu schnappen, *wenn* er es bis zum Strand schaffte, bevor er wieder verschwände.

Am nächsten Tag, einem Samstag, überließ die Familie die morgendliche Suche der Armee von Freiwilligen, um Roccos Fußballfinale zu besuchen, und plante, die Jagd am Nachmittag wieder aufzunehmen. Nach dem Spiel schlossen sie sich Roccos Mannschaftskameraden zu einem gemeinsamen Mittagessen bei McDonald's an, wo Romy die anderen Eltern über Choppers scheinbar endlose Odyssee auf den neuesten Stand brachte.

»Es saßen noch etwa ein halbes Dutzend Mütter am Tisch und ich erzählte ihnen die Geschichte und wie schrecklich es war und wie furchtbar ich mich gegenüber meinem armen Mann verhalten hatte«, sagt sie. »Und ich erzählte ihnen auch, wie toll die Leute waren und wie sie mir auf der Straße ihre eigenen Hunde-Geschichten erzählten.«

Doch ihre dramatische Erzählung wurde durch einen Telefonanruf unterbrochen. Serena Horg war am anderen Ende, und weinte. Romys Herz schlug ihr bis zum Hals.

»Ich wollte dich nicht anrufen, bevor ich ihn nicht selbst in den Händen habe«, sagte Serena.

Romy drehte sich mit großen Augen zu den anderen Müttern am Tisch um, als sie fragte: »Habt ihr ihn?«

»Wir haben ihn.«

Die ganze Zeit über hatte Serena gescherzt, dass Chopper wohl versuchte, sie zu finden. Sie wohnt im Strandort Elwood. In der Freitagnacht, bevor er gefunden wurde, beschlich sie »das unheimliche Gefühl«, dass Chopper in der Nähe wäre – sie ging zum Elwood Beach hinunter, um ihn zu suchen. »Mein Bauchgefühl sagte mir, dass er dort war«, verrät sie. »Ich konzentrierte meine Suche auf die Grillplätze des Elwood Life Saving Club, weil ich dachte, er könnte dort nach Abfällen suchen.«

Wie es der Zufall wollte, war sie weniger als 20 Meter von dem Ausreißer entfernt: Chopper wurde am Samstagmorgen am anderen Ende des Elwood Beach gefunden. Die Frau, die ihn gefunden hatte, brachte ihn in die Elwood Veterinary Clinic, die gegenüber vom Strand lag, und berichtete, dass sie ihn im Sand sitzend und wehmütig auf das Meer starrend gefunden hätten, ganz so, als hätte er über den Sinn des Lebens nachgedacht.

Einer von Romys Freunden war ein Kunde der Klinik, daher waren die diensthabenden Tierärzt*innen mit der Geschichte der großen Chopper-Jagd bestens vertraut und erkannten ihn sofort. Sie riefen Lort Smith an und Serena raste sofort hinüber. Sobald sie sich vergewissert hatte, dass es sich tatsächlich um den flüchtigen Chopper handelte, rief sie Romy an.

»Ich bin bei McDonald's einfach in Tränen ausgebrochen«, lacht Romy. »Vier der anderen Mütter am Tisch fingen auch an zu weinen. Rocco rannte herum und erzählte es all seinen Freunden. Es war wie Geburtstag und Weihnachten.«

Auch Zugführerin Jane Evans war überglücklich, dass Chopper endlich gefunden worden war. »Ich konnte förmlich spüren, wie sich mein ganzer Körper entspannte. Sowohl mein Körper als auch mein Verstand merkten, dass ich mir keine Gedanken mehr machen musste«, sagt sie. »Zu wissen, dass er sicher und am Leben war, war wunderbar.«

Choppers elftägige Odyssee hatte ihn die 15 Kilometer von Glen Iris zum Elwood Beach geführt, aber aufgrund der Sichtungen geht Romy von einem Zick-Zack-Kurs aus, der bis zu 50 Kilometer lang gewesen sein könnte. Soweit die an der Suche Beteiligten wissen, hielt er sich in der ersten Woche in der Nähe von Glen Iris auf, bevor er zum Strand pilgerte, wobei er so weit wie möglich den Parks folgte und, als diese zu Ende waren, seinen Weg entlang der Bahnlinie nahm. Seine Pfoten waren voller Blasen, er war erschöpft und hatte etwa acht Kilo von seinen 46 Kilogramm abgenommen, aber der unaufhörliche Regen während seiner Odyssee bedeutete glücklicherweise, dass er eine gefährliche Dehydrierung vermieden hatte.

Gleich am Sonntagmorgen machte sich die Familie Panzera auf den Weg nach Elwood, um ihr neues Haustier zum zweiten Mal nach Hause zu holen. Auch die Lort-Smith-Brigade war in großer Zahl zum Wiedersehen erschienen. »Ich konnte es einfach nicht erwarten, ihn zu sehen. Es war sehr emotional, und es flossen etliche Tränen«, sagt Romy. »Diesmal haben wir ihn natürlich an die Leine genommen!«

Doch während Choppers physische Odyssee vorbei war, begann seine emotionale Reise erst. Als er endlich in Glen Iris und seinem neuen Zuhause ankam, war er ein nervliches Wrack. Während Romy, Dominic und die Kinder Chopper in Abwesenheit liebgewonnen hatten, waren sie für ihn völlig fremd. Alles, was er kannte, war das Leben in Lort Smith, und davor lange, einsame Tage ohne Zuneigung.

»Er wusste nicht, wie man sitzt. Er wusste nicht einmal, wie man spielt, nicht einmal mit anderen Hunden. Diesem armen Hund hatte einfach keiner Aufmerksamkeit geschenkt«, sagt Romy. »Wir mussten ihn wieder aufpäppeln und ihm beibringen, wie man ein Hund ist.«

Ein erster Schritt in diese Richtung war ein neuer, passender Name. Chopper klang hart und einschüchternd, wie das Hacken mit einem Messer (engl. to chop = dt. hacken). Der Name passte nicht zu diesem riesigen, schüchternen Welpen. Sie entschieden sich schließlich für Fergus, einen irischen Namen, der Stärke bedeutet – eine Eigenschaft, die der zähe Wolfshund in Hülle und Fülle besaß.

So stark er auch war, Fergus litt unter schrecklicher Verlustangst. Als die Familie das erste Mal ohne ihn ausging und ihn im Garten zurückließ, kamen sie nach Hause und fanden ihre Fliegengitter zerfetzt und die Seiten ihres Wetterschutzhauses mit tiefen, zwei Meter hohen Kratzern übersät. Fergus war hochgesprungen, um in die Fenster zu gelangen. Mit der Zeit und konsequentem Training besserte sich sein Verhalten und Fergus macht es nichts mehr aus, an drei Tagen in der Woche allein zu bleiben. Außerdem geht er einmal die Woche in die Hundetagesstätte. Anfangs hatte er auch Angst vor Männern, aber mit der Zeit hat sich seine Bindung zu Dominic verbessert.

Die Familie merkte schnell, wie intelligent Fergus ist. Schon in der ersten Woche hatte er gelernt, sich auf Kommando zu setzen, zu bleiben und sich fallen zu lassen. Er kann sich auch um sich selbst drehen und sogar Türen und Fensterläden öffnen. Er vergöttert seine drei menschlichen Geschwister und begrüßt morgens jedes Kind persönlich.

Langsam und mit Hilfe der unkonventionellen Liebe der Familie Panzera blüht Fergus auf – genau wie Arthur vor ihm.

»Nach zwei Tagen sahen wir ihn zum ersten Mal mit dem Schwanz wedeln, und mein Herz schmolz dahin. Ich dachte nur: *Wie schön, wir haben einen Hauptgewinn gezogen*«, sagt Romy.

Zweifellos hat Fergus das Gleiche gedacht.

Weihnachten zuhause

Penny

Penny spähte durch die Windschutzscheibe in die Dämmerung. Nichts, was sie da draußen sehen konnte, kam ihr bekannt vor. Die felsigen, mit Salbeibüschen übersäten Ebenen, die ihr Zuhause umgaben, waren längst verschwunden. Stattdessen bedeckte jenseits des pfeilgeraden Freeways eine dünne Schneedecke karge Felder, die sich bis zum dunkler werdenden Horizont erstreckten. Penny konnte die Kälte riechen.

Sie wandte sich vom Fenster ab und richtete ihren Blick auf den Mann am Steuer. Ab und zu hob er eine Hand und winkte den Fahrern der Sattelschlepper zu, die in der Gegenrichtung vorbeidonnerten. Manchmal rauchte er Zigaretten, und sie ließen Pennys Nase kitzeln und brennen. Oft griff er nach der kleinen Box, die an einer Schnur über seinem Sitz hing, und brüllte in sie hinein. Es knisterte und zischte, dann kamen Stimmen, die zurückgeschrien. Keine der Stimmen klang wie Colt oder Kendra.

»Wo bringen Sie mich hin?«, versuchte Penny den Mann zu fragen, aber er schien sie nicht zu verstehen. »Ich will nach

Hause!« Er brüllte sie nur an: »Hör auf zu jammern!« In der Halterung auf dem Armaturenbrett pingte sein Handy alle paar Minuten oder es machte »Bzzzz« und das unheimliche blaue Licht des Bildschirms erhellte die schummrige Kabine. Der Mann nahm nie ab.

Als die Dunkelheit zunahm und die Kälte von draußen hereindrang, rumpelte der Sattelschlepper weiter. Penny hatte sich noch nie so allein gefühlt.

Kendra Brown war noch nicht bereit für einen Hund. Sie und Ehemann Colt waren noch nicht einmal ein Jahr verheiratet, und sie freute sich darauf, das Leben zu zweit noch ein wenig länger zu genießen. Colt war sich jedoch sicher, dass die Zeit für ein vierbeiniges Familienmitglied reif war. Er half bei der Leitung der Zwiebelfarm seiner Familie in Royal City, Washington, USA, 250 Kilometer südöstlich von Seattle, und wünschte sich einen hündischen Begleiter, der neben ihm auf dem Grundstück herumstreifte.

Also lenkte Kendra ein, aber sie hatte eine Bedingung: Dieser Hund sollte *Grenzen* einhalten. Er sollte nicht überall Haare verlieren, auf dem Sofa schlafen und ihr Leben übernehmen. Er sollte der wohlerzogenste, dramafreiste Hund aller Zeiten sein.

Berühmte letzte Worte.

Nach umfangreichen Recherchen entschied sich das Paar für einen kurzhaarigen Ungarischen Vorstehhund, auch Vizslas genannt. Man vermutet, dass der Ursprung der stattlichen Rasse im zehnten Jahrhundert in Ungarn liegt. In den Vereinigten Staaten gibt es sie erst seit 1950, erst 1960 wurden sie vom American Kennel Club, dem amerikanischen Hundezüchterverband, anerkannt. Vizslas sind dafür bekannt, dass sie athletisch und furchtlos sind, sie sind Schutzhunde und wurden von den magyarischen Stämmen als Jagdhunde geschätzt – was Colt, einem begeisterten Fasanenjäger, sehr gefiel. Aber sie sind auch sensibel, sanft und anhänglich, und sie haben eine große Affinität zu Kindern, was sie zu großartigen Familienhunden macht.

Trotz ihres anfänglichen Zögerns war es Kendra, die den Welpen fand, den sie schließlich Penny nannten. »Vizsla sind eine beliebte Rasse, und es war schwer, Welpen zu finden. Ich erzählte einer Kollegin von unserer Suche und sie antwortete: ›Eine meiner Freundinnen züchtet welche, und sie hat gerade einen Wurf bekommen‹«, erzählt sie. »Ich rief sie also an, aber die Welpen waren schon alle vergeben.«

Enttäuscht, aber nicht entmutigt, fand Kendra einen anderen lokalen Züchter, der bereit war, ihren Namen auf die Warteliste für einen Welpen aus einem zukünftigen Wurf zu setzen. Im Juni 2014 sah es so aus, als könnten sie und Colt frühestens im Oktober einen Welpen mit nach Hause nehmen. Sie stellten sich auf eine lange Wartezeit ein.

»Dann, Ende Juli, rief meine Arbeitskollegin an und sagte, dass ihre befreundete Züchterin einen Welpen zurückbekommen hatte und wenn wir wollten, könnten wir vorbeikommen und ihn uns ansehen«, sagt Kendra. Ohne Colt etwas davon zu sagen, fuhr sie hin, um den kleinen Hund – der damals noch Abbie hieß – kennenzulernen, und sie verliebte sich sofort in ihn. Sie war bereits stubenrein und schien absolut perfekt zu sein. Kendra wollte Abbie sofort mit nach Hause nehmen, aber die Züchterin bestand vernünftigerweise darauf, den Welpen über Nacht dazubehalten, um sicherzugehen, dass keine körperlichen oder verhaltensbedingten Probleme vorlagen, die ihren ursprünglichen Besitzer dazu veranlasst hatten, ihn zurückzugeben.

»Am nächsten Tag rief die Züchterin an und sagte: ›Sie ist eine tolle Hündin, und wenn Sie sie wollen, können Sie sie abholen.‹ Ich band ihr eine hübsche rosa Schleife um und überreichte sie Colt, als ich nach Hause kam.« Auch Colt verliebte sich sofort. »Natürlich hab ich mich gefragt, *was ist bloß los mit ihr?* Schließlich hat ihr Vorbesitzer sie zurückgegeben; aber es kann nicht an ihr gelegen haben«, sagt er. »Ich vermute mal, dass er überfordert damit war, dass dieses Hündchen überall auf ihm rumturnte, wenn er nach einem langen Tag von der Arbeit heimkam.«

Colt hatte damit kein Problem, er nahm Penny – ihr neuer Name wurde von ihrem kupferfarbenen Fell inspiriert, das die gleiche Farbe wie eine Penny-Münze hat – jeden Tag mit zur Arbeit auf der Farm. »Sie fuhr immer mit mir mit – sie stand morgens an der Tür und wartete schon auf mich. Sie rannte viel herum, und abends war sie dann ziemlich erschöpft.«

Zwiebeln werden auf dem Hof in den Sommermonaten angebaut und im Winter geerntet, verpackt und in die ganze Welt verschickt. Im Dezember 2014 verbrachte die sechs Monate alte Penny deshalb weniger Zeit mit dem Herumtollen auf den Feldern und mehr Zeit in der Verpackungshalle.

»Unsere Verpackungshalle liegt wirklich mitten im Nirgendwo, am Ende einer Sackgasse. Wir nennen es die Badlands. Ich ließ meine Tür offen, wenn ich im Schuppen war, weil ich nicht wollte, dass Penny den ganzen Tag nur in meinem Büro sitzt«, sagt Colt. »Sie ging vielleicht dreißig

Minuten raus und kam dann wieder rein, um Wasser oder Futter zu holen. Sie hat sich immer zurückgemeldet.«

Freitag, der 19. Dezember, war ein besonders arbeitsreicher Tag in der Verpackungshalle. Colt war den ganzen Tag auf den Beinen, um die mit dem Weihnachtsrummel einhergehende Auftragsflut zu bewältigen. Gegen 15 Uhr fiel ihm plötzlich auf, dass er Penny schon eine Weile nicht mehr gesehen hatte. Er sah in seinem Büro nach, aber da war sie nicht. Er schaute in und um den Schuppen herum; sie war nirgends. »Ich fragte einige der Männer, die für uns arbeiten, ob sie meine Hündin gesehen hätten. Sie kannten sie alle, aber keinem war sie untergekommen.« Colt rief Kendra an, die sofort die Arbeit verließ, und gemeinsam suchten sie bis weit nach Mitternacht nach Penny. »Ich hörte die ganze Nacht Kojoten heulen und dachte: ›Die haben sie bestimmt erwischt‹«, erinnert er sich. »Ich hätte besser auf sie aufpassen sollen.«

Kendra war ebenso verzweifelt. »Sie war nur ein sechs Monate alter Welpe. Sie war so klein. Ich hatte Angst, sie hätte sich verletzt und irgendwo hingelegt, und wir konnten sie einfach nicht finden. Außerdem war es eisig kalt, und ein Vizsla mit seinem kurzen Fell ist nicht auf eisige Temperaturen eingestellt.«

Am nächsten Tag, einem Samstag, suchte das Paar von der Morgendämmerung bis zur Abenddämmerung verzweifelt nach Penny. »Wir sind herumgefahren und haben in der ganzen Stadt Flyer angebracht, aber es gab keine einzige Spur«, sagt Colt.

Die Browns posteten auch in den sozialen Medien und baten ihre jeweiligen Facebook-Freund*innen, Pennys Fotos und Informationen zu teilen, in der Hoffnung, dass jemand in der Nähe sie entdecken würde. Kendra postete auch Hilfsaufrufe auf jeder Tierschutzseite, die ihr einfiel. Aber als sie an diesem Abend endlich ins Bett fielen, fühlten sie und Colt sich hoffnungslos. Seit sie verschwunden war, war Penny nicht ein einziges Mal gesichtet worden. Sie konnte auf ihren kleinen Beinen nicht weit gekommen sein; wie war es also möglich, dass niemand sie gesehen hatte?

»Wir lagen an diesem Abend schon im Bett, als gegen 23 Uhr eine SMS von einer Rettungsgruppe hereinkam, in der stand: ›Schaut euch eure Facebook-Seite an‹«, sagt Kendra. »Ich loggte mich ein und sah, dass eine Dame kommentiert hatte: ‚Ich habe sie am Freitagnachmittag gesehen – ein LKW-Fahrer hat sie zu sich gerufen, aber er wusste ihren Namen nicht.«

Die Frau arbeitete auf der Kirschplantage gegenüber der Zwiebelpackhalle. Wie Colts Farm war auch auf der Kirschplantage in der Vorweihnachtszeit viel los, ständig fuhren Lastwagen vor und andere verließen das Gelände. Die Frau hatte den eisigen Wintertemperaturen getrotzt, um eine fünfminütige Zigarettenpause einzulegen, und Penny herumwandern sehen. Sie hatte dann einen LKW-Fahrer dabei beobachtet, wie er versuchte, die kleine Hündin in sein Fahrerhaus zu locken.

Das war der Durchbruch, auf den Colt und Kendra gehofft hatten. Gleich am Montag ging Colt zur Kirschplantage und besorgte sich eine Liste mit allen Lastwagen, die am Freitag dort gewesen waren. Die Arbeiterin, die gesehen hatte, wie der Mann Penny angelockt hatte, konnte die Liste auf den entsprechenden Laster eingrenzen. Colt hängte sich ans Telefon.

»Die erste Firma, die ich anrief, stellte mich zu ihrem Disponenten durch. Ich habe öfter mit Speditionen zu tun und kenne daher ihre speziellen Ausdrücke. Ich sagte also, ich wolle mit diesem Fahrer über seine Ladung sprechen«, erinnert er sich. »Der Disponent sagte: ›Seine Nummer kann ich nicht herausgeben, aber ich sorge dafür, dass er Sie anruft.‹«

Colt legte auf und stellte sich gespannt aufs Warten ein. Würde der Disponent seine Nachricht weiterleiten? Und wenn ja, würde der Fahrer anrufen? Colt wollte dem Mann einen Vertrauensvorschuss geben. Sicherlich hatte er einen guten Grund, mit seiner Hündin wegzufahren. Andererseits, was, wenn er Penny gar nicht hatte? Vielleicht war sie ja doch in die Badlands geflüchtet.

Nach wenigen Minuten klingelte Colts Telefon. »Ich fragte sofort: ›Haben Sie zufälligerweise meine Hündin mitgenommen?‹ und er antwortete: ›Ja! Sie sitzt direkt neben mir im Fahrerhaus‹«, berichtet er. »Ich sagte ihm: ›Das ist meine Hündin!‹ und er antwortete: ›Oh, tut mir leid, ich dachte, sie wäre ein Streuner und wollte sie ins nächste Tierheim oder zur Polizei bringen.‹«

Colt beschlich ein mulmiges Gefühl. Der Fahrer hatte Penny am Freitagnachmittag abgeholt, jetzt war Montagmorgen. Hatte er wirklich in fast achtundvierzig Stunden weder ein Tierheim noch eine Polizeistation gefunden? Trotzdem war Colt erleichtert. Wenigstens wusste er jetzt, bei wem Penny war, wenn auch nicht, wo sie war. Nun musste er sie nur noch holen.

»Ich dachte mir: ›Großartig, ich krieg meine Hündin zurück‹. Also fragte ich nach: ›Wo sind Sie jetzt?‹ und er antwortete: ›Nebraska.‹«

Penny war 2100 Kilometer von zu Hause entfernt.

»Colt rief mich an und sagte: ›Lass uns nach Nebraska fahren!‹«, sagt Kendra. »Ich erwiderte: ›Lass uns in Ruhe darüber nachdenken, bevor wir uns auf den Weg machen.‹«

In den vier Stunden, seit Colt mit dem Trucker zum ersten Mal Kontakt aufgenommen hatte, hatte sich die Situation nämlich merkwürdig entwickelt. Es war regelrecht absurd: Colt hatte den Mann gebeten, Penny in das nächste Tierheim zu bringen, und gesagt, dass er ihre Rückkehr dann direkt mit den Leuten vor Ort besprechen würde. Der Fahrer versprach sie abzugeben.

Doch er tat es nicht.

Als Colt kurze Zeit später wieder mit ihm sprach, zeigte er sich uneinsichtig. »Ich sitze in einem Sattelschlepper«, schnauzte er Colt an. »Ich kann nicht einfach irgendwo in einer kleinen Stadtstraße anhalten.«

Obwohl mit seiner Geduld am Ende, wollte Colt immer noch glauben, dass der Fahrer Penny zurückbringen wollte. »Ich bastelte mir das so zurecht: ›Er sagt, er hat Penny, was er ja nicht zugeben würde, wenn er sie stehlen wollte, also kooperiert er‹«, sagt er.

Colt fragte den Fahrer, wo er als Nächstes anzuhalten gedenke. Dann könnte er zum Beispiel Tierschützer heraussuchen, anrufen und gemeinsam mit ihnen arrangieren, dass Penny abgeholt würde. In diesem Augenblick verlor der Mann seine Fassung. »Er schrie: ›Ich bin hier mitten im Nirgendwo, das ist alles nicht mein Problem!‹«

Außerdem flehte er das Paar an, seinem Arbeitgeber nicht zu erzählen, was passiert war; er hatte Angst, seinen Job zu verlieren. Colt hatte nicht vor, die Spedition einzuschalten – noch nicht. Aber es half zu wissen, dass er ein Druckmittel im

Ärmel hatte. So wie die Dinge liefen, sah es ganz danach aus, als würde er es brauchen.

Die nächste Stunde zog sich ohne weiteren Kontakt hin. Sechzig quälende Minuten, in denen sich Penny 100 Kilometer weiter von zu Hause entfernte. Colt drängte darauf, sich auf die Suche nach seinem Welpen zu machen. Doch Kendra mahnte zur Vorsicht, denn sie befürchtete, der Trucker könnte Penny etwas antun, wenn er sich bedroht fühlte. Sie wollte sich nicht ausmalen, was alles passieren könnte, wenn der hilflose Welpe am Rande der Interstate im eiskalten Mittleren Westen abgesetzt würde.

Schließlich rief der Fahrer wieder an. Er war immer noch auf dem Weg nach Osten. Er teilte dem Paar mit, sein Endziel sei Green Bay, Wisconsin, etwa 2800 Kilometer von Royal City entfernt. Kendra verschickte einen Aufruf auf Facebook: *Kennt ihr jemanden in dieser Gegend, der uns helfen kann, unsere Hündin abzuholen?* Die Antwort kam umgehend, und ein »Penny-Abholteam« war bald startbereit und wartete in Green Bay.

»Wir hatten ein paar Dinge auf die Beine gestellt«, sagt Kendra, »aber dann herrschte Schweigen.«

Der Nachmittag zog sich bis zum Abend hin. Alle Anrufe von Kendra und Colt bei dem Fahrer blieben unbeantwortet, bis auf ein kurzes Gespräch spät in der Nacht.

»Das letzte Mal, als ich mit ihm sprach, sagte er, er sei in Des Moines, Iowa«, sagt Colt. »Er behauptete, sein Beifahrer sitze jetzt am Steuer und er würde eine Runde schlafen und ich solle ihn nicht anrufen oder durch SMS wecken.‹«

Des Moines lag 2700 Kilometer von Royal City entfernt und etwa 700 Kilometer von Green Bay, wo der Fahrer gesagt hatte, dass seine Reise – und die von Penny – enden würde.

Wenn sie die Nacht durchfuhren, würden sie Green Bay am Ufer des Michigansees lange vor Tagesanbruch erreichen. Colt und Kendra mussten also unbedingt noch einmal mit ihm sprechen, um Pennys Übergabe an die Freiwilligen zu koordinieren, die schon bereitstanden.

»Wir stellten uns alle zwei Stunden den Wecker, damit wir aufwachten, riefen an und schrieben ihm die ganze Nacht hindurch, bekamen aber keine Antwort«, sagt Kendra.

Als der Dienstag anbrach, ohne dass es ein Update gegeben hätte – da er wusste, dass die Ankunftszeit in Green Bay schon lange verstrichen war – sah Colt keine andere Möglichkeit, als seine Trumpfkarte auszuspielen. »Schließlich dachte ich, dass ich ihm nur noch drohen konnte, weil ich wusste, dass er seinen Job nicht verlieren wollte«, sagt er.

Er wählte erneut die Nummer des Fahrers, und wieder sprang die Mailbox an. Colt hinterließ eine Nachricht und teilte dem Mann mit, dass er die Spedition anrufen würde. Der Fuhrpark werde überwacht, also wüsste sein Arbeitgeber sicher, wo er sich befand.

»Ungefähr eine Minute, nachdem wir diese Nachricht hinterlassen hatten, schickte er eine SMS zurück, in der stand: ›Ich habe eure Hündin an einer Raststätte in Des Moines abgesetzt‹«, sagt Kendra. »Er schrieb weiter, dass er Penny an einen anderen Fahrer übergeben habe, der nach Westen fuhr, und dass dieser Fahrer uns anrufen würde.«

Kendras schlimmste Befürchtung hatte sich bewahrheitet. Wenn man dem Trucker glauben konnte, war Penny nun in den Händen eines weiteren Fremden – oder schlimmer noch, das winzige Hündchen war neben einem achtspurigen Highway sich selbst überlassen worden.

»Wir sagten, wir bräuchten noch ein paar Informationen«, sagt sie. »Wie war der Name des Fahrers? Wie lautete seine Telefonnummer? Er sagte, er wisse nur, dass er CJ heiße und für Swift fahre, die größte Spedition Amerikas.«

So spärlich die Informationen auch waren, endlich sah das Paar Licht am Ende des Tunnels. Verzweifelt richtete eine Facebook-Seite mit dem Titel »Bringt Penny bis Weihnachten nach Hause« ein. Innerhalb eines Tages hatte die Seite mehr als 20 000 Follower, und Swift wurde bald mit Anrufen besorgter Fans bombardiert, die das Unternehmen aufforderten, bei der Suche nach »CJ« zu helfen.

»Wir dachten, wir müssten nur darauf warten, dass dieser Typ in Washington auftaucht und uns anruft«, sagt Kendra. »Wir hatten zu diesem Zeitpunkt eine ziemliche emotionale Achterbahnfahrt hinter uns. Zuerst war Penny verschwunden, dann haben wir sie gefunden, und nun war sie wieder weg.«

Aber die Achterbahn hatte noch ein weiteres Looping in petto. Kendra und Colt riefen Swift an, die eine Flotte von mehr als 100 000 LKW auf den Straßen der Vereinigten Staaten haben. Unglaublicherweise gelang es dem Unternehmen, siebzehn Fahrzeuge zu identifizieren, die sich zu der Zeit in der Nähe von Des Moines befunden hatten, als der Fahrer sagte, er habe Penny an einer Raststätte übergeben. Mehr konnten sie leider nicht tun. Zwei Tage vor Weihnachten war die Swift-Maschine in vollem Gange. Die Firma hatte weder die Zeit noch die Mittel, um den mysteriösen CJ ausfindig zu machen.

Die Spur führte in eine frustrierende Sackgasse.

Mit einem Zischen der hydraulischen Bremsen kam der große Truck ächzend zum Stehen. Die kleine Penny setzte sich auf dem Beifahrersitz auf und blinzelte sich den Schlaf aus den Augen. Durch das Fenster konnte sie ein gedrungenes Backsteingebäude mit einem großen blauen Schild sehen. Auf dem Schild war die Silhouette eines Hundes abgebildet.

Der Fahrer schwang seine Tür auf und sprang auf den Bürgersteig hinunter. Dann latschte er zu Pennys Seite des Fahrerhauses und riss die Beifahrertür auf. Sie kauerte auf ihrem Sitz. Wollte er sie wieder anschreien?

Aber nein. Er nahm sie, hob sie vom Laster herunter und brachte sie zu einem Rasenstück in der Nähe der Eingangstür des Gebäudes. Sie hockte sich hin und erleichterte sich. Es war lange, *lange* her, dass sie das letzte Mal die Gelegenheit dazu gehabt hatte. Sie hatte Angst gehabt, dass sie auf den Sitz machen müsste, denn sie wusste, dass ihm das nicht gefallen würde.

Der Mann hob sie wieder auf und trug sie in das Gebäude. Penny blinzelte heftig, als sich ihre Augen an die hellen Lichter im Inneren gewöhnten. Der Geruch der anderen Hunde war überwältigend. *Was ist das für ein Ort?*, fragte sie sich. Er setzte sie auf dem Linoleumboden ab. Sie mochte das Geräusch, das ihre Zehennägel machten, als sie darüber hüpfte, die Nase auf dem Boden, um so viele dieser faszinierenden Gerüche aufzusaugen wie möglich.

Der LKW-Fahrer stapfte zum Tresen an einem Ende des hellen Raumes. Dahinter saß eine Dame in einer blauen Tunika.

»Hab diesen Hund gefunden«, sagte er unwirsch. »Keine Ahnung, wem er gehört.« Die Dame kam hinter dem Tresen hervor und hob Penny auf. Sie kraulte Penny unterm Kinn, während sie sie in einen weiteren Raum trug und dort auf einen glänzenden Metalltisch setzte.

Bald kam ein Mann herein, der ein großes Plastikpaddel in der Hand hielt. Er wedelte mit dem Paddel über Pennys Rücken und es gab ein lautes *Piep* von sich! »Großartig«, sagte der Mann. »Sie hat einen Mikrochip. Ich häng mich mal ans Telefon!«

Am Mittwochmorgen um elf Uhr dreißig war Colt auf der Arbeit, aber er konnte sich nicht konzentrieren. Seine Gedanken kreisten ständig darum, wo seine Hündin sein könnte. Seit sechs Tagen wurde Penny vermisst – oder vielmehr als Geisel gehalten. Sie bis Weihnachten wieder zu Hause zu haben, schien immer unwahrscheinlicher. Sie hatten schon Heiligabend.

Dann klingelte sein Handy. Colt starrte auf den Bildschirm. Er zeigte eine Nummer, die er nicht kannte. Er hätte es besser wissen müssen, als auf einen weiteren Anruf des Truckers zu hoffen. *Vorwahl 412*, stellte Colt fest. *Wo zum Teufel ist das?* Er nahm den Anruf entgegen.

Jemand vom Banfield Pet Hospital war dran und sagte: »Wir haben hier eine Hündin reinbekommen und ihren Mikrochip gescannt, dabei wurden Ihre Kontaktdaten angezeigt – wann können Sie sie denn abholen?« Colt hatte Schmetterlinge im Bauch, als er antwortete: »Wie großartig! Wo sind Sie?«

Die Antwort verschlug ihm fast die Sprache. »Der Mann verkündete nämlich: ›Wir sind in Pittsburgh.‹«

Von Royal City bis Pittsburgh sind es 3800 Kilometer. Pittsburgh ist die zweitgrößte Stadt in Pennsylvania, dem Heimatstaat des LKW-Fahrers. Er hatte dem Personal der Tierklinik seinen Namen und seine Adresse hinterlassen, als er Penny nach ihrer einwöchigen transkontinentalen Odyssee abgab.

Er war nie in Richtung Green Bay unterwegs gewesen. Es gab keinen »CJ«, keinen Truck-Stop in Des Moines. Von dem Moment an, als er Penny auf dem Parkplatz einer Kirschplantage in Royal City in seinen Sattelschlepper gelockt hatte, hatte er Colt und Kendra immer wieder mit Lügen abgespeist.

»Vielleicht dachte er einfach, dass er diesen süßen kleinen Welpen seiner Familie zu Weihnachten mitbringen könnte«, vermutet Kendra. »Aber Colt hatte ihm gesagt, dass sie gechipt sei. ›Wenn du sie jemals zu einem Tierarzt bringst, werden sie herausfinden, dass sie von uns ist.‹«

Vielleicht hat ihn auch sein Gewissen übermannt. Vielleicht verlor er die Nerven. Vielleicht hat auch ein ungestümer, sechs Monate alten Welpe nach sechs Tagen in einer winzigen Kabine seinen Reiz verloren.

»Penny liebt es zu rennen, weshalb sie in diesem Truck wahrscheinlich keinen besonders guten Hund abgegeben hat. Sicher wollte sie unbedingt raus«, lacht Kendra. »Ein Wunder, dass er sie nicht verloren hat. Wahrscheinlich war er nicht sehr nett zu ihr.«

Aber die Freude des Paares über die Nachricht, dass Penny in Sicherheit war, wurde gedämpft, als das Klinikpersonal ihnen mitteilte, dass sie gezwungen waren, die kleine Hündin ins Tierheim zu verfrachten – oder schlimmer noch, sie dem Trucker zurückzugeben –, wenn ihre rechtmäßigen Besitzer sie nicht abholen könnten. Obwohl er ein Dieb war und um seinen Job bangen musste, war der LKW-Fahrer in der Tierklinik geblieben, um Penny wieder mitzunehmen, falls es

Kendra und Colt nicht gelänge, die Rückkehr von Penny zu organisieren.

Nun befanden sich die Browns in einem Wettlauf gegen die Zeit, um ihre reisende Vizsla zurück nach Washington zu holen. Pennys unglaubliche Odyssee war noch nicht zu Ende.

Kendras erster Anruf ging an die Polizei von Pittsburgh. Sie erklärte die Situation – dass ihre Hündin kurz davor war, dem Mann übergeben zu werden, der sie gestohlen hatte – und flehte sie an, Penny vom Banfield Pet Hospital abzuholen und zu behalten, bis sie Vorkehrungen für ihre Rückkehr nach Royal City treffen könnten. Immerhin war sie gestohlenes Eigentum – konnten sie sie nicht beschlagnahmen? Da es Heiligabend war, bestand Kendras größte Sorge darin, dass alles für die Feiertage geschlossen und die arme Penny in der Kälte stehen würde.

Sie kontaktierte auch mehrere lokale Tierrettungsgruppen und erhielt mitten im Gerangel mit der Polizei einen Anruf von einer Frau, die unbedingt helfen wollte.

»Sie sagte: ›Okay, ich sitze schon im Auto, ich biege gleich rechts ab und bin auf dem Weg!‹«, erzählt Kendra. »Sie fuhr zur Klinik und holte Penny für uns von dort ab.« Es traf Kendra hart, dass der LKW-Fahrer die Klinik tatsächlich erst verließ, als die Retterin eintraf.

Als nächstes erhielten die Browns einen Anruf von Pittsburghs Bureau of Animal Care & Control. Der Mann vom Veterinäramt des Bezirks war an dem Fall dran. »Er schaltete sich ein und half, Penny in ein Tierheim zu überführen, das sie über Weihnachten aufnehmen konnte«, erzählt sie. »So schafften wir es, sie an Heiligabend zu verlegen – und sie konnte dort bis zum zweiten Weihnachtsfeiertag bleiben.«

Was ihr erstes Weihnachten mit Hund hätte werden sollen, fiel für Kendra und Colt deshalb bittersüß aus. Sie hatten ursprünglich geplant, mit Kendras Familie in ihrer Heimatstadt McCall, Idaho, zu feiern, hatten diese Pläne aber schon abgesagt, als sie noch dachten, sie müssten in den Startlöchern stehen, um den mysteriösen »CJ« kennenzulernen. Nachdem feststand, dass Penny gut versorgt war – wenn auch fast 4000 Kilometer entfernt – reisten sie doch zu einer verspäteten Weihnachtsfeier nach McCall. »Unsere Telefonate und Reisevorbereitungen konnten wir auch von Idaho aus erledigen«, sagt sie.

Pennys Geschichte hatte es im ganzen Land in die Nachrichten geschafft. Freund*innen von Kendra in Idaho, 800 Kilometer von Royal City entfernt, hörten sogar, wie Leute in einem Restaurant über die Odyssee des Welpen sprachen. Viele Leute meldeten sich über Weihnachten bei dem Paar und schlugen unzählige Möglichkeiten vor, um Penny zurück nach Washington zu holen. Ein Pilot bot an, nach Pittsburgh zu fliegen und Penny persönlich nach Hause zu bringen, während eine engagierte Vizsla-Rettungsgruppe, die sie im Internet gefunden hatten, eine Kette von Fahrmöglichkeiten quer durchs Land organisieren wollte.

»Ich bedankte mich, sagte aber nein – nach allem, was sie gerade durchgemacht hatte, wollte ich sie auf keinen Fall dreißig verschiedenen Fahrer*innen anvertrauen!«, sagt Colt.

Das Paar wusste, dass sie etwas Drastisches tun mussten, um Penny nach Hause zu holen, und spielte mit dem Gedanken, selbst nach Pittsburgh zu fahren, um sie abzuholen. Doch bevor sie einen Plan ausarbeiten konnten, griff das Schicksal noch einmal ein.

Kurz nachdem die bizarre Geschichte am Heiligabend in den Abendnachrichten ausgestrahlt wurde, »bekamen wir einen Anruf vom regionalen Vizepräsidenten von Alaska Airlines, der sagte: ›Wir haben gerade Ihre Geschichte gehört und würden Penny gerne kostenlos für Sie nach Hause fliegen‹«, erzählt Kendra.

Dieses rührende Angebot nahmen Kendra und Colt nur zu gerne an, obwohl auch hier die Umsetzung nicht ganz so einfach war – wie eigentlich nichts in der letzten Woche. Alaska Airlines fliegt nicht direkt von Pittsburgh, also musste Penny erst einmal zum nächstgelegenen Flughafen gebracht werden.

Trotzdem konnten Colt und Kendra endlich entspannen; ihr Mädchen war fast auf dem Weg nach Hause.

»Als sie erst einmal beim Veterinäramt in Pittsburgh war, konnten wir darauf vertrauen, dass sie in Sicherheit war. Davor machten wir uns wirklich Sorgen, ob wir sie überhaupt zurückbekommen würden«, sagt Kendra. »Sobald sie im Tierheim war, hatten wir das Gefühl, dass ein Ende in Sicht war, selbst wenn das bedeutete, dass wir uns ins Auto setzen und nach Pittsburgh fahren mussten!«

Eine Vizsla-Rettungsgruppe holte Penny aus dem Tierheim ab und brachte sie für eine Woche bei einer Pflegefamilie unter. Während ihres Aufenthalts im Tierheim hatte sich Penny nämlich Würmer und einen Zwingerhusten eingefangen, was erst einmal abheilen musste, bevor sie fliegen durfte.

»Diese Familie besaß auch einen Ungarischen Vorstehhund, mit dem Penny spielen und Spaß haben konnte«, sagt Kendra. Dann fuhr ein weiterer Vizsla-Fan Penny von Pittsburgh zu einem erfahrenen Züchter, neunzig Minuten entfernt. Der

Züchter hatte Erfahrung mit dem Transport von Hunden auf dem Luftweg und sich bereit erklärt, Penny zum Flughafen in Baltimore, Maryland, dem nächstgelegenen Drehkreuz von Alaska Airlines, zu bringen und sie ins Flugzeug zu begleiten. Schließlich landete Penny am 2. Januar 2015 – fünfzehn Tage nach dem Start ihrer Odyssee – in Seattle, zweieinhalb Autostunden von Royal City entfernt. »Uns erreichte die SMS des Piloten, in der stand: ›Wir haben Penny an Bord und heben gleich ab!‹ Er hat uns auch eine SMS geschickt, als sie gelandet ist. Einfach großartig«, sagt Kendra. »Sie taten wirklich alles, um Penny sicher nach Hause zu bringen.«

Penny hatte zwar an Gewicht verloren, war aber ansonsten gesund und bester Laune. »Sie kränkelte ein bisschen und brauchte ein paar Tage, bis sich alles wieder normalisierte, aber sie erinnerte sich an das Haus und den Hof«, sagt sie.

Kendra und Colt sind inzwischen verständlicherweise besonders wachsam, wenn es um Pennys Verbleib geht, vor allem auf der Farm. »Bei unserer Verpackungsanlage kommen jede Menge Laster vorbei, und bis sie wieder weg sind, achte ich darauf, dass Penny immer bei mir ist, – man kann ja nie wissen«, sagt Colt, der den Lastwagenfahrer netterweise nie bei seinem Arbeitgeber gemeldet hat.

Und die Regeln und Grenzen, an die sich Penny unbedingt halten sollte, wenn's nach dem Paar, vor allem nach Kendra, ging? Sie wurden nach ihrer Odyssee deutlich gelockert.

»Bis zu ihrer Entführung durfte sie nicht auf die Couch, jetzt kann sie machen, was sie will«, lacht Kendra. »Das war definitiv eine surreale Situation. Man hört immer mal wieder von diesen seltsamen Geschichten, aber ich hätte nie gedacht, dass wir so etwas durchmachen würden.«

Obwohl sie seither in der Nähe ihres Zuhauses geblieben ist, scheint die Reise Penny auf den Geschmack gebracht zu haben – sie genießt die Freiheit der Straße. »Colts Mutter hat kürzlich ein Wohnmobil angeschafft, und da setzte sich Penny ganz selbstverständlich auf den Beifahrersitz, als ob sie sich auf einen Roadtrip einstellen würde«, sagt Kendra.

Wo auch immer ihr nächstes Abenteuer sie hinführt, eines ist sicher: Kendra und Colt werden an ihrer Seite sein. Schließlich ist Penny wortwörtlich ihr kleiner Glückspfennig.

Tunnelträume

Jay

Adelaide, die Hauptstadt Südaustraliens, hat den Ruf einer vornehmen, leicht überdimensionierten, ländlich geprägten Stadt, die für ihre Kirchen, Kunstfestivals und preisgekrönten Weingüter bekannt ist. Doch 25 Kilometer nördlich des Stadtkerns mit seinen breiten Straßen, historischen Gebäuden und grünen Parklandschaften sieht die Sache schon anders aus.

Die nördlichen Ebenen von Adelaide sind das Kernland der Arbeiterklasse der Stadt, eine flache, charakterlose Landschaft, die mit Gärtnereien, Sozialwohnungen und Leichtindustrie durchzogen ist. Die Gegend kann vielleicht nicht mit den weißen Sandstränden der Vororte im Süden und Westen, den Villen im wohlhabenden Osten oder den fruchtbaren grünen Hügeln des Weinlandes weiter nördlich aufwarten, aber dies ist ein Ort, der stolz auf seine Arbeiterwurzeln ist; ein Ort, an dem die Menschen zusammenhalten und es nichts gibt, was man nicht für einen Kumpel tun würde.

Im Norden sind die Hunde hart im Nehmen – und das trifft ganz besonders auf einen elfjährigen Bullterrier-Mix namens Jay zu.

Chris Jones hat Jay, seit sie vierzehn Monate alt war. Sie gehörte zunächst einem Freund von Chris, der bei Jays Geburt assistiert hatte und dafür mit einem Welpen aus dem Wurf belohnt wurde. Wegen des Arbeitspensums seines Freundes musste die vorwitzige Hündin mit dem großen gestromten Fleck über einem Auge allerdings lange einsame Tage allein verbringen, weshalb Chris ihr schließlich ein neues Zuhause anbot.

Die Entscheidung fiel ihm leicht; tatsächlich war es wie ein Wink des Schicksals. »Ich kannte Jay ja vom ersten Tag an und wusste, dass sie eine tolle Hündin ist«, sagt Chris. »Alle Zeichen sprachen dafür, dass *ich* sie aufnehmen sollte.«

Sobald Jay einzog, waren sie und Chris unzertrennlich. Damals arbeitete er als Lkw-Fahrer und lud seine vierbeinige Reisebegleiterin in seinen Sattelzug, damit sie gemeinsam das Land erkunden konnten.

Überall, wo sie hinkamen, zog Jay die Aufmerksamkeit auf sich. Wenn die Leute nicht ihren kräftigen muskulösen Körperbau oder ihr glänzendes weißes Fell kommentierten, bewunderten sie ihre Manieren. »Sie ist die Art von Hund, die verantwortungsbewusst ist und sich so gut benimmt, dass man sie überall mit hinnehmen kann. Sie ist gut erzogen und höflich«, sagt Chris stolz. »Jeder, der sie trifft, sagt, was für ein guter Hund sie ist. Jeder liebt sie.«

Aber die Leute zogen auch voreilige Schlüsse. Jay sah klischeemäßig nach »hartem Köter« aus, weshalb viele sie als männlich einschätzten oder davon ausgingen, dass sie aggressiv wäre. »Nichts könnte weiter von der Wahrheit entfernt sein«, sagt Chris.

»Sie sieht wie ein taffer Hund aus, ist aber ein Kätzchen. Sie ist ein Engel, um genau zu sein. Sie ist superschlau und so loyal, wie man sich einen Hund nur vorstellen kann. Sie ist der beste Hund, den ich je in meinem Leben gesehen habe, und ich bin viel herumgekommen.«

Ein Jahrzehnt verging, und die Bindung der beiden wurde immer enger. Es war ein glückliches, ruhiges Leben, das durch ihre Hingabe zueinander noch reicher wurde.

An den meisten Tagen fuhren Chris und Jay von ihrem Haus in Parafield Gardens zum Happy Home Reserve im nahegelegenen Salisbury, wo sie nach Herzenslust ohne Leine herumlaufen konnte. Der große grasbewachsene Park, der vom Little Para River durchflossen wird und an dessen nordöstlicher Ecke das Salisbury North Wetland und an der südlichen Seite die Freibäder des Salisbury Swimming Centre liegen, ist bei Picknickern und jungen Familien ebenso beliebt wie bei Hundebesitzern.

Das Reservat beherbergt auch eine verwilderte Katzenpopulation, und Jay jagte gern während ihrer täglichen Spaziergänge den vagabundierenden Katzen nach. »Sie hat sie nie gefangen – es ging einfach um den Nervenkitzel der Jagd«, sagt Chris. »Sie liebte es – sie grinste von Ohr zu Ohr.«

Jagen war genau das, was Jay am Nachmittag des 27. Mai 2015 tat, als ihre unglaubliche Odyssee begann. Es war ein atemberaubender Spätherbstnachmittag: Seit Wochen hatte es schon nicht mehr geregnet und der Himmel war tiefblau und wolkenlos. Auf dem Weg zu Chris' wöchentlichen Mittwochs-Billardspielen mit Freunden – bei dem Jay natürlich ebenso willkommen war – hielten sie am Happy Home Reserve, damit sie die überschüssige Energie loswurde, die ganz und gar nicht zu ihrem fortgeschrittenen Alter passen wollte.

Chris lehnte sich zurück und sah zu, wie seine geliebte Hündin rannte und rannte. Jay verschwand minutenlang, kehrte aber regelmäßig zurück, um nach dem Rechten zu sehen, die rosa Zunge hing dabei heraus und sie hechelte schwer.

»Sie tauchte wieder auf und ich gab durch: ›Du hast noch fünf Minuten, dann ist es Zeit zu gehen‹, so wie man es zu seinen Kindern sagen würde. Sie ist ja auch wie ein Kind für mich«, sagt er.

Fünf Minuten später war die freche Jay noch nicht zurückgekehrt, also machte sich Chris auf den Weg, um seine widerspenstige Hündin aufzusammeln.

Nirgends fand sich eine Spur von ihr.

Er rief ihren Namen, immer und immer wieder. Nichts. Die einzigen Geräusche waren die Vögel im Feuchtgebiet und das Dröhnen des Verkehrs auf dem belebten Salisbury Highway und der Waterloo Corner Road, die an den Park grenzen.

Einfach zu verschwinden war untypisch für Jay. In zehn Jahren war sie nur ein einziges Mal ausgebüxt, als ein Ballon in Chris' Wohnzimmer platzte und Jay erschrocken aus der Tür stürmte. Damals war sie dank ihres Mikrochips innerhalb weniger Stunden wieder nach Hause gebracht worden, »wie eine reumütige jugendliche Ausreißerin«.

Sie hatte eine starke Persönlichkeit und konnte manchmal stur sein, aber Jay kam immer zurück. *Immer*. Sie liebte Chris zu sehr, um nicht zurückzukommen.

Während er den Park durchkämmte, wurde Chris immer verzweifelter und rief die Freunde an, mit denen er sich zum Poolbillard treffen wollte, um ihnen zu sagen, dass er nirgendwo hingehen würde, bis er sein Mädchen gefunden habe. »Als ich sie anrief, sagten sie sofort: ›Okay, Billard fällt aus, wir treffen uns in fünf Minuten‹«, erinnert er sich. »Sie kamen direkt her.«

Der Suchtrupp durchkämmte jeden Winkel des Happy Home Reservats und blieb bis tief in die Nacht. Chris war verzweifelt und rief Jays Namen mit tränenerstickter Stimme.

Aber ohne Ergebnis.

Jay blieb verschwunden.

Es war dunkel, so dunkel. Eben noch war sie in der Nachmittagssonne gesprintet. Jetzt konnte Jay nicht einmal die Spitze ihrer glänzenden schwarzen Nase sehen.

Oh-oh. Hier könnte ich in Schwierigkeiten sein. Wo ist die Sonne hin? Sie schaute nach links, dann nach rechts, aber überall war nur undurchdringliche Schwärze. Sie versuchte, sich zu drehen, um ihre Schritte zurückzuverfolgen. *Ich bin eine schlaue Hündin, ich finde heraus, wo ich hergekommen bin.* Aber selbst das war ein Kampf: Ihr Hinterteil klemmte an einer kalten, harten Oberfläche, und ihr Gesicht auch. Sie musste ihren Hals in einem extremen Winkel verdrehen, um die Kurve zu kriegen, und als sie es endlich geschafft hatte, lag vor ihr wieder nichts als Nacht.

Jay schnupperte. Die Luft in dem beengten Raum war schal und feucht. Sie konnte nassen Schmutz, verrottendes Gemüse und – *schnüff, schnüff* – den schwachen Geruch jener cleveren Katze riechen, die sie hierher verfolgt hatte.

Hmm, dachte Jay. *Das ist nicht gut. Ich such besser mal Dad. Er kann nicht weit weg sein.*

Und so machte sie sich, ihrer Nase folgend, langsam auf den Weg ins Nichts.

Etwas nagte an Chris. Ein Gedanke in seinem Hinterkopf drängte sich immer wieder vor, und egal, wie sehr er versuchte, ihn zu verdrängen, egal, wie oft er sich sagte, dass Jay das nicht tun würde, er konnte ihn nicht abschütteln.

Was wäre, wenn Jay in die Regenwasserleitung gelaufen wäre?

In dem Teil des Parks, in dem sich die wilden Katzen versammelten, befand sich ein Abflussrohr mit einem Durchmesser von etwa einem halben Meter, das Regenwasser in den Little Para River ableitete. Chris hatte es sich oft angesehen und gefragt, wohin es führte. Als kleiner Junge, der in Elizabeth, etwa zehn Kilometer weiter nördlich, aufwuchs, hatten er und seine Kumpels sich als tolle Entdecker gefühlt. Mit ihren Taschenlampen ausgestattet, krochen sie in die örtlichen Regenwasserrohre, erforschten sie, soweit sie sich trauten, bevor sie wieder ans Tageslicht kamen.

»Bei solchen unterirdischen Erkundungen gehst du irgendwo lang und wenn du zurückschaust, ist alles dunkel. Wirklich stockdunkel. Die Desorientierung setzt ganz schnell ein«, sagt er.

Die Tunnel im Happy Home Reserve hatte sich Jay auch oft angesehen. Chris hatte sie dabei beobachtete, wie sie am Eingang herumschnüffelte, und sie stets mit einem scharfen »Nein« weggeholt. Sie wusste, dass das Rohr tabu war. Sie war doch nie im Leben mutig – oder dumm – genug, sich hineinzuwagen, oder?

»Sie steckte ihren Kopf rein, aber kam immer wieder raus. Ich habe mich immer gefragt, ob sie einer Katze ins Rohr hinterher jagen würde, aber ich dachte nicht, dass sie das täte. Ich hoffte immer: ›*Das wird nie passieren*‹«, sagt Chris. »Berühmte letzte Worte.«

Und wenn sie doch eine Katze in das Rohr gejagt hatte, was dann? Wenn Chris, mit einer Taschenlampe und kindlichem Entdeckerdrang die Erfahrung schon verwirrend und beängstigend gefunden hatte, wie würde dann Jay damit zurechtkommen, verloren, allein und außerhalb ihrer bekannten Umgebung zu sein?

Das Entwässerungsnetz der Stadt Salisbury besteht aus mehr als 400 Kilometern unterirdischer Rohre und wird von mehr als 14 000 seitlichen Bordsteinabläufen und Verteilerpunkten gespeist. Die Rohrdurchmesser reichen von 30 Zentimetern bis zu zwei Metern; in und um das Happy Home Reserve ist das kleinste Rohr 45 Zentimeter breit und das größte 90 Zentimeter. Konnte Jay wirklich in dieses Labyrinth geraten sein? Und, was noch wichtiger war, würde sie es schaffen, wieder herauszukommen?

Die Vorstellung schien zwar absurd, aber die anderen Szenarien, die Chris im Kopf durchspielte, waren auch nicht besser. Jay war jetzt seit fast vierundzwanzig Stunden verschwunden und er hatte die Gegend bereits mit »Hündin entlaufen«-Postern zugepflastert. Wenn sie noch im Park war, warum hatte er sie dann nicht gefunden? Wenn sie in die umliegenden Straßen entlang gerannt war, warum war sie dann nicht gesichtet worden? Wenn irgendeine wohlmeinende Person sie aufgesammelt hatte, weil sie dachte, sie wäre allein im Park, warum hatte man sie dann nicht zurückgebracht? Der Gedanke, dass Jay auf der Waterloo Corner Road oder dem Salisbury Highway von einem Auto angefahren worden sein könnte, war zu schrecklich, um daran zu denken, und außerdem hatte Chris bereits alle örtlichen Tierärzt*innen und Tierheime angerufen.

Es bestand die Möglichkeit, dass sie gestohlen worden war, in letzter Zeit hatte es in der Gegend eine Reihe von Hundesentführungen gegeben. Aber irgendwie wusste Chris, dass dem nicht so war. Im Herzen spürte er, dass Jay in das Regenwasserrohr abgetaucht war.

Er ging zur Stadtverwaltung und schilderte ihnen seine Sorgen. Ihm ging es um eine groß angelegte Suche nach seinem Mädchen: »Ich wollte, dass der Rettungsdienst des State Emergency Service (SES) an dem Fall arbeitet, ich wollte Hubschrauber am Himmel sehen. Ich war bereit, meine Rambo-Uniform anzuziehen und selbst in das Rohr zu steigen. Ich wollte absolut alles für diese Hündin tun.«

Aber Chris erzählt, dass die Mitarbeiter*innen der Stadtverwaltung nicht mitzogen. Sie hielten es für unwahrscheinlich, dass Jay im Regenwassersystem gefangen sei, und natürlich konnten sie auch keine Ressourcen der Stadtverwaltung einsetzen, um nach einer verlorenen Hündin zu suchen. Innerhalb der Stadtgrenzen von Salisbury gibt es mehr als 25 000 registrierte Hunde; man kann sich vorstellen, was wäre, wenn die Mitarbeiter*innen der Stadtverwaltung tatsächlich jedes Mal in Aktion treten würden, wenn sich einer von ihnen verirrte.

Chris stand also wieder am Anfang. Seine beste Freundin war weg. Alles, was er tun konnte, war weiter zu suchen und zu hoffen.

Jay war so müde. Und hungrig. Wie lange war es her, dass sie etwas zu fressen bekommen hatte? Aber vor allem war ihr kalt. Hier unten gab es keinen Sonnenschein und es war eiskalt. Selbst als sie sich in einen dieser seltsamen winzigen Räume zwängte, in denen sie nicht weit über ihrem Kopf Tageslicht sehen konnte, trug das nicht viel dazu bei, sie aufzuwärmen.

Manchmal sah sie dort oben im Tageslicht Füße. Nicht Pfoten wie ihre, sondern Menschenfüße – wie die von Papa. Wenn sie sie vorbeilaufen sah, bellte, kläffte und heulte sie, so laut sie konnte. »Hey! Ich bin hier unten! Könnt ihr mir helfen?« Aber niemand hörte sie.

Wenigstens war sie nicht mehr durstig. Lange Zeit – Stunden oder Tage, sie wusste es nicht – hatte sich Jays Maul so trocken wie eine Wüste angefühlt. Sie träumte von ihrer Wasserschüssel zu Hause und spürte, wie sie schwächer wurde. Sie fragte sich, wie lange sie noch weitermachen konnte. Dann regnete es.

Es regnete tagelang, und sie trank, so viel sie konnte, und fühlte sich stärker. Aber das Wasser wirbelte um sie herum, stieg höher und höher. Es fegten scharfe, schwere und verheddertete Dinge in der Dunkelheit an ihr vorbei, zerkratzte ihre Haut und stießen sie mit dumpfen Schlägen. Das Wasser ließ Jay noch kälter werden, und sie konnte keinen trockenen Platz zum Schlafen finden. Es war härter denn je, sich durch die engen Tunnel zu quälen, die nie zu enden schienen.

Jay hatte sich noch nie so einsam gefühlt. Sie sehnte sich danach, nach Hause zu kommen. Aber sie hatte keine Angst. Ihr Papa sagte immer, sie sei das klügste Mädchen der Welt. Sie wusste, dass er sie nie aufgeben würde, und das gab ihr Stärke und Hoffnung.

Alles, was sie jetzt tun musste, war ihn zu finden.

Chris war erschöpft und verzweifelt. In den drei Wochen seit Jays Verschwinden hatte er sich auf der Suche nach ihr verausgabt. Seine Kampagne, Jay zu finden, hatte schnell an Fahrt gewonnen, und Jays Bild wurde in den sozialen Medien weit verbreitet. Die Plakate, die er in Salisbury und den umliegenden Vororten tapeziert hatte, hatten zu einer Flut von Anrufen von Leuten geführt, die glaubten, Jay gesehen zu haben; Chris ging jedem Hinweis persönlich nach, konnte aber keine einzige Sichtung bestätigen. Es schien ganz so, als wüsste jeder über Jay Bescheid, aber niemand wüsste, wo sie war.

Da er sich nicht damit begnügen wollte, auf Jays Auftauchen zu warten, durchkämmte Chris weiterhin das Happy Home Reserve und seine Umgebung nach jeder noch so kleinen Spur.

»Ich bin an Orten rumgezogen, die ich normalerweise nicht in Betracht ziehen würde. Ich lief durch trockene Bachbetten. Ich lief durch spinnenverseuchtes Gestrüpp. Ich fürchte mich vor allem, was krabbelt, aber ich hab mich in die Feuchtgebiete von Salisbury North gestürzt«, erzählt er.

»Jeden Tag bin ich zurück in den Park, suchte und rief nach ihr. Ich steckte sogar meinen Kopf in das Regenwasserrohr. Ich wusste, dass Jay stark ist, und ich wusste, dass ich weitersuchen musste.«

Nach der trockenen ersten Woche ging der Mai in den Juni über und der Winter hielt Einzug, der vier Tage mit starkem Regen brachte. Obwohl die Temperaturen tagsüber fielen und nachts sogar in den einstelligen Bereich sanken, war Chris erleichtert. Er wusste, dass Jay mit mageren Essensresten überleben konnte, aber er machte sich schreckliche Sorgen, wenn sie keinen Zugang zu frischem Wasser hätte.

»Der Regen war eine große Erleichterung für mich. Ich hatte darum gebetet und dann konnte ich nur sagen: ›Gott, ich danke dir dafür, denn jetzt hat sie Wasser und ich muss mich um eine Sache weniger sorgen.‹«

Chris konnte keinen Ort oder keine Möglichkeit von seiner Liste streichen, wenn er sie nicht selbst überprüft hatte. Deshalb kletterte er am 17. Juni – auf den Tag genau drei Wochen nach Jays Verschwinden – müde in sein Auto, um einer gemeldeten Sichtung von Jay am Bahnhof von Parafield, etwa fünf Kilometer vom Happy Home Reserve entfernt, nachzugehen.

Als er den Salisbury Highway hinunterfuhr, in der vollen Erwartung, wieder einmal enttäuscht zu werden, klingelte Chris' Telefon.

»Hey, Mann«, sagte eine Männerstimme am anderen Ende der Leitung. »Wir haben Ihre Hündin gefunden.«

Chris war verwirrt. Wie konnte dieser Kerl Jay gefunden haben, wenn man sie doch am Bahnhof gesehen hatte? So oder so hatte er das Gefühl, dass er mit dem Kopf gegen eine weitere Mauer lief.

Er sagte dem Anrufer deshalb, dass er gerade auf dem Weg zu einer anderen möglichen Sichtung sei und vorbeikommen würde, sobald er könne.

»Nein, Mann«, betonte der Anrufer eindringlich. »Das hier ist Ihre Hündin. Sie müssen sofort herkommen.«

Plötzlich hörte Chris ein Kläffen im Hintergrund. Tränen füllten seine Augen. Dieses Kläffen würde er immer wiedererkennen.

Was ist das für ein Geräusch? Marie schloss ihre Autotür und drehte ihr gutes Ohr in Richtung Waterloo Corner Road, wobei sie Mühe hatte, über die Hektik des Nachmittagsverkehrs hinweg etwas zu hören. Sie war sich sicher, dass sie etwas gehört hatte, aber was nur?

Die 83-jährige Marie hielt die Leinen ihrer Hunde so nah an der belebten Straße fest umklammert und ging langsam über den Parkplatz in Richtung des Geräusches. Ihre Vierbeiner zogen in die entgegengesetzte Richtung und wollten in den angrenzenden Hundepark rennen, aber sie mussten warten. Sie mochte schwerhörig sein, aber Marie war sich sicher, dass sie sich das nicht einbildete.

Da war es wieder! Ein deutliches Kläffen, hoch und doch gedämpft – und es schien aus dem in die Rinne eingelassenen Regenwasserablauf zu kommen. Marie beschleunigte ihren Schritt, ging in die Hocke und spähte in die rechteckige, nur 20 Zentimeter große Öffnung des Gullys.

Ein Augenpaar leuchtete ihr entgegen.

Jay war in einem Raum von der Größe eines durchschnittlichen Haushaltskühlschranks eingequetscht, der mit einer Stahlbetonplatte abgedeckt und mehr als 2 Meter tief war.

Marie winkte einen Mann in den Zwanzigern, Keith Nitschke, heran, der zufällig auf dem Weg zu den nahegelegenen Geschäften vorbeikam. Zusammen mit einem weiteren Mann, der den Tumult vom Hundepark aus beobachtet hatte und zu Hilfe eilte, hob das Trio den Betondeckel vom Abfluss.

Obwohl ihr weißes Fell schmutzig war und sie erschreckend dünn aussah, erkannte der Mann vom Hundepark Jay sofort. Das war doch die Hündin von all den Plakaten! Ihr breites Hundegrinsen starrte ihn schon seit Wochen von Baumstämmen und Lichtmasten an. Er rannte zurück in den Park, schnappte sich den nächsten Flyer und wählte die Telefonnummer, die darauf stand.

Inzwischen war Keith in den Abflussschacht hinuntergeklettert und hatte Jay herausgehievt. Er trug die müde Hündin zu Maries Auto und legte sie dort auf den Rücksitz. Wenigstens würde sie jetzt in Sicherheit sein; das Letzte, was Jays Retter brauchen konnten, war, dass die arme Hündin sich erschreckte und wieder davonliefe, bevor ihr Besitzer einträfe.

Sie brauchten nicht lange zu warten. Augenblicke später kam Chris mit seinem Auto quietschend auf den Parkplatz gefahren. Er war in der Nähe gewesen, als er den Anruf erhielt, und sein anfängliches Zögern zu glauben, dass Jay wirklich gefunden worden war, hatte sich schnell in rasende Freude verwandelt.

»Der Ton der Männerstimme am Telefon war unerbittlich – er wusste, dass sie Jay gefunden hatten. Die Klarheit und Ernsthaftigkeit in seiner Stimme, als er sagte: ›Sie sollten jetzt kommen‹, haben mich überzeugt«, sagt Chris.

Als der Anrufer beschrieb, wo er Jay gefunden hatte, war Chris restlos überzeugt. »Ich wusste genau, wovon er sprach, denn ich hatte meinen Kopf schon Tage zuvor in diesen Abfluss gesteckt. Ich kann das Gefühl gar nicht beschreiben.«

Als Chris auf den Parkplatz fuhr, sah er Jay. Der Motor hatte kaum aufgehört zu laufen, als er aus dem Auto sprang und seine Hündin in die Arme schloss.

»Ich sah Jay an, und sobald sie mich erkannte, konnte man sehen, wie ihr eine Last von den Schultern fiel. Ich konnte es in ihren Augen sehen – die Erleichterung war überwältigend«, sagt er. »Und mir ging es genauso. Ich habe sie einfach geknuddelt und geweint.«

Wie durch ein Wunder überstand Jay ihre Odyssee weitgehend unbeschadet. Sie hatte zwar enorm an Gewicht verloren und war schwach, aber ansonsten unverletzt. Nach einer tierärztlichen Untersuchung fraß Jay fast eine Ein-Kilo-Dose Gourmet-Hundefutter, dann konnte Chris sie endlich mit nach Hause nehmen.

»Sie kam nach Hause, schnüffelte überall herum, auch an ihren Schlafplätzen, sprang aufs Sofa und fiel in einen tiefen, komatösen Schlaf«, sagt er. »Zwischendurch wachte sie immer mal wieder auf und schaute, ob ich noch da war, aber sie schlief tagelang.«

Als die Flut der Emotionen allmählich abebbte, wurde ihm das Ausmaß von Jays Odyssee und die Unwahrscheinlichkeit ihres Fundes im Gully am Straßenrand bewusst. Chris hält sich selbst nicht für einen sonderlich religiösen Menschen, aber er glaubt, dass Jay durch Gottes Hilfe überlebt hat und es an ein Wunder grenzt, dass die ältere, halb taube Marie Jays erschöpftes Wimmern aus einem Dutzend Meter Entfernung über den Lärm hunderter vorbeidonnernder Autos hinweg hörte.

Jay wurde nur 500 Meter von der Stelle entfernt gefunden, wo sie laut Chris einer verwilderten Katze in das Regenwasserrohr nachjagte und sich verirrte. Sie ist 21 Tage lang in einem 400 Kilometer langen Netzwerk von stockdunklen unterirdischen Tunneln herumgewandert, aber irgendwie war sie ihrer Nase – oder ihrem Herzen – zurück zu fast genau der Stelle gefolgt, von der sie verschwunden war.

Derselbe Ort, an den Chris jeden Tag zurückgekehrt war, um nach seiner besten Freundin zu suchen.

»Als sie aus dem Abfluss geholt wurde, stand sie an der Schwelle zum Tod. Sie hat schon an die Himmelspforte geklopft«, sagt er. »Laut Tierarzt hätte sie vielleicht noch eine Nacht durchgehalten. Irgendwie besaß sie aber noch die Energie für ein letztes Kläffen, und erstaunlicherweise hat sie jemand gehört.«

Chris fragt sich oft, was Jay während dieser langen, einsamen Tage unter der Erde wohl durch den Kopf ging. Er erzählt die Geschichte von Jays unglaublicher Odyssee nicht gerne; wenn er daran denkt, bekommt er nämlich immer noch eine Gänsehaut, und er sagt, es ist schöner, mit Jay gemeinsam nach vorne zu schauen.

»Ich habe nur eine vage Vorstellung davon, wie es für sie war, was sie gedacht und wie sie überlebt hat. Noch heute schaue ich ihr manchmal in die Augen und denke: ›Wie hast du das geschafft?‹ Sie schaut mich nur an, als wäre nie etwas passiert«, lacht er.

»Am Anfang habe ich mir Sorgen gemacht, wie sie das Ganze verkraftet, aber es scheint sie nicht im Geringsten zu belasten. Sie macht einfach weiter. Das klingt unglaublich, aber so ist Jay – sie ist unglaublich.«

Ihr hartgesottenes Aussehen mag zwar eine sanfte Natur verbergen, aber Jay hat ohne Zweifel den Geist einer Kriegerin. Fragt man Chris, was Jay in diesen drei beängstigenden Wochen wohl am Leben gehalten hat, dann hält Chris kurz inne, bevor er antwortet: »Loyalität.«

Ob er damit Jays Loyalität zu ihm oder seine zu ihr meint, spielt eigentlich keine Rolle.

Jemand wacht
über mich

Tillie und Phoebe

Vashon Island liegt zwar nur einen Katzensprung von der Innenstadt Seattles im Norden der USA entfernt, hat sich aber seinen volkstümlichen, ländlichen Charme bewahrt. Die Insel scheint Welten entfernt von ihrem kosmopolitischen Nachbarn. Auf einer Fläche von weniger als 100 Quadratkilometern ist die Insel ein Zufluchtsort für Künstler*innen und Outdoor-Enthusiast*innen, ein Schmelztiegel, in dem sich Bio-Bauern und Bäuerinnen mit den Mitgliedern der ansässigen Operntruppe im örtlichen glutenfreien Café die Klinke in die Hand geben.

Erreichbar über eine 22-minütige Fährfahrt über den Puget Sound – die *New York Times* nannte die Fahrt »eine Reise von Seattle über das Wasser und die Zeit hinweg« – wehrten sich die 10 000 Einwohner*innen von Vashon 1992 vehement gegen den geplanten Bau einer Brücke zum Festland. Dieses kleinstädtische Gefühl und die Leidenschaft der

Inselbewohner*innen für ihre Heimat ist Teil dessen, was BJ Duft im Oktober 2011 nach Vashon Island zog.

Als Inhaber von Herban Feast, einem erfolgreichen Catering- und Veranstaltungsunternehmen mit Sitz in der Innenstadt von Seattle, war BJ ein ausgemachter Workaholic. Er begann seine Karriere im Gastgewerbe, vorrangig in Hotels, und arbeitete mehr als ein Jahrzehnt in Großstädten, bevor er einen Job in einem renommierten Restaurant in einer winzigen Stadt 40 Kilometer östlich von Seattle annahm. Die Ruhe und den Frieden auf dem Lande fand er so reizvoll, dass er diesen bukolischen Lebensstil nicht mehr aufzugeben bereit war, als er sich – zurück in der Stadt – selbstständig machte. Er wollte seine seltene Auszeit lieber in der Natur und unter freundlichen Gesichtern verbringen als zwischen Beton und einem Meer aus Smartphone-Bildschirmen. Außerdem wollte er, dass seine Hündin, ein Irish-Setter-Spaniel-Mischling namens Tillie, genug Platz zum Herumlaufen hat.

Vashon Island schien alle Kriterien zu erfüllen. Hier kennt jeder jeden und Eltern denken nicht zweimal darüber nach, ihre Kinder bis zum Einbruch der Dunkelheit im Wald spielen zu lassen – und das alles in unmittelbarer Nähe von Seattle.

Wie BJ bald herausfand, ist Vashon Island auch jene Art von Ort, wo die Menschen auf die Hunde der anderen aufpassen.

Tillie war bereits seit mehr als fünf Jahren ein »Einzeltier«, als BJ seine fünf-Hektar-»Farm« auf der Insel kaufte. Er hatte sie 2004 als Welpe adoptiert, damit seine Golden-Retriever-Hündin Stella eine Spielkameradin hatte.

»Einer der Händler, von dem ich Meeresfrüchte für mein Geschäft kaufe, wusste, dass ich einen Hund suchte und informierte mich gleich, als seine Hündin Welpen bekommen hatte. Ich wollte eine Begleiterin für Stella, weil ich ständig arbeite und daher nicht so oft zu Hause bin, wie ich es gerne möchte«, sagt er. »Als ich mir den Wurf ansah, waren natürlich alle Welpen supersüß, aber ich habe mich in Tillie verliebt, weil sie so ein süßes Wesen hatte.«

Traurigerweise starb ihre beste Freundin Stella nur ein paar Jahre, nachdem Tillie zur Familie stieß, an Krebs. Erst 2013 – da war Tillie neun Jahre alt –, dachte BJ wieder daran, auf zwei Hunde aufzustocken. Bis dahin schien es ihr nämlich nicht an Gesellschaft zu fehlen: Wenn BJ zu Hause war, folgte Tillie ihm wie ein Schatten, und wenn er zur Arbeit ging, verbrachte sie ihre Zeit in einer Hundetagesstätte in Seattle mit jeder Menge vierbeiniger Freund*innen.

Tatsächlich hatte Tillie dort eine Freundin, die sie besonders gern mochte: Basset Hound Phoebe war ihre hündische BFF!

»Eigentlich wollte ich keinen zweiten Hund, aber die Besitzerin der Tagesstätte erzählte mir, dass ihr Bruder seinen zweijährigen Basset Hound Phoebe abgeben musste. Immer wieder betonte sie, dass Phoebe und Tillie doch die besten Freundinnen seien und ich darüber nachdenken solle, sie zu adoptieren«, sagt BJ.

Schließlich stimmte er einer einwöchigen Probezeit zu. »Natürlich habe ich mich auch in Phoebe verliebt, und ich sah ja, wie unzertrennlich die beiden waren«, sagt er.

Von Anfang an waren Tillie und Phoebe einander treu ergeben. Sie teilten alles, von ihren Betten bis zu ihren Futternäpfen. »Tillie hatte nie Welpen, weshalb ich denke, dass es eine Mutter-Tochter-Verbindung ist. Sie sind sehr liebevoll zueinander, obwohl Phoebe bei Tillie auch sehr herrisch sein kann«, sagt BJ.

Ihre Bindung ist umso außergewöhnlicher, wenn man ihre unterschiedlichen Charaktere bedenkt. Phoebe, die junge Aufsteigerin, ist verspielt, energisch und schelmisch. Dank ihres ausgeprägten Geruchssinns – der Bassett Hound ist nach dem Bluthund der zweitbeste Spürhund – ist sie am glücklichsten, wenn sie ihrer Nase folgen kann.

»Mein Grundstück ist komplett eingezäunt, aber wenn ich mal das Tor offenlasse, während ich Einkäufe auslade, beobachtet mich Phoebe und sobald sie glaubt, dass ich nicht aufpasse, stürzt sie los. Wenn sie ein Eichhörnchen oder ein Reh wittert, rennt sie mit ihren gedrungenen kleinen Beinen einfach los.«

Tillie hingegen ist eher eine vornehme Sensible. Wie ihr Besitzer schätzt sie die Ruhe und Stille der Natur. »Sie ist sehr fügsam und zartbesaitet. Wenn ich mir etwas ansehe und den Fernseher anschreie, geht sie in ein anderes Zimmer und verkriecht sich«, sagt BJ. »Sie ist aber kein Weichei. Sie bleibt gerne in der Nähe ihres Zuhauses. Tillie würde nie freiwillig das Grundstück verlassen.«

Tillie ist Phoebe jedoch so treu ergeben, dass sie immer mitgezogen hat, wenn ihre neugierige Begleiterin sich auf die Suche nach neuen Weidegründen gemacht hat. Einmal entdeckten – oder verursachten – die beiden ein Loch im Zaun des Grundstücks und genossen drei oder vier Spritztouren, bevor es BJ gelang, das Loch ausfindig zu machen und zu reparieren. Bis zum Abendessen machten sich die Hündinnen selbst auf den Heimweg oder wurden von einem hilfsbereiten Einheimischen eingesammelt und zurückgebracht.

»Tillie wurde früher müde, weil sie ja auch älter ist, und sie stiefelte dann einfach zu jemandem nach Hause. Die Leute riefen mich an und sagten: ›Ich habe hier Ihren Setter‹ und ich sagte: ›Toll, wo ist der Bassett Hound?‹«, sagt BJ.

Deshalb war er auch nicht sonderlich beunruhigt, als Tillie und Phoebe am 7. September 2015 wieder einmal ihr Hokuspokus-Verschwindibus-Doppelspiel aufführten.

Am Tag zuvor, einem Sonntag, hatte BJ eine Firmenfeier bei sich zu Hause veranstaltet. Mehr als 300 Mitarbeiter*innen und Lieferant*innen waren gekommen, und er hatte einen Teil des Zauns entfernen müssen, damit die großen Lastwagen mit der notwendigen Ausrüstung und dem Zubehör rein- und rausfahren konnten. Seine Schwester Christy wohnte zu dieser Zeit bei ihm, und als er am Montagmorgen zur Arbeit fuhr, vergaß er, ihr zu sagen, dass der Zaun noch nicht ersetzt worden war.

»Ich machte mich auf den Weg nach Seattle. Christy kam nach Hause und wir winkten uns zu, als wir aneinander vorbeifuhren. Ich hab einfach vergessen, ihr wegen des Zauns Bescheid zu sagen, also ließ sie die Hunde raus und dachte sich nichts dabei«, sagt BJ. »Fünfzehn Minuten später schrieb sie mir eine SMS, sie war am Ausflippen.«

Die Hündinnen waren weg. Phoebe hatte das Tor zur Freiheit entdeckt und machte sich aus dem Staub, und Tillie folgte ihr, um ein Auge auf ihre rüpelhafte Freundin zu werfen.

Seine Schwester mochte verzweifeln, aber BJ war nicht übermäßig besorgt. Etwa eine Stunde nach ihrer Flucht entdeckte ein Nachbar die Hündinnen ein Stück die Straße hinunter. Sie rannten in den Wald, bevor sie eingefangen werden konnten, aber zumindest wusste BJ ungefähr, wo sie waren.

»Natürlich war ich besorgt, ich wollte ja nicht, dass sie von einem Auto angefahren oder von einem anderen Hund angegriffen werden, aber ich war nicht so gestresst, wie ich es vielleicht gewesen wäre, wenn sie nicht gesichtet worden wären«, sagt er. »Ich wusste, dass sie zusammenbleiben würden, und ich dachte, sie würden irgendeine Fährte aufnehmen und dann bei jemandem zu Hause landen.«

Als er an diesem Abend von der Arbeit zurückkehrte, schnappte sich BJ eine Taschenlampe und machte sich auf die Suche. Sein erster Halt war das Dickicht, in dem Phoebe und Tillie verschwunden waren – dort waren sie nicht. Sie waren auch nirgendwo anders, wo er in dieser Nacht nachsah, und niemand hatte das schwer fassbare Duo seit der Sichtung durch den Nachbarn am Morgen gesehen.

Am Dienstagmorgen rief BJ die örtlichen Tierärzt*innen und Tierheime an, sowie alle, die ihm auf der Insel einfielen und die seine Mädchen vielleicht gesehen haben könnten. Er hängte überall Such-Plakate auf. Aber eigentlich ging er immer noch davon aus, dass Phoebe und Tillie früher oder später aus dem Wald auftauchen und sich auf den Weg nach Hause machen würden.

»Vashon ist keine große Insel – sie ist nur 22 Kilometer breit – aber es gibt jede Menge Wälder und Wanderwege. Ich dachte, sie wären einfach losgezogen und würden sich eine Runde austoben«, sagt er.

Am Mittwoch stellte sich dann ein ungutes Gefühl ein. »Nachdem sie zwei Tage lang keiner gesehen hatte, wurde ich ein wenig unruhig. Wenn sie früher ausgebüxt sind, waren sie nach ein paar Stunden wieder da. Aber dieses Mal war es anders, denn abgesehen von der ersten Sichtung waren sie wie vom Erdboden verschluckt.«

Seine Sorge teilte Amy Carey, eine freiwillige Mitarbeiterin der Vashon Island Pet Protectors (VIPP), einer gemeinnützigen Tierrettungsorganisation. BJ hatte zum ersten Mal mit Amy gesprochen, als er bei VIPP anrief, um zu erfragen, ob Phoebe und Tillie vorbeigebracht worden waren, und sie befürwortete eine intensivere Suche nach den beiden.

»Eigentlich neige ich nicht zu Panik, aber Amy war deutlich in ihren Ansichten. Sie sagte mir, die Hündinnen könnten zum Beispiel in einem Brunnen oder in einer Schlucht sein«, sagt er. »Sie versuchte, mich zu beruhigen, aber sie wollte mich auch auf den worst case vorbereiten.«

Vashon Island wurde im Jahr 1824 erstmals besiedelt, und die ersten Einwohner*innen bauten offene Brunnen, um an das Grundwasser zu gelangen, sowie Zisternen, um Regenwasser aufzufangen und zu speichern. Mit dem Aufkommen geschlossener Brunnen wurden die meisten der alten Anlagen abgedeckt oder zugeschüttet, aber es gibt immer noch Dutzende, die über die Insel verstreut sind, oft gefährlich versteckt im dichten Wald.

Die hügelige Landschaft der Insel kann auch für Hunde eine Herausforderung darstellen. Steile, enge Schluchten, rauschende Bäche und ein Torfmoor sowie unzählige umgestürzte Bäume, die von der frühen Holzfällerei auf der Insel zurückgelassen wurden, prägen die Insel. Vashon ist auch die Heimat von Kojoten, Waschbären und ab und an sogar von einem Schwarzbären, der vom Festland herüberschwimmt – all das konnte sich für eine ältere Setterin und eine gedrungene Bassett-Hündin als gefährlich erweisen. Und obwohl die Insel klein ist, sind die Straßen oft sehr belebt, da es im Sommer von Touristen und Tagesausflüglern nur so wimmelt.

BJ begriff die Situation. Mit der Hilfe von Amy und VIPP rief er nun Suchtrupps zusammen, die die Insel nach Spuren der beiden Hündinnen absuchten. Sie jagten eine ganze Woche lang, folgten selbst den vagsten Hinweisen und durchkämmten jeden Zentimeter von Vashon Island.

»Wir waren in drei Teams in verschiedenen Gebieten der Insel unterwegs. Wir folgten allen eingehenden Hinweisen – einfach jedem.« sagt er.

Aber es war alles umsonst. Tillie und Phoebe, so schien es, hatten sich in Luft aufgelöst.

Hier gab es Hunde, soweit das Auge reichte. Die normalerweise grünen Felder von Misty Isle Farms wogten heute wie ein Meer aus meist schwarzem und weißem Fell; es waren vorrangig Border Collies und andere Hütehunde-Rassen, die aus dem ganzen Land zum renommierten Vashon Sheepdog Classic angereist waren. Viele der 8500 Zuschauer*innen hatten ihre eigenen Hunde mitgebracht. In diesem Gewusel von zappelnden, aufgedrehten Hunden Phoebe und Tillie zu entdecken, schien fast unmöglich – wie eine riesige Hundeversion von *Wo ist Walter?* Trotzdem glaubte BJ fest daran, dass sie kommen würden.

Das Catering für die alljährlichen Hütehundewettbewerbe auf Vashon stellt eine große Aufgabe für BJs Firma Herban Feast dar, aber es ist auch ein großes Vergnügen für ihn. Die beliebte dreitägige Veranstaltung findet gegenüber von seinem Haus statt, so dass der Weg zur Arbeit kurz ist und ein paar schöne Tage garantiert sind. Dieses Jahr war es besonders schön: Wenn es etwas gab, das Phoebe und Tillie aus ihrem Versteck locken könnte, dann waren es Hunderte von Hunden und der verlockende Duft von Essen direkt vor ihrer Haustür.

»Die Veranstaltung drehte sich um Hunde, also waren überall Hunde. Ich sah schon vor mir, wie sie das Essen riechen und quer über das Feld laufen würden«, sagt BJ. »Direkt nach Feierabend ging ich raus, um sie zu suchen.«

Nichts; seit Tagen hatte niemand die Hündinnen gesehen.

Tillie und Phoebe waren nun eine ganze Woche verschwunden, und so langsam tat ihre Abwesenheit weh. »Ich stellte alle möglichen Überlegungen an, dachte darüber nach, dass ich die Insel verlassen würde, wenn ich sie nicht finden würde, denn ich konnte den Gedanken nicht ertragen, hier draußen zu leben, wenn sie weg sind«, sagt er.

Dann, am Montag, den 14. September, erhielt Amy Carey von VIPP einen Telefonanruf.

»Ein Gemeindemitglied sagte, er habe in den letzten Tagen ein Tier gesehen, das auf sein Grundstück kam, sich ihm näherte, aber nicht ganz herankam, und dann wieder einen Pfad hinter dem Haus hinunter in eine Schlucht nahm«, erzählt sie dem amerikanischen Sender *ABC News*.

Amy machte sich sofort auf den Weg und rief von unterwegs BJ an. »Ich war auf der einen Seite der Insel und Amy auf der anderen«, erinnert er sich. »Sie sagte: ›Jemand hat hier einen roten Hund gesehen, warum kommst du nicht und wir durchsuchen zusammen die Gegend?‹«

Das rote Tier hätte durchaus Tillie sein können, aber der Hinweis beunruhigte BJ. Ohne ihre Komplizin ging Tillie nirgendwo hin. Jedenfalls nicht freiwillig. Falls sie es wirklich war, wo war dann Phoebe? Trotzdem war es die bisher vielversprechendste Spur, also sprang BJ in sein Auto und fuhr los, um sich mit Amy zu treffen.

Er war fast am Treffpunkt, als Amy wieder anrief. Diesmal rief sie: »Sie sind hier! Sie sind hier!«

Amy war vom Haus des Anrufers einem sich schlängelnden Pfad in eine etwa sechs Meter tiefe Schlucht hinein gefolgt. Auf diesem Pfad hatte er den roten Hund gesehen. Als sie den Boden der Schlucht erreichte, rief Amy Tillies Namen und hörte ein »Wuff!« als Antwort. Sie rannte in diese Richtung und konnte nicht glauben, was sie vor sich sah.

Auf dem Grund einer fast zwei Meter tiefen Betonzisterne kauerte eine mürrisch dreinblickende Phoebe. Und über ihr stand Tillie und hielt Wache.

»Ich war überwältigt und erleichtert, als ich die Nachricht erhielt. Als ich ankam, sprang ich aus dem Auto, rannte in den Wald und hüpfte direkt zu Phoebe in die Zisterne«, sagt BJ.

Wie Phoebe in der teilweise gefüllten Zisterne gelandet ist, konnte er nur vermuten. Wahrscheinlich war sie nach ihrer waghalsigen Flucht von zu Hause hineingesprungen, um einen Schluck Wasser zu trinken und musste dann feststellen, dass ihre kurzen Beinchen den Sprung zurück ins Freie nicht schafften.

»Auf den Küchentresen schafft sie es, wenn's dort Essen zu holen gibt«, fügt er trocken hinzu.

Er geht davon aus, dass Phoebe die meiste Zeit – wenn nicht sogar die ganze – Woche in der Zisterne feststeckte; sonst wäre sie nach Hause gekommen oder gesichtet worden. Die Hündinnen befanden sich nur drei Kilometer von BJs

Grundstück entfernt, aber sie hatten eine andere Richtung als bei ihren vorherigen Ausflügen eingeschlagen. Dabei hatten sie sogar die Hauptverkehrsstraße von Vashon Island überquert.

Was BJ jedoch *sicher* weiß, ist, dass die hingebungsvolle Tillie die ganze Zeit über ihre beste Freundin gewacht hat. Auf ihrer verzweifelten Suche nach Hilfe hatte sie jeden Tag den beschwerlichen Weg aus der zerklüfteten Schlucht mit ihren tiefen Löchern, umgestürzten Baumstämmen und dichtem Buschwerk zurückgelegt. Der Mann, der Tillie entdeckt hatte und die VIPP anrief, sagte, sie sei mindestens dreimal aus dem Wald aufgetaucht und habe ihn eindringlich angebellt.

»Er wusste nicht, dass Tillie gesucht wurde; er dachte, es wäre der Hund eines Nachbarn. Dabei wollte sie vermutlich, dass er ihr folgt«, sagt BJ. Amy Carey ist sich sicher, dass Tillie für Phoebe Wache hielt. »Es kann nicht anders gewesen sein«, sagt sie zu *ABC News.* »Tillie ist nur kurz von der Seite ihrer Freundin gewichen, um Hilfe für Phoebe zu holen.«

Durch das unwegsame Gelände zu navigieren, war für die alternde, verängstigte Hündin nicht einfach, aber die zähe Tillie schaffte es immer wieder. »Ich bin da runtergerutscht, um zu ihnen zu gelangen. Für sie muss es ein wahres Kunststück gewesen sein, außerdem musste sie ja auch darauf achten, dass sie wieder zu Phoebe zurückfand«, sagt BJ.

Ihn überraschte es nicht, dass Tillie an Phoebes Seite geblieben war. »Wenn Tillie weggelaufen wäre, hätten wir Phoebe nie gefunden, und wir hätten nie erfahren, was ihr passiert ist. Ich glaube, dass Tillie das wusste und deshalb blieb.«

Obwohl beide Hündinnen nach ihrer Tortur ausgehungert und erschöpft waren, war dank des Wassers in der Zisterne keine verletzt oder dehydriert. BJ glaubt, dass auch Tillie hineingesprungen sein muss, um zu trinken – aber im Gegensatz zu Phoebe konnte sie wieder herausklettern.

Innerhalb einer Stunde nach ihrer Ankunft zu Hause schien Phoebe das Trauma ihres Ausflugs abgeschüttelt zu haben und spielte mit ihrem Lieblingsspielzeug, einem Tennisball. »Zu Hause ließ ich sie nach draußen und spazierte mit den beiden auf dem Grundstück herum, und – unglaublich: Phoebe zog es natürlich direkt wieder dahin, wo der Zaun offen war. So ist sie einfach«, lacht BJ. »Sie hat einen riesigen Garten – und meint trotzdem, sich nach draußen absetzen zu müssen!«

Später installierte er einen unsichtbaren Zaun, der einen kleinen Elektroschock erzeugt, wenn ein Tier ihn zu durchqueren versucht, aber selbst das hielt Phoebe nicht auf. »Er war auf die höchste Stufe eingestellt und sie schüttelte einfach ihre Ohren und lief hindurch.« Jetzt trägt sie stattdessen ein Halsband mit einem GPS-Sender.

Tillie hingegen verspürt inzwischen weniger Lust, das Haus zu verlassen. Mit ihren elf Jahren meint sie offenbar, dass sie schon genug von der großen weiten Welt gesehen hat.

Die Nachricht von Tillies und Phoebes Odyssee verbreitete sich auf Vashon Island in Windeseile. Dann ging die Geschichte um die ganze Welt. In einem japanischen Magazin stand sogar, dass man die Hündinnen doch von einem Tierpsychologen »befragen« lassen sollte, um herauszufinden, was während ihrer Odyssee wirklich passiert war.

Der Gouverneur des Bundesstaates Washington, Jay Inslee, verlieh Tillie später die Auszeichnung »Washingtonerin des Tages«, und auf Vashon Island gibt es einen inoffiziellen Vorstoß, sie zur Bürgermeisterin zu wählen. (Die Insel hat keine*n Bürgermeister*in, also ist das schon eine große Auszeichnung!)

Tillie wurde außerdem als eine der Finalist*innen in der Kategorie »Hund des Jahres« bei den ersten World Dog Awards nominiert. BJ, Tillie und Phoebe flogen für die Zeremonie sogar nach Hollywood. Tillie hat zwar nicht gewonnen, aber wie man so schön sagt, war es allein schon eine Ehre, nominiert zu sein.

»Während der Bekanntgabe ihrer Kategorie schliefen Tillie und Phoebe zu meinen Füßen«, sagt BJ. »Es hat sie nicht die Bohne interessiert.« Andere interessierten sich dafür umso mehr für ihre Geschichte. Obwohl BJ das durchaus nachvollziehen kann, sagt er, dass es manchmal zu viel des Guten war. »Die Leute faszinierte vor allem, dass ein Hund zu so etwas für einen anderen Hund fähig war. Wir denken ja oft, dass Hunde nicht so schlau sind wie wir, oder nicht die gleiche Bindung zu ihren Hundekumpels haben und sich um sie kümmern«, sagt er. »Jedenfalls habe ich nicht mit dem riesigen Interesse gerechnet. Zuerst war's eine Mini-Nachricht auf einem Blog, dann stürmte eine Flut von Berichten in den Nachrichten herein. Mir war das eher peinlich, so nach dem Motto: Oh mein Gott, die beiden sind schon wieder ausgebüxt. Was müssen die Leute nur von mir denken?«

Langsam, aber sicher legte sich die Aufregung und das Leben auf der verschlafenen Vashon Island kehrte zur Normalität zurück. Tillie liebt Phoebe wie eh und je, und Phoebes Dankbarkeit gegenüber ihrer Freundin hält sich in Grenzen – sie kommandiert diese immer noch gerne herum. Am meisten hat sich laut BJ seine eigene Beziehung zu seinen bemerkenswerten Mädchen verändert.

»Meine Verbindung zu ihnen ist jetzt tiefer. Oft hält man Dinge für selbstverständlich, aber wenn man etwas fast verliert und es zurückbekommt, schätzt man es umso mehr«, sagt er. »Ich bin unendlich dankbar, sie in meinem Leben zu haben.«

Der heimwehgeplagte Streuner

Pero

Auf den ersten Blick war an Pero, dem walisischen Hütehund, nichts Bemerkenswertes. Der junge Hund sah ein bisschen wie ein Collie aus und war weder der beste noch der schlechteste Hund auf der Farm von Alan und Shan James in der Nähe des winzigen Dorfes Penrhyncoch in der Nähe von Aberystwyth in Westwales, Großbritannien. Pero war ein solider, zuverlässiger Arbeiter. Er konnte gut mit den kleineren Schafherden auf der heimischen Farm umgehen – der Fläche, die dem Haus der Familie am nächsten liegt –, aber er fuhr nicht so gerne weiter weg, um die großen Herden zusammenzutreiben. Wenn es in der Nähe des Hauses etwas zu tun gab, konnte man sich immer darauf verlassen, dass Pero hinter Alan auf das Quadbike sprang und mit auf die Felder fuhr. Im Gegensatz zu anderen Hütehunden konnte man Pero auch zum Hüten von Rindern einsetzen. Für seine vielbeschäftigten Besitzer war Pero ein nützlicher Mitarbeiter.

Die Familie James hat insgesamt sechzehn Hütehunde, die dabei helfen, die 3000 Schafe und sechzig Rinder auf der 310 Hektar großen Farm zu hüten.

Die Farm beherbergt auch ein Rudel von zweiunddreißig walisischen Foxhounds, die einem der drei erwachsenen Söhne von Alan und Shan gehören. Hundeaufruhr ist hier an der Tagesordnung.

»Alle unsere Hunde sind Gebrauchshunde – keiner von ihnen lebt im Haus. Die Foxhounds haben ihre eigenen Zwinger und die Hütehunde schlafen entweder in den Schuppen der Farm oder auf der Ladefläche von Alans Land Rover«, sagt Shan. »Ein paar Hunde sind auch im Ruhestand und liegen gerne draußen vor der Türschwelle rum.«

Auch wenn der zuverlässige Pero, der 2011 auf der Farm geboren wurde, nur ein weiteres Gesicht in der Menge war, hatte er doch ein paar Eigenheiten, die Alan und Shan nicht entgangen waren. Vor allem hatte Pero eine schelmische Ader.

»Pero gehört nicht zu unseren Hauptarbeitshunden, weil es ihm noch nie gefallen hat, mit Alan im Land Rover mitzufahren. Sobald Pero im Fahrzeug mitfuhr, kämpfte er mit den anderen Hunden«, sagt Shan. »Er ist auch in Zwinger rein und hat sie geärgert oder brachte alle zum Bellen. Er war der klassische Postboten-Schreck. Sobald der Wagen die Straße herunterkam, ging er auf den Briefträger los.«

Pero hatte auch ein Händchen dafür, den Leuten zwischen die Füße zu geraten, und Shan gibt zu, dass er oft eine Plage war. »Sobald Pero drinnen war, war er im Weg, also hab ich ihn öfter angeschrien. Deshalb komme ich an Pero nicht heran; und er kommt auch nicht zu mir. Wenn ich ihn rufe, wedelt er zwar mit dem Schwanz, aber er erlaubt mir nicht, ihn anzufassen«, sagt sie.

Bei Alan ist das allerdings anders. Obwohl Alan eine ganz pragmatische Beziehung zu seinen Gebrauchshunden hat – ganz der Landwirt –, hatte Pero ein Faible für den Chef. »Pero war auf ihn fixiert. Alan kann sich ihm ohne Probleme nähern. Er schreit die Hunde zwar auch an, aber sie kommen trotzdem. Sie wissen, wer ihr Herrchen ist«, sagt Shan.

Von Alan hat Pero auch seinen Namen erhalten. Shan kann sich nicht mehr genau daran erinnern, woher der Name stammt, aber er wurde wahrscheinlich deshalb gewählt, weil es ein kurzer, einfacher Name ist, den man über ein weites Feld voller bellender Hunde und hunderter Schafe schreien kann. Wie sich herausstellen sollte, war das eine vorausschauende Wahl: Pero ist ein griechisches Wort und bedeutet »Fels« oder »Stein« – etwas Starkes und Unerschütterliches, ganz wie der Hund selbst.

Jeder, der in einer großen Familie aufgewachsen ist, kann bestätigen, dass es schwierig sein kann, aus dem Rudel herauszustechen, wenn zahlreiche ungestüme Brüder und Schwestern um die Aufmerksamkeit buhlen. Stellen Sie sich also vor, wie schwierig es sein muss, in einer Menge von fast *fünfzig* hündischen Großfamilienmitgliedern aufzufallen. Pero brauchte eine Gelegenheit, sich zu profilieren – und die sollte er bekommen.

Im März 2016 meldete sich ein Bekannter von Alan und fragte, ob er vielleicht einen Hütehund entbehren könne. Der Mann suchte für einen befreundeten Landwirt im Lake District im Nordwesten Englands einen Hund für die Arbeit mit kleinen Schafherden.

Eine solche Anfrage war nicht ungewöhnlich – die Hütehunde von Alan und Shan haben den Ruf, fleißig zu sein, und sie verleihen oder verkaufen regelmäßig Hunde an andere Landwirte. »Wir haben das ganze Jahr über Welpen von verschiedenen Hündinnen, und das sind gute Hunde«, sagt Shan. »Deshalb bekommen wir öfter Anfragen: ›Habt ihr einen Hund, der dies oder das kann?‹ So ist das bei Farmhunden. Alan kennt ihre Persönlichkeiten und weiß, welcher Hund zu den Anforderungen passt.«

Als sein Kontaktmann die Anfrage des Landwirts weiterleitete, dachte Alan sofort an Pero: »Dieser Landwirt wollte einen Hund, der gut in einer Konstellation Mann/Hund arbeiten würde, und Pero arbeitet am liebsten mit Alan und den kleineren Herden statt in einem größeren Gebiet«, sagt sie.

Offenbar war Peros Zeit gekommen. »Wir dachten uns: ›Er ist fünf Jahre alt, er ist bereit, mehr zu tun‹. Pero konnte dort seine ›eigene Persönlichkeit‹ entwickeln – an einen Ort zu ziehen, an dem er er selbst sein konnte, statt mit all unseren anderen Hunden zu konkurrieren«, erklärt Shan. »Also sagten wir zu dem Bauern: ›Nimm ihn und probiere ihn aus – du hast nichts zu verlieren.‹«

Am 22. März kam Alans Bekannter, um Pero die 400 Kilometer von Penrhyncoch nach Norden in sein neues Zuhause in der Nähe von Cockermouth in der englischen Grafschaft Cumbria zu fahren. Als es an der Zeit war, aufzubrechen, war Pero alles andere als begeistert – aber Alan und Shan dachten, dass sein Widerwille damit zu tun hätte, dass er während der viereinhalbstündigen Fahrt in einer Reisekiste eingesperrt war. »Er zeigte deutlich, dass er nicht gehen wollte. Wir konnten sehen, dass er nicht glücklich war, als er in eine Hundetransportbox gezwängt wurde«, sagt Shan.

Wenn Pero traurig gewesen sein sollte, weil er die Farm und Penrhyncoch verlassen musste, wäre das mehr als verständlich gewesen. Das hübsche Dorf liegt im nordwestlichen Teil der historischen Grafschaft Ceredigion, die bekannt ist für ihre sanften grünen Hügel, die schroffen Cambrian Mountains, 80 Kilometer Küstenlinie mit vielen Sandstränden und malerischen Küstendörfern an den Ufern der Cardigan Bay, der größten Bucht von Wales. Das nahegelegene Aberystwyth, wo Shan aufgewachsen ist, ist die größte Stadt der Grafschaft und in den wärmeren Monaten ein beliebter Badeort. Ceredigion ist einer der beiden Orte in Großbritannien, die von Großen Tümmlern besucht werden. Mit anderen Worten: Es ist ein wunderschönes Umfeld – und ein ideales Zuhause für einen frechen Hütehund.

Während Pero zu seinem neuen Abenteuer aufbrach, ging das Leben auf der Farm weiter. Die Lammzeit war in vollem Gange und die verbliebenen fünfzehn Hütehunde der James' arbeiteten von früh bis spät. Mit dem nahenden Sommer wurden die Tage immer länger und Alan nutzte das oft, um bis acht Uhr im Freien zu arbeiten.

In Cockermouth lief es nicht gut. Peros Betreuer hielt Alan und Shan über seine Fortschritte auf dem Laufenden, und es schien, als könnte er sich nicht in seinem neuen Zuhause einleben.

»Der Bauer sagte, dass Pero nicht glücklich war. Sie bekamen einfach keine Verbindung zueinander. Er hielt ihn in einem Zwinger und sagte, dass Pero verängstigt wirkte und in der Ecke blieb«, sagt Shan. »Wir dachten uns zuerst: Das ist alles noch neu für ihn, er braucht einfach etwas Zeit. Wir schlugen dem Bauern vor, Pero rauszulassen und ihm mehr Freiheit zu geben, weil er daran gewöhnt war, aber der Bauer war übervorsichtig, weil er Pero nicht kannte und ihn nicht einschätzen konnte.«

Um seinen neuen Schützling nicht gleich zu überfordern, ließ der Bauer Pero in den ersten Wochen nur einmal arbeiten. »Er nahm ihn einen Tag lang auf dem Quad mit, aber Pero hat nicht wirklich viel gemacht«, sagt Shan. »Aber er folgte dem Bauern und kam ohne Probleme zurück.«

Am 7. April – siebzehn Tage nach Beginn von Peros Probeaufenthalt in Cockermouth – nahm der Bauer Pero wieder zum Schafehüten mit. Da beschloss Pero, dass er genug von seiner neuen Lebenssituation hatte.

»Der Bauer konnte nur hinterherschauen«, sagt Shan, »wie ein Hund über das vierzig Hektar weite Feld lief – und dann einfach weiterrannte.«

Pero blickte nicht zurück.

Zunächst machte sich der Farmer keine allzu großen Sorgen wegen Peros Verschwinden. Gebrauchshunde verirren sich öfter auf großen Grundstücken, besonders wenn sie neu auf einem Hof sind. Sie verfügen über einen ausgezeichneten Orientierungssinn und tauchen immer wieder auf. Außerdem hatte der Farmer dem vermissten Collie jeden Abend Futter hingestellt, und der Napf war am nächsten Morgen stets leer, also nahm er an, dass Pero sich in der Nähe versteckt hatte.

Als jedoch zwei Tage verstrichen, ohne dass der störrische Hütehund auftauchte, rief der Bauer Alan und Shan an, beschämt darüber, dass er den Hund, den sie ihm anvertraut hatten, nicht finden konnte.

»Der Bauer war besorgt, weil er ja eigentlich unseren Hund verloren hatte, aber Alan machte sich überhaupt keine Gedanken«, erinnert sich Shan. Tatsächlich teilte Alan den Verdacht des Bauern, dass Pero irgendwo in der Nähe lauern müsste. »Er sagte zu ihm: ›Irgendwo da draußen ist er und beobachtet euch aus der Ferne.‹ Alan hat selbst schon erlebt, dass er einen der Hunde in einem neuen, unbekannten Gebiet verloren hat – sie rennen in die falsche Richtung und laufen dann einfach stur weiter.«

Alan war zuversichtlich, dass Pero gefunden werden würde, da der Hund einen Mikrochip hatte. Der Mikrochip ist erst seit dem 6. April – ein Tag, bevor Pero weglief – in Großbritannien Pflicht, aber glücklicherweise hatten die James' ihr Rudel bereits chippen lassen. Wenn jemand Pero fände und zu einem Tierarzt brächte, würden seine Mikrochip-Daten ausgelesen und diese würden zu den James' nach Penrhyncoch führen.

Alan sagte zu dem Bauern: »Mach dir keine Sorgen, er taucht schon wieder auf – und wenn nicht bei dir, dann taucht er bei mir auf.« Zu dem Zeitpunkt konnte er noch nicht ahnen, wie prophetisch sich seine Worte erweisen würden.

Weitere zwölf Tage vergingen, ohne dass Pero gesichtet wurde. In Cockermouth stellte der Bauer weiterhin jede Nacht Futter hin und fand jeden Morgen eine leeren Napf vor. In der Zwischenzeit warteten Alan und Shan in Penrhyncoch auf Nachrichten von ihrem unberechenbaren Hund.

Am 20. April, einem Mittwoch, kehrte Alan gegen 20 Uhr von den Feldern zurück, um mit Shan und den jüngsten Kindern des Paares, den achtjährigen Zwillingen Annie May und Tomos, zu Abend zu essen. Nach dem Essen ging er nach draußen, um im letzten Abendlicht weiterzuarbeiten, aber einen Moment später kam er zurück.

»Er kam herein und sagte: ›Pero ist draußen‹«, sagt Shan.

Shan brauchte einen Moment, um zu begreifen, was Alan da sagte. Er konnte doch unmöglich meinen, dass Pero, der Hütehund, der seit zwei Wochen nicht mehr gesehen worden war und den man 400 Kilometer entfernt in Cockermouth vermutete, tatsächlich draußen vor der Türschwelle saß – oder?

»Ich ging nach draußen, um nachzusehen, und sagte: ›Ist das Pero? Bist du sicher?‹ Alan sagte: ›Natürlich ist er das, erkennst du ihn nicht?‹« Shan lacht. »Alan kennt alle seine Hunde, aber bei mir hat es nicht sofort Klick gemacht. Ich dachte zuerst, es müsste ein Scherz sein, dass ihn jemand bei uns abgesetzt hätte. Ich platzte heraus: ›Das kann doch nicht wahr sein!‹«

Pero selbst ließ keinen Zweifel daran, dass er am richtigen Ort war. »Ich konnte die Aufregung des Hundes förmlich sehen. Er sprang hoch und war ganz aufgeregt, Alan zu sehen. Es war so, als hätten wir ihn gerade aus dem Zwinger befreit«, sagt Shan.

Aber wie war er hierhergekommen? Dass Pero vierzehn Tage lang zur Farm *zurückgelaufen* war, schien zu weit hergeholt, um in Betracht zu kommen. Es musste eine andere Erklärung geben.

»Ich bat Alan, den Mann in Cockermouth anzurufen, weil ich nicht glauben konnte, dass Pero einfach von sich aus aufgetaucht war«, sagt sie. »Ich zwang ihn, ihn mit mir zusammen anzurufen, und anschließend musste ich mit dem Mann sprechen, weil er *uns* nicht glaubte. Wir dachten, er würde einen Scherz machen, und er dachte, wir würden ihn auf den Arm nehmen.«

Es brauchte einige Zeit und eine Reihe von Anrufen, um zu bestätigen, dass Pero es tatsächlich aus eigener Kraft nach Hause geschafft hatte. »Bis sich alles beruhigt hatte und wir die Bestätigung bekamen, dass der Bauer in Cockermouth ihn nicht auf einen Lastwagen geladen und zu uns zurückgeschickt hatte, oder der freundliche Mann, der ihn mitnahm, ihn nicht wieder nach Hause gebracht hatte, dauerte es schon ein bisschen.«

Pero war in relativ guter Verfassung angesichts seiner 400-Kilometer-Odyssee. Er hatte ein wenig an Gewicht verloren und sein Fell war stumpf und schmutzig, aber er hatte keine offensichtlichen Verletzungen.

»Als er hier aufbrach, war er ein starker, quadratischer Hütehund – als er zurückkam, war er nicht mehr ganz so quadratisch«, lacht Shan. »Aber er hatte sich offensichtlich Futter organisiert und es hat in der Zeit ordentlich geregnet, sodass er Wasser hatte. Er war zwar unverletzt, aber wir stellten rasch fest, dass er humpelte.«

Als sich langsam setzte, was für eine Odyssee Pero hinter sich haben musste, wuchs auch die Neugier: Wie hatte der Hund den ganzen Weg nach Hause geschafft?

Bemüht, mehr über Peros Odyssee herauszufinden, hatte Shan einen Geistesblitz. Sie hatte eine Idee, wer ihr dabei helfen konnte, die Puzzleteile rund um den zweiwöchigen Treck des unerschrockenen Hundes zusammenzusetzen: die Journalistin Sara Gibson von BBC Wales.

»Sara ist eine Freundin, deren Kinder auf dieselbe Schule gehen wie meine, und ich habe sie nach Peros Auftauchen ganz unverbindlich gefragt: ›Ist die Geschichte über einen Hund, der 400 Kilometer nach Hause läuft, nichts für dich?‹«

Sara war fasziniert und konnte es kaum erwarten, einen Artikel über Peros Reise zu veröffentlichen. Dazu gehörte auch ein Aufruf, sich mit Shan in Verbindung zu setzen, falls jemand Pero unterwegs gesehen hatte.

Die Reaktionen auf Saras Geschichte kamen umgehend und waren überwältigend. Über die lange Odyssee des treuen Pero berichteten Medien auf der ganzen Welt, und die Familie James wurde mit Briefen und Anrufen mit den besten Wünschen für den zähen Collie überschwemmt. Sogar Hundeleckerlis trudelten per Post ein.

»Die schiere Flut hat uns überrascht«, fasst Shan die Rückmeldungen zusammen.

Wie sie gehofft hatte, waren unter der Fanpost auch Nachrichten von Leuten, die helfen konnten, die Lücken in Peros Abenteuer zu füllen.

Zuerst kam eine Nachricht von der Frau eines Schafzüchters aus dem kleinen Dorf Gressingham, etwa 130 Kilometer südöstlich von Cockermouth nahe der englischen Stadt Lancaster, herein. Sie glaubt, Pero in der Nacht zum 9. April gesehen zu haben, zwei Tage nachdem er von der Farm verschwunden war. Wie sie Shan schrieb, war sie zunächst erschrocken, als sie einen unbekannten Hund auf ihren Feldern voll junger Lämmer entdeckte:

Ich schaute aus dem Fenster und sah einen Collie, der flink durch unsere Schafe flitzte. Mein Mann hat den Hund nicht gesehen, aber ich beobachtete, wie er zielstrebig am Zaun entlang auf den Hügel zuhielt.

Er schien kein Interesse an unseren Schafen zu haben. Er tauchte überraschend auf, verschwand dann in die andere Richtung und wir haben ihn nicht mehr gesehen. Wir haben bei uns im Ort nachgefragt und niemand besitzt so einen Hund. Vielleicht war ja der Hund, den wir gesehen haben, Ihr Hund. Das Timing würde stimmen.

Wenn es sich bei dem Hund, der in Gressingham gesichtet wurde, tatsächlich um Pero handelte, dann hielt er sich wahrscheinlich in der Gegend entlang der A591 auf, einer hübschen – und sehr befahrenen – Straße, die an einigen der beliebtesten Ausflugsziele des Lake District vorbeiführt, darunter Lake Windermere, Rydal Water und Bassenthwaite Lake. Vielleicht hat Pero auf seinem Heimweg ja die Sehenswürdigkeiten besucht.

Die nächste Sichtung erfolgte drei Tage später, am 12. April, als ein Ehepaar glaubte, Pero auf dem Weg nach Knighton, einer kleinen Marktstadt in der walisischen Grafschaft Powys, gesehen zu haben. Knighton liegt etwa 240 Kilometer von Gressingham entfernt, was bedeuten würde, dass Pero an drei aufeinanderfolgenden Tagen schwindelerregende 80 Kilometer pro Tag zurückgelegt hatte. Wenn es sich bei dem gesehenen Hund um Pero handelte, war er an seinem Ziel vorbeigeschossen – Knighton liegt 90 Kilometer südöstlich von Penrhyncoch.

»Er wurde auf der A488 von Clun nach Knighton in einem Weiler namens New Invention gesichtet«, sagt Shan. »Er muss irgendeine Abzweigung genommen haben, denn das liegt nicht direkt auf der Strecke.«

So der Briefschreiber:

Vielleicht habe ich Ihren Hund auf seiner Reise gesehen. Wir leben in den Welsh Marches und am Dienstag, dem 12. April, war ich mit meinem Mann und unserem Border Collie auf dem Heimweg. Gegen 22 Uhr sah ich zwei leuchtende Augen vor mir, die sich als Collie herausstellten, der zielstrebig am Straßenrand entlangtrabte. Er sah müde und zerlumpt aus. Ich habe seitdem oft an diesen Hund gedacht und gehofft, dass er sicher nach Hause gekommen wäre.

Es scheint, dass der arme, desorientierte Pero danach noch weiter vom Weg abkam, denn die nächste mögliche Sichtung des heimwehkranken Landstreichers war in einem Dorf bei Worcester, weitere 80 Kilometer südöstlich von New Invention und 160 Kilometer von Penrhyncoch entfernt.

»Eine Frau rief an und sagte, dass sie auf dem Weg nach Hause durch das Dorf fuhr und ein Hund durch das Dorf lief. Sie versuchte, ihn einzufangen, aber es gelang ihr nicht. Sie verfolgte ihn deshalb in ihrem Auto und trieb ihn in die Enge«, sagt Shan. »Sie konnte sehen, dass er Angst hatte, also wich sie ein Stück zurück, damit er sich nicht bedrängt fühlte, und er entkam. Sie sagte: ›Er schien nur an Flucht denken zu können.‹ Er rannte einen Hügel hinauf und durch eine Hecke davon.«

Shan war aufgefallen, dass auch die Frau am Telefon, genau wie die beiden Briefeschreiber, den Hund als »zielstrebig« beschrieb.

»Ihre Worte waren, dass er ›auf einer Mission‹ war«, sagt sie. Eine Beschreibung, die sich mit Sicherheit mit den Erfahrungen von Shan und Alan mit ihrem eigensinnigen, schelmischen Hütehund deckt. Pero hatte schon immer seinen eigenen Kopf.

Im Nachhinein sagt Shan, dass Peros Mikrochip wahrscheinlich nicht von großem Nutzen gewesen wäre, da es fast unmöglich gewesen wäre, ihn einzufangen. »Man braucht sich Pero nur anzusehen, um das zu erkennen. Wenn noch nicht einmal ich mich ihm nähern darf, wie soll dann ein Fremder ihn einfangen?«

Für sie ist die Sache klar: Pero muss den ganzen Weg nach Hause gelaufen sein, dem Verkehr und wohlmeinenden Fremden ausgewichen sein, alle Abfälle gefressen haben, die er finden konnte, und jedem Umweg gefolgt sein, den seine Nase ihm vorgab. »Viele sagen: ›Das ist doch nicht möglich.‹ Sie trauen einem Hund solch eine Mission nicht zu«, sagt sie. »Ich kann das gut verstehen, ich finde es selbst unglaublich, dass er seinen Weg nach Hause gefunden hat. Ich wünschte nur, er hätte eine Kamera dabei gehabt!«

Während die Familie James nun ungefähr weiß, wie Pero nach Hause kam und wohin ihn seine Odyssee führte, bleibt ein Rätsel, *warum* er sich auf eine solch zermürbende Expedition begab – warum er so entschlossen war, nach Penrhyncoch zu gelangen.

Shan glaubt, dass Pero einfach nur Heimweh hatte: Er vermisste die Farm, das einzige Zuhause, das er je gekannt hatte, und war Alan mehr zugetan, als man ihm zugetraut hätte. »Alle unsere Hunde freunden sich mit Alan an, und diese Collie-Rasse ist ihrem Herrchen gegenüber sehr loyal«, sagt sie.

Sollte Pero geplant haben, aufzufallen, sich aus dem Rudel hervorzuheben und als außergewöhnlicher Hund zu beweisen, dann ist ihm das gelungen. Jetzt, wo er wieder zu

Hause ist, scheint Pero jedoch damit zufrieden zu sein, seinen Platz irgendwo in der Mitte der Hackordnung einzunehmen. »Er ist ein bisschen ruhiger als vorher, aber er ärgert die anderen Hunde immer noch. Umgekehrt hacken auch ein paar Hunde auf ihm rum. Wir haben einen Lurcher, der Pero nicht besonders mag«, sagt Shan.

Die ganze Aufmerksamkeit in den Medien hat auch dazu beigetragen, Peros soziale Kompetenz zu verbessern; in höflicher Gesellschaft ist er jetzt etwas vornehmer. »Er kommt ein bisschen weiter zur Vorderseite des Hauses, steht dann in einiger Entfernung da und wedelt mit dem Schwanz«, sagt sie. »Wenn die Tür offen ist, kommt er ins Haus, denn er hat sich daran gewöhnt, drinnen zu sein, wenn wir darauf warten, dass Medienvertreter kommen und Fotos machen. Fürs walisische Kinderfernsehen wurde hier auch gedreht und dazu lag er mit Annie May auf dem Rasen und schlabberte sie ab.«

Was seinen Aufenthalt in Cockermouth betrifft, so wurde seine klare Ablehnung des Experiments zur Kenntnis genommen – Pero muss nicht dorthin zurück.

»Es gibt keinen Grund, ihn weiterzugeben. Er fühlt sich hier wohl und ist mit seinen fünf Jahren voll einsatzfähig«, sagt Shan. »Sein Leben geht hier weiter und er darf fröhlich herumlaufen und seine Zeit mit den anderen Hunden genießen.«

Denn schließlich ist Zuhause dort, wo das Herz wohnt.

Die Glücklichen

Lucky und Bella

Nicht jeder, der wandert, ist verloren. So in etwa schrieb es J. R. R. Tolkien in seinem beliebten Fantasy-Epos *Der Herr der Ringe – Die Gefährten*, und er hatte Recht. Manche wandern, weil sie gefunden wurden. Sie wandern, weil sie die Freiheit zu reisen haben, das Vertrauen, umherzuziehen, die Möglichkeit, die Welt an der Seite von jemandem zu erleben, dessen Liebe unerschütterlich und unkonventionell ist. Manche wandern ihr Leben lang, und sie wandern auch im nächsten Leben weiter. Für einige, wie die Mischlingshündin Lucky und den reinrassigen Boxer Bella und ihren Menschen, Michele Martin, endet die unglaubliche Odyssee nie.

Michele war nicht auf der Suche nach einem Hund, als Lucky 1995 in ihr Leben trat, aber Lucky machte ihrem Namen alle Ehre – sie hatte definitiv Glück (engl.: luck), als ihr damaliger Besitzer Michele auf der Straße in Denver, Colorado, USA, ansprach. Es war ein regnerischer Morgen und Michele war ängstlich und erschöpft, nachdem sie in der Nacht zuvor von einem Mann in ihrem Haus erschreckt worden war. Nun sprach sie ein Obdachloser aus heiterem Himmel an und bat sie, seine geliebte Hündin aufzunehmen. Das winzige Fellknäuel war kaum ein Jahr alt; noch immer ein Welpe. Er könne sich nicht um ihn kümmern, sagte er Michele, und der Hund verdiene etwas Besseres.

Michele zögerte. Obwohl sie seit ihrer Kindheit eine tiefe Verbundenheit mit Hunden verspürte, war sie nicht sicher, ob sie – gerade mal 20 Jahre alt – bereit war, die Verantwortung für eine Hündin zu übernehmen, besonders für eine, die in ihrem kurzen Leben schon so viel durchgemacht hatte.

Aber als sie die Verzweiflung des Mannes sah und in die seelenvollen braunen Augen der Hündin blickte, konnte sie nicht ablehnen. Sie willigte ein, Lucky vorübergehend bei sich aufzunehmen – nur so lange, bis der Mann sein Leben in Ordnung gebracht hätte.

»Ich gab ihm meine Nummer und sagte, dass er sie zurückhaben könne, wenn er sich berappelt habe. Aber als ich ihn ein paar Wochen später wieder traf, war er völlig fertig. Er hatte aufgegeben«, sagt Michele. »Also beschloss ich, Lucky ein neues Zuhause zu suchen, und fand für sie einen tollen Platz auf einer 200-Hektar-Farm im Süden von Colorado.«

Doch da gab es ein Problem. Als der Tag von Luckys Abreise näher rückte, wurde Michele klar, dass sie sich nicht von der ruhigen, sanften Hündin trennen konnte, deren Anmut und Gelassenheit nicht ihrer Jugend entsprach. Lucky würde nirgends hingehen. Sie würde bleiben.

»Lucky war eine alte Seele. Sie war immer liebevoll und fürsorglich, selbst als sie damit zurechtkommen musste, dass ich von einem Kind, das keine Ahnung hatte, wie man einen

Hund erzieht, zu einer Frau wurde, die es endlich herausgefunden hatte«, sagt sie. »Sie war immer geduldig mit mir, immer akzeptierend. Sie beobachtete mich und half mir, erwachsen zu werden. In vielerlei Hinsicht half sie, mich in diesen Jahren zu erziehen.«

Lucky behielt Michele mehr als zehn Jahre lang im Auge, überstand Umzüge in drei verschiedene Staaten, eine Verlobung, Beziehungen, die in die Brüche gingen, und sogar den 11. September. Einmal waren sie ganze acht Monate getrennt, als Michele von Denver nach New York City zog und Schwierigkeiten hatte, eine Wohnung zu finden, in der Haustiere erlaubt waren.

»Weil Lucky mit mir an so viele Orte gereist war, und wir so lange getrennt waren, versprach ich ihr einen Besuch auf Cape Cod. Immer, wenn ich sie in der Zeit besucht habe und sie wieder verlassen musste, versprach ich ihr, dass wir gemeinsam Cape Cod erkunden würden«, sagt sie.

Lucky entwickelte auch eine starke Bindung zu einem von Micheles Freunden, Dieter. Sie liebte es, mit ihm zur Arbeit zu gehen, und mochte seine Familie. Als es auf ihren Lebensabend zuging, begann sie, ihre Zeit aufzuteilen und verbrachte vier oder fünf Tage pro Woche bei Dieter und den Rest bei Michele. »Irgendwie war das ein seltsames Szenario, aber sie hat ihn als ihren besten Freund ausgewählt, und es war eine großartige Erfahrung für sie«, sagt Michele.

Im Jahr 2004 begann die zehnjährige Lucky sich plötzlich seltsam zu verhalten. Michele konnte es nicht genau benennen, aber sie wusste, dass etwas nicht stimmte. Sie sprach Dieter darauf an, und nach Luckys nächstem Besuch bei ihm stimmte er zu, dass sie nicht sie selbst war.

»Dieter schlug vor, sie zum Tierarzt zu bringen, und nach stundenlangen Tests sagte uns der Tierarzt, dass sie einen Tumor im Herzen hat. Er schlug vor, sie sofort einzuschläfern.«

Michele war fassungslos. Lucky hatte ein Hämangiosarkom, eine aggressive, hochinvasive Form von Krebs, die fast ausschließlich bei Hunden auftritt, und zwar vor allem bei bestimmten Rassen wie dem Deutschen Schäferhund, was Lucky auch im Mix hatte. Der Krebs wächst in den sogenannten Enthodelzellen, die die Blutgefäße auskleiden, und Hunde zeigen selten Symptome, bis sich die Tumore so weit ausgebreitet haben oder groß genug geworden sind, um die Zellen zu zerreißen und tödliche innere Blutungen zu verursachen. Die Krankheit kann mit einer Chemotherapie behandelt werden oder das betroffene Organ wird entfernt, was für Lucky nicht in Frage kam. Michele wusste, dass ihre Hundelady schwer krank war, aber sie konnte sich nicht dazu durchringen, Lucky einschläfern zu lassen. Ohne Behandlung gaben die Tierärzte Lucky noch zwei bis drei Wochen. Michele beschloss, diese Wochen so wundervoll wie möglich zu gestalten. Nach allem, was Lucky für sie getan hatte, schien es das Mindeste zu sein, was sie tun konnte. Aber wie sie in ihren gemeinsamen Jahren immer wieder bewiesen hatte, ließen sich Luckys Geist und ihre Lebensfreude nicht so leicht unterkriegen. Sie war noch nicht am Ende ihrer Odyssee angelangt, und aus drei Wochen wurden drei Monate.

»Am Ende entschied ich mich dazu, sie mit einer Diät und ganzheitlicher Medizin zu behandeln. Wir haben es Tag für Tag und dann Woche für Woche durchgezogen«, sagt

Michele. »Ich bin mir sicher, dass die Akupunktur, die Diät und die Nahrungsergänzungsmittel dazu beigetragen haben, Lucky – und uns, ihren Menschen – drei wirklich tolle Monate zu bescheren.«

Das Hämangiosarkom in Luckys Herz hatte zwar aufgehört zu wachsen, aber der Krebs hatte sich in ihren Lungen ausgebreitet. Es gab nichts mehr, was man tun konnte. Am 29. Januar 2005 ließ Lucky Michele wissen, dass sie bereit war zu gehen.

»Sie sah mich und Dieter an, und wir wussten, dass sie bereit war. Ich hielt sie und flüsterte ihr ins Ohr, was für eine tolle Hündin sie gewesen war, während sie bis zum Schluss Dieters Blick hielt«, sagt sie.

Am Wochenende nach Luckys Todesdiagnose hatte Michele endlich ihr Versprechen einlösen können, mit Lucky nach Cape Cod zu fahren. Zusammen mit Dieter und seiner Familie verbrachten Michele und Lucky ein zauberhaftes Wochenende in den Dünen, an den Stränden und in den malerischen Städten der winzigen Halbinsel, die vor der Küste von Massachusetts in den Atlantik ragt.

Dort hatte Michele Lucky ein weiteres Versprechen gegeben. »Ich sagte ihr, dass ich ihre Asche an allen schönen Orten der Welt verstreuen würde.«

Lucky mochte gegangen sein, aber die nächste Etappe ihrer unglaublichen Odyssee sollte erst beginnen.

Luckys Vermächtnis erwies sich als weitreichend. Im Jahr 2006, anderthalb Jahre nach ihrem Tod, betrieb Michele einen auf Nachhaltigkeit ausgerichteten Tierladen in Boston und einen Online-Shop, Lucky Dog Organics, benannt zu Ehren ihres Haustiers. In ihrer Freizeit gab sie außerdem Einzelunterricht in ganzheitlichem Verhaltenstraining für Hunde. Ihre Welt drehte sich immer noch um Hunde, und sie dachte oft an Lucky, war aber noch nicht bereit, wieder »Hundemama« zu sein.

»Offensichtlich«, lacht sie, »hat das aber keiner Bella gesagt.«

Micheles Nachbar*innen kannten sie inzwischen als »die Hundedame«. Als die Besitzer eines örtlichen Cafés einen abgemagerten Boxerwelpen auf der Ladefläche eines Pickups entdeckten, der vor der Walgreens-Apotheke nebenan geparkt war, riefen sie Michele an. Sie erkannte mit einem Blick, dass die Hündin unterernährt war, und fragte die Besitzer, ob sie den gebrechlichen Hund abgeben würden. Diese willigten ein, und plötzlich hatte Michele ganz ungeplant wieder eine vierbeinige Freundin. Ihr Name war Bella, und obwohl sie nur noch Haut und Knochen war, konnte Michele sehen, dass die rehbraune Hündin eine Schönheit war.

Genau wie bei Lucky wollte Michele sich nur vorübergehend um Bella kümmern und dann ein liebevolles Zuhause für sie finden. Und genau wie bei Lucky hatte das Schicksal andere Vorstellungen.

»Mein Plan war es, sie wieder aufzupäppeln und dann eine gute Familie für sie zu finden, also kochte ich zu Hause für sie und stellte sie dann auf Rohkost um«, sagt sie. »Ich erzog sie, trainierte mit ihr – und dann, drei Monate nachdem ich sie gerettet hatte, und gerade als ich ein Zuhause für sie suchen wollte, wurde sie mir gestohlen.«

Es war Juli, und Michele kam gerade von einer Probe des Boston Pops Orchestra, einem Ableger des Boston Symphony

Orchestra, das klassische Interpretationen von Popsongs aufführt. Auf dem Heimweg hielt sie an jener Walgreens-Apotheke, vor der sie Bella Monate zuvor gerettet hatte. Sie band Bella an einem Tor vor dem Geschäft an, während sie hineinlief, um Popcorn zu kaufen.

Als sie zurückkam, war Bella weg.

»Jemand hatte die Leine aus ihrem Geschirr ausgehakt und vom Tor gewickelt, und sie war weg«, erinnert sie sich. »Mir war klar, dass ich nur ein kurzes Zeitfenster hatte, um sie zurückzuholen, und dass die Wahrscheinlichkeit groß war, dass sie noch irgendwo in der Nähe war.«

Der Instinkt übernahm die Oberhand und Michele rannte los und schrie, so gut sie konnte. Sie schrie immer wieder, dass ihre Boxer-Hündin gestohlen worden sei, und forderte jede und jeden auf, sich ihr bei der Suche anzuschließen. Sie wählte den Notruf und bat einen vorbeifahrenden Taxifahrer, seinen Disponenten anzufunken, der wiederum Bellas Beschreibung an alle Taxis in der Umgebung weitergab. Michele rief ihre Freund*innen an, und diese machten sich sofort daran, auf Facebook, Twitter und der Online-Kleinanzeigenseite Craigslist Beiträge mit »Hündin vermisst« zu verfassen.

Zwei Polizeibeamte trafen am Tatort ein und boten Michele an, mit ihr im Streifenwagen durch die Gegend zu fahren. Während die Minuten quälend schnell vergingen, gab es kein Zeichen von Bella. Michele konnte es nicht fassen. Wie konnte sie in so kurzer Zeit verschwunden sein? Sicherlich hatte irgend jemand *etwas* gesehen. Inmitten ihrer Panik plagten Michele Schuldgefühle. Sie hatte Bella zwar aus einer offensichtlich schrecklichen Situation gerettet und ihr eine zweite Chance gegeben, hatte sie aber noch immer voller Trauer um Lucky weggeben wollen. In diesem Moment legte sie ein Gelübde ab. »Innerlich schwor ich mir: ›Wenn ich sie zurückbekomme, bleibt sie bei mir‹«, erinnert sie sich.

Einen Augenblick später winkte ein Mann, der gerade mit seinem Hund spazieren ging, das Polizeiauto heran. Michele hatte schon mit ihm gesprochen, bevor sie sich mit den Polizeibeamten zusammengetan hatte.

»Er stand vor einem Wohnhaus und sagte, er habe eine Frau gesehen, die Bella ins Haus gebracht hat«, sagt sie.

Ihr Herz pochte wild, als die Beamten in das Gebäude eindrangen. Drinnen angekommen, hörten sie hinter einer geschlossenen Wohnungstür das unverwechselbare Winseln eines Hundes. Sie gingen zu dieser Wohnung und entdeckten dort Bella mit einer extrem betrunkenen Frau. Sie sagte der Polizei, dass sie nur hätte »mit dem Hund spazieren gehen« wollen. Die Frau wurde später wegen Drogendelikten angeklagt, aber nie für den Diebstahl von Bella belangt.

»Als die Polizei mit Bella aus dem Gebäude kam, sprang sie mir fast in die Arme«, sagt Michele. Getreu ihres Versprechens waren alle Gedanken daran, für Bella ein neues Zuhause zu finden, sofort vergessen. Was auch immer jetzt vor ihnen lag, fortan würden sie Seite an Seite gehen. »Von da an waren wir ein Team.«

Bella war, wie Michele schnell herausfand, das Gegenteil von Lucky. Nachdem sie wieder gesund war und verstand, dass Michele ihr Mensch fürs Leben war, beschloss Bella, ihre Persönlichkeit in all ihrer Farbenpracht zum Spielen zu bringen.

»Sie wachte jeden Tag auf und liebte das Leben. Manchmal weckte sie mich mit wedelndem Schwanz – so aufgeregt war sie, dem Tag entgegenzusehen. Sie war ein Hitzkopf, immer neugierig, frech und herausfordernd, aber unglaublich liebevoll.«

Während Lucky eine alte Seele war, die Michele viel über das Leben zu lehren hatte, brauchte und schätzte Bella die führende Hand ihrer Herrin. »Bella hat sehr darauf geschaut, dass ich sie führe. Sie erinnerte mich auch daran, nicht alles so ernst zu nehmen«, sagt sie. »Bella war in vielerlei Hinsicht wie ein Kind, während ich bei Lucky manchmal das Gefühl hatte, dass sie meine Mentorin war.«

Bella wurde Micheles Reisebegleiterin, als sie sich auf Luckys posthume Reise zu all den schönen Orten begab, die sie ihr zu zeigen versprochen hatte. Gemeinsam verstreuten sie Luckys Asche überall in den USA, vom schönen, ruhigen Hinterhof eines Hauses aus der Mitte des Jahrhunderts im Seattle-Vorort Bellevue bis hin zum Strand von St. Petersburg in Florida. Bella und Michele begleiteten Lucky auch zum Lake Pauline in Vermont, zu den Hundeparks in Manhattan, zum Cheesman Park in Denver, wo sie gerne eine Runde apportierte, zum Strand von Cape Elizabeth in Maine, zu den Ufern des Charles River in Boston, in die Wälder von Hadley, Massachusetts, und zum Arnold Arboretum im Bostoner Vorort Jamaica Plain, der »Heimat vieler Hasenjagden quer durch Rosensträucher«.

Am ersten Jahrestag von Luckys Tod kehrte Michele nach Cape Cod zurück, diesmal mit Bella im Schlepptau. Doch als die Zeit kam, Luckys Asche dort zu verstreuen, bestritt Michele diesen Teil der Reise allein.

»Ich stand in einem Schneesturm am Ende des Kaps und streute sie ins Meer, nur ich und ein paar Möwen, die auch verrückt genug waren, bei solchen Bedingungen draußen herumzuschwirren«, sagt sie.

Bella war abenteuerlustig und wurde nie müde, mit Michele quer durchs Land zu reisen. Da sie normalerweise nur so vor Lebenslust sprühte, war am 4. Dezember 2011 offensichtlich, dass etwas nicht in Ordnung war. An diesem Morgen war sie langsam, ruhig und kaum ansprechbar. Sie döste den ganzen Vormittag, und gegen Mittag beschloss Michele, sich für ein Nickerchen neben sie zu rollen.

»Ich griff nach ihrer Pfote, wie ich es oft tat, wenn wir schliefen, und ich merkte, dass sie kälter als sonst war. Also griff ich nach der anderen, die unter ihr steckte, und die war noch kälter«, sagt sie. »Mein Instinkt riet mir, auf ihr Zahnfleisch zu schauen. Als ich sah, dass es weiß war, wusste ich, dass ich sofort zum Tierarzt musste.«

Bella war fünf Jahre lang rund um die Uhr fröhlich und ausgelassen gewesen, weshalb Michele über diese plötzliche Veränderung besorgt war; blasses Zahnfleisch kann ein Zeichen für niedrigen Blutdruck, niedrige Körpertemperatur oder innere Blutungen sein. Sie wusste, dass ihre geliebte Boxer-Hündin sowohl körperlich als auch geistig stark war. Was auch immer Bella zu schaffen machte, Michele war sicher, dass sie es überwinden würde.

»Da Bella gesünder und jünger als Lucky war, dachte ich, sie hätte mehr Zeit. Wir würden den Tumor finden oder die Blutung stoppen und ihm den Garaus machen«, sagt sie. »Vielleicht war das der Grund, warum ich so hart daran gearbeitet habe, sie so unglaublich gesund zu machen – damit sie im Fall der Fälle vorbereitet war und es besiegen könnte.«

Micheles Tierarzt stellte schnell fest, dass tatsächlich innere Blutungen die Ursache für Bellas Lethargie und das blasse Zahnfleisch waren. Sie versuchten alles, gaben Bella mehrere Bluttransfusionen, aber sie konnten die Blutung nicht stillen. Am späten Sonntagabend überbrachte der Tierarzt die schreckliche Nachricht: Es konnte nichts mehr für Bella getan werden.

Auf Michele lastete die Verantwortung, Bellas Leiden zu beenden. Es lag an ihr, ihre treue, lustige Gefährtin vom Schmerz zu befreien, ihr zu helfen, sanft zu entschlüpfen. Es brach ihr das Herz, denn Bella schien zu verstehen, was vor sich ging.

»Bis ein paar Minuten vor ihrem Tod wusste sie nicht, was los war. Als ich begriff, was ich tun musste, und sie ansah und sie es in meinen Augen sah, stieß sie ein Winseln aus, das mir bis heute die Tränen in die Augen treibt«, sagt sie. »Sie wollte wissen, warum, und ich konnte ihr keine Antwort geben.«

Bella verstarb kurz nach Mitternacht in Micheles Armen. Die Ursache für ihre inneren Blutungen wurde nie eindeutig festgestellt, aber die Lage im Bauch ließ die Tierärzte vermuten, dass es sich um einen aggressiven Tumor an der Leber oder der Milz handelte.

Am nächsten Tag unternahm Michele eine traurige Tour durch ihre Bostoner Nachbarschaft und berichtete den Menschen, die sie so willkommen geheißen hatten, von Bellas Tod.

»Ich bin unseren Weg abgegangen und habe ihr Foto mit einem Zettel, auf dem ich mich persönlich bedankte, in jedem Café, Geschäft und bei jedem Nachbarn abgegeben, der zu unserem Alltag gehörte«, sagt sie. »Wenn ich mich versteckt hätte, wäre es später noch schwerer gewesen, da alle gefragt hätten, wo Bella sei. So wussten alle Bescheid, ich weinte viel und wurde oft in den Arm genommen. Ihr Bild hängt immer noch an einigen Plätzen. Sie war ein bisschen wie die Bürgermeisterin unserer Nachbarschaft.«

Als Bella sich Lucky im großen Hundepark im Himmel anschloss, war Michele sehr traurig, verdoppelte aber ihre Bemühungen, ihre beiden Mädchen auf eine bittersüße Weltreise zu schicken. Neben all den atemberaubenden Orten, an denen sie nun in den USA ruht, hatte Lucky auch Strände in Melbourne und Brisbane, die Straßen von Paris, ein Schafsfeld in Kent, England, und einen Berggipfel mit Blick auf ein kleines Dorf in Nepal »besucht«. Ihre Asche wurde sogar mit einer leichten Brise von der Spitze des Eiffelturms weggefegt.

»Es war nur logisch, dass auch Bella Teil der Odyssee wurde«, sagt Michele. »Die einzigen Plätze, die ich bewusst ausgesucht habe, drehten sich immer darum, Lucky zurück nach Denver, Brooklyn oder auf Cape Cod zu holen. Der Rest ergab sich durch die Reisen meiner Freund*innen. Ich habe einfach gefragt, und wenn sie zustimmten, reiste Lucky – und jetzt auch Bella – mit ihnen mit.«

Bella war inzwischen bei Lucky auf Cape Cod, an verschiedenen Orten in New York und Massachusetts und am Hundestrand von Del Mar in Kalifornien. Selbst in Indien, auf der Karibikinsel St. Barts und einem Aussichtspunkt oberhalb von Manly an Sydneys Nordstränden wurde die Asche der beiden verstreut. Irgendwie ist es schon seltsam, dass die beiden Hündinnen im Leben nie zusammen waren, aber es passt einfach, dass sie im Tod durch Micheles Hingabe vereint sind.

»Geografisch gab es keinerlei Einschränkung. Es fühlte sich einfach richtig an, so weit wie möglich die Flügel zu spannen und sie auf Reisen zu schicken«, sagt Michele. »Sie waren wunderbare, abenteuerlustige Mädchen, und sie sind viel weiter und öfter gereist als ich, auch wenn es erst posthum war.«

Obwohl einige Michele wegen ihres Engagements für Lucky und Bella, durch die Welt zu reisen, »für verrückt halten«, sagt sie, dass sie von der Bereitschaft der meisten Menschen, ihr bei der Expedition ihrer Tiere zu helfen, gerührt ist. Die Antworten, die sie auf ihre »verrückte« Anfrage erhält – »Hey, kannst du auf deiner Reise die Asche meiner toten Hündinnen verstreuen?« –, liefern ihr jedenfalls eine gute Gelegenheit, etwas über ihr Gegenüber und seinen Charakter zu erfahren.

»Es gab einen Mann, mit dem ich ein paar Jahre zusammen war, und kurz nachdem wir uns zum ersten Mal getroffen hatten, bat ich ihn, während einer Reise nach Europa Luckys Asche für mich zu verstreuen. Wir kannten uns kaum, aber er urteilte nicht, sondern stimmte ohne Zögern zu. Das war einer der vielen Gründe, warum ich mich Hals über Kopf in ihn verliebt habe. So eine seltsame Bitte von einer Frau, die man gerade erst kennengelernt hat, ist schon verrückt«, sagt sie. »Und was hat er gemacht? Ist über einen Zaun gesprungen, um sie auf einem Schafsfeld in England zu verstreuen, und in Melbourne hat er sie während eines Sommersturms verstreut. Das war eine schöne Geste und zeigte mir, wer er war.«

Aber ganz gleich, ob ihre Freund*innen und Familie ihre Bindung zu Lucky und Bella verstehen, ob sie ihre Entscheidung, als eine Art spirituelles Reisebüro für ihre ehemaligen Haustiere zu agieren, für seltsam halten oder nicht – Michele ist da kompromisslos.

»Ich zucke nur mit den Schultern«, sagt sie. »Um ehrlich zu sein, hatte ich eine sehr intensive Beziehung zu den Hündinnen in meinem Leben, und ich denke, es ist besser, als Närrin betrachtet zu werden, weil man ein Tier zu sehr liebt, als die Närrin zu sein, die diese Erfahrung von bedingungsloser Liebe verpasst hat, weil sie ›nur‹ ein Tier gesehen hat und nicht mehr.«

Noch sieht sie kein Ende der Odyssee von Lucky und Bella vor sich, aber wenn die Zeit gekommen ist, will sie sich ihnen anschließen. »Ich habe noch einen beträchtlichen Teil ihrer Asche übrig – und wenn es dann nur noch eine kleine Menge sein wird, dann werden sie darauf warten, dass ich mich ihnen anschließe, und die Leute werden instruiert, was als Nächstes zu tun ist«, erklärt sie. »Mein Plan für das Ende meines Lebens sieht vor, mit der Asche all meiner Hunde vermischt und gemeinsam über die Welt verstreut zu werden.«

Geografisch gesehen war dies die posthume Odyssee von Lucky und Bella – aber es war auch eine spirituelle Reise für Michele. Ihre »Wanderung« hat alle bewegt, die Teil davon waren.

»Im Allgemeinen bin ich ein ziemlich spiritueller Mensch. Um so ein Abenteuer zu beginnen, muss man das auch sein. Und anderen, die daran teilgenommen haben, hat diese besondere Art der Reise auch geholfen. Für viele war die Erfahrung kraft- und bedeutungsvoll«, sagt sie.

Mit der Zeit hat sich die Trauer über den Verlust von Lucky und Bella gelegt, und es ist ein großer Trost für Michele, dass sie ihr Versprechen gegenüber ihren Mädchen erfüllen kann.

Aber sie weiß auch, dass der Schmerz über den Verlust der beiden sie nie wirklich verlassen wird, und diese Reise hat ihr geholfen, mit diesem Wissen Frieden zu schließen.

»Trauer ist ein Prozess, der nie abgeschlossen ist. Sie entwickelt sich weiter und wächst mit dir«, sagt sie. »Ich werde die beiden nie vergessen oder darüber hinwegkommen, aber das macht mich eigentlich glücklich. Ich habe pfotenförmige Narben auf meinem Herzen, und ich habe gelebt, weil ich geliebt habe.«

Lucky, Bella und Michele teilten ein reiches und wunderbares Leben voller Freude miteinander, und obwohl sie vorübergehend getrennt sind, sind sie die Glücklichen; diejenigen, die wissen, dass der Tod nicht das Ende ist, sondern nur der Beginn einer neuen Reise.

Slum Dog Extraordinaire

Dinah

Die Hündin würde verschwinden müssen. Mit einem verzweifelten Seufzer rollte sich Jamila zur Seite und schaltete die Nachttischlampe ein. Die schwarz-weiße Hündin stand in der Tür und klimperte mit ihren langen Augenwimpern, als das Licht den Raum erfüllte. Sie starrte Jamila aufmerksam an und schwieg für einen kurzen, wunderbaren Moment. Ihr Schwanz peitschte hin und her wie eine Antenne in einer steifen Brise.

Dann begann sie wieder zu bellen, noch lauter und eindringlicher als zuvor. Jamila stöhnte auf. Sie konnte nicht verstehen, wie eine so winzige Hündin in solcher Lautstärke und so lange kläffen konnte, anscheinend sogar ohne Luft zu holen. Sie hoffte, dass ihre Nachbar*innen tief und fest schliefen; der Welpe bellte gefühlt schon seit Stunden, obwohl es wahrscheinlich nicht mehr als zehn Minuten waren. Trotzdem, so viel Lärm zu einer so unzivilisierten Stunde strapazierte ernsthaft ihre Freundschaft.

»Ich spiel jetzt garantiert nicht mit dir! Geh nach unten und schlaf!«, zischte Jamila. »Willst du zurück nach Marokko geschickt werden?« Sie sprach in einer Mischung aus Französisch und marokkanischem Arabisch. Die Hündin war erst seit ein paar Wochen in den Niederlanden; unwahrscheinlich, dass sie auf Befehle auf Niederländisch reagieren würde. Sie schien ohnehin nicht gerade mit Hirn gesegnet.

Wie durch ein Wunder drehte sich das Hündchen um und verschwand aus der Türöffnung. Jamila hörte, wie ihre kleinen Pfoten die Treppe hinunterschlitterten. Mit einem Seufzer der Erleichterung schaltete sie das Licht aus und sank zurück in die Kissen. Die Hündin würde gehen müssen, dachte sie wieder. Sie konnte es nicht zulassen, dass ihr Schlaf gestört wurde, weil sie das Tier jeden Tag ausführen, füttern und unterhalten musste. Sie hatte eigentlich keinen Hund gewollt. Sie hatte viel zu viel um die Ohren mit ihrem stressigen Job am Theater und ihrem turbulenten Sozialleben. Ihre Schwester würde einen anderen Ort für ihr Haustier finden müssen. Der Schlaf zerrte an den Rändern ihres Bewusstseins, als das Bellen wieder begann. Der Lärm verstärkte sich, als der Welpe die Treppe hinaufrannte, und wurde zu einer regelrechten Kakophonie, als sie wieder ins Schlafzimmer stürmte. Jamila schaltete die Lampe ein.

»Was? Was ist los, du dummes Vieh?!«

Der Welpe drehte sich im Kreis und bellte ohne Pause weiter. Sie kannte sich zwar mit Hunden nicht aus, aber Jamila hatte genug Ratgeber gelesen, um zu wissen, dass diese Art von aufmerksamkeitsheischendem Verhalten im Keim erstickt werden musste. Sie beugte sich vor und gab der Hündin einen leichten Klaps auf das Hinterteil. Dieses Getöse konnte so nicht weitergehen – Jamila musste dem Welpen zeigen, wer hier die Chefin im Haus war.

Die Hündin hielt einen Moment inne, gerade lange genug, um Jamila beleidigt anzustarren. Dann sprang sie mit einem flinken Sprung trotz ihrer geringen Größe auf das Bett und packte die Bettdecke zwischen ihren Zähnen. Jamila sah fassungslos zu, wie das Hündchen die Decke vom Bett zerrte und ihre Bemühungen nur unterbrach, um ihr eine weitere Salve von Kläffern zuzuwerfen.

Plötzlich kroch ein Schauer Jamilas Rücken hoch bis hinauf zu ihrem Hals. Obwohl noch im Halbschlaf, sagte ihr Instinkt, dass dies kein lästiges Herumtollen mitten in der Nacht war; die Hündin versuchte, ihr etwas zu sagen.

»Also gut«, sagte sie und schwang ihre Beine aus dem warmen Bett. »In Ordnung, du hast meine Aufmerksamkeit. Was ist los?«

Als die Hündin dieses Mal leichtfüßig auf den Boden hüpfte und aus dem Zimmer rannte, war Jamila ihr dicht auf den Fersen. Gemeinsam rasten sie die alte Holztreppe des Rotterdamer Stadthauses hinunter.

Jamila roch das Feuer, bevor sie es sah. Der Wohnbereich im Untergeschoss war mit beißendem Rauch gefüllt, der ihr die Luft nahm und in den Augen brannte. Es dauerte einige verwirrende Momente, bis sie gut genug sehen konnte, um die Quelle des stechenden Nebels zu bestimmen.

Ihre Küche stand in Flammen.

Flammen versengten die Schränke und leckten an der Decke. Es fehlte nicht viel zum Inferno – und der tapfere, entschlossene kleine Welpe hatte in den letzten fünf Minuten versucht, sie zu warnen. Derselbe Welpe, den Jamila noch vor wenigen Sekunden hatte vertreiben wollen.

Sie schnappte sich die Hündin, rief die Feuerwehr und rannte nach draußen. Als sie in der Dunkelheit stand und dem Heulen der herannahenden Sirenen lauschte, zitterte Jamila – ob vor Kälte oder Schock, konnte sie selbst nicht genau sagen. Die kleine Hündin war jetzt ruhig; sie hatte ihre Mission erfüllt und ihre Erleichterung war spürbar.

Jamila drückte den Welpen fest an ihre Brust. »Schon gut«, flüsterte sie in ein samtweiches Ohr. »Ich verstehe jetzt, warum du hier bist.«

Diese Hündin würde nirgendwo anders hingehen.

Es war das Jahr 1998. Jamila El Maroudi war »überhaupt kein Hundemensch«. Hunde standen für Verantwortung und Routine. Sie hatte Fernweh im Blut, und Haustiere banden die Menschen an einen Ort. Damals, in ihren Zwanzigern, genoss Jamila jede Menge Spaß und hatte noch zu viel von der Welt zu entdecken, um sich eine solche Last aufzubürden.

Geboren in Marokko, wanderte Jamila mit drei Jahren mit ihrer Familie nach Rotterdam in den Niederlanden aus. Ihre Eltern behielten ein Haus in der marokkanischen Hauptstadt Rabat und fuhren oft in die Heimat zurück, um dort Freund*innen und die Großfamilie zu besuchen. Als Jamilas Schwester Hasna in die Oberschule kam, versprach die Mutter ihr einen Hund als Belohnung für gute Noten. Der Haken an der Sache war, dass der Hund in Marokko leben sollte, wo ihn Jamilas Tante Zmeia versorgen sollte, während die Familie sich in Rotterdam aufhielte. Hasna stimmte zu; sie *war* definitiv ein Hundemensch, und ein eigener Haushund war ein Haushund, unabhängig von seiner Adresse.

Insgeheim hielt Jamila den Deal für ein bisschen verrückt, aber sie war zu der Zeit mit dem Rucksack in Israel unterwegs und hatte nicht das Gefühl, dass es ihre Aufgabe wäre, sich einzumischen.

»Irgendwie war das nicht durchdacht; sie fuhren ja nur für die Feiertage nach Rabat, aber das Haus dort war größer als das meiner Eltern in Holland, also hielten sie es für sinnvoller, den Hund dort zu halten«, sagt Jamila.

Generell, sagt Jamila, ist es für Muslime ungewöhnlich, Haustiere zu besitzen, obwohl es im Koran nicht ausdrücklich verboten ist. Im mehrheitlich muslimischen Marokko ist die Hundehaltung durchaus üblich. Tante Zmeia hatte also die Aufgabe, einen vierbeinigen Freund für Hasna zu finden. Sie bat einen Bekannten um Hilfe, der ihr sagte, dass es in Douar Kharga, einem der unterprivilegierten Viertel Rabats, Welpen in Hülle und Fülle gäbe.

Zmeias Kontaktperson nahm sie mit, um einen winzigen schwarz-weißen Welpen zu besuchen, der erst ein paar Monate alt war. Sie wusste sofort, dass ihre Nichte sich in den Welpen verlieben würde.

»Da sie nicht besonders clever war, fragte sie: ›Wie viel soll der Welpen denn kosten?‹ Weil Zmeia mitten im Slum eine solche Frage stellte, dachten sie, dass sie richtig viel Geld hätte und verlangten 700 Dirham [etwa 65 Euro]«, erinnert sich Jamila. »Sie sagte nur: ›Okay‹ und nahm die kleine Hündin mit nach Hause.«

Jamilas Eltern kamen bald darauf zu Besuch, und wie vorhergesagt, war Hasna sofort vernarrt in ihr neues Haustier. Das Einzige, was ihr an dem Welpen nicht gefiel, war sein Name: Rosa.

»In Marokko sind die Zuschauer wie besessen von südamerikanischen Seifenopern. Sie werden alle auf Arabisch oder Französisch synchronisiert, und jede Heldin heißt Rosa«, erklärt Jamila. Diese Hündin war definitiv keine Rosa.

Die gesamte Familie El Maroudi liebt Jazz und so nannte Hasna die kleine Hündin Dinah nach der amerikanischen Jazz-Sängerin und selbsternannten »Queen of the Blues« Dinah Washington. Es war eine passende Wahl: Einer von Washingtons größten Hits ist das oft gecoverte »Unforgettable«, und die kleine Dinah würde sich bald als unvergesslich erweisen. Der hebräische Name bedeutet »gerechtfertigt«, und auch das sollte sich als passend erweisen.

Die Regeln für Dinahs Zugehörigkeit zur Familie waren klar: Sie würde in Marokko bleiben, wenn die Familie in die Niederlande zurückkehrte. Aber Hasna hing so sehr an dem Hund, dass sie es nicht ertragen konnte, ihr Haustier nach dem zweiwöchigen Urlaub zurückzulassen. Nach langem Zureden überredete sie ihre Eltern, Dinah mit nach Rotterdam zu nehmen. Mehr wollten diese nicht zulassen, denn sie waren immer noch der Meinung, dass der Welpe anderswo untergebracht werden müsste, wenn sie wieder zu Hause wären.

Hasna machte sich darüber keine Gedanken. Sie kannte da eine gewisse große Schwester, von der sie sicher war, dass sie Mitleid mit einer kleinen, flauschigen Einwanderin haben würde.

Da kam das nächste Problem: Wie sollten sie die Hündin in die Niederlande holen? Die Meerenge von Gibraltar, Spanien, Frankreich und Belgien stand zwischen Dinah und ihrem neuen Zuhause. Auf der Landkarte sah das nicht viel aus – die 3000 Kilometer lange Reise konnte man mit der Fähre und auf der Straße oder mit einem fünfstündigen Flug zurücklegen – aber die Realität erwies sich als komplexer.

Laut Gesetz musste Dinah einer Reihe von Gesundheitschecks und Impfungen unterzogen werden, bevor sie als fit für die Einreise in die Niederlande eingestuft werden konnte. Die wichtigste davon war die Tollwutimpfung – Tollwut ist in Marokko endemisch. Die Niederlande verlangen, dass Hunde mindestens drei Wochen vor der Ankunft im Land gegen Tollwut geimpft werden, und man muss einen tierärztlich beglaubigten Nachweis über das Datum der Impfung vorlegen.

Die El Maroudis wollten aber in nur einer Woche nach Hause fliegen.

»Also überlegten sie sich: Wir lassen sie impfen und geben dem Tierarzt ein bisschen mehr Geld, damit er die Daten auf dem Zertifikat ändert, und das tat er dann auch«, sagt Jamila. »Sie haben den Tierarzt bestochen.«

Nach ihrer Rückkehr nach Rotterdam vertrat Hasna sofort Dinahs Fall vor Jamila, die zwölf Jahre älter war und gerade von ihrer Reise durch Israel nach Hause kam.

»Ich bin überhaupt kein Hundemensch, aber ich gab schließlich nach und sagte: ›Bring die Hündin halt her und wir schauen mal‹«, sagt sie.

Der erste Eindruck war nicht positiv. Dinah hatte ihre ersten Monate damit verbracht, ein wildes Leben in den Slums von Rabat zu führen und sich dann zwei Wochen lang von Jamilas verzückter Schwester nach allen Regeln der Kunst verwöhnen zu lassen. Sie war überhaupt nicht erzogen. Zu sagen, dass es ihr an Manieren mangelte, wäre untertrieben.

»Sie war wie durchgeknallt. Wirklich wild. Sie stürmte ins Haus und sprang auf Sofas und Tische«, sagt Jamila. »Sie hatte sich mit den Kindern in den Slums herumgetrieben. Mein erster Gedanke war also: ›Was soll ich bloß mit diesem Ding machen?‹«

Widerwillig machte sich Jamila daran, den widerspenstigen Köter zu einer halbwegs akzeptablen Mitbewohnerin zu formen. Sie las Ratgeber über Verhalten und Hundeausbildung. Sie trainierte die kleine Hündin täglich, um etwas von ihrer unbändigen Energie abzubauen, eine Aufgabe, auf die Jamila gut hätte verzichten können. Dinah war ein Haushund, und das bedeutete, dass Jamila gezwungen war, sie in den kalten europäischen Wintertagen häufig nach draußen zu begleiten, um die Toilette aufzusuchen.

Dinah wollte nicht einmal Hundefutter fressen. In den Slums hatte ihr Besitzer sie mit aromatischen Fleisch-Tagines gefüttert, und mit ihrem Gourmet-Gaumen rümpfte sie die Nase über alles, was nicht hausgemacht war.

Nichts schien zu funktionieren. Später ging Jamila auf, dass Dinahs Überschwang nur typisches Welpenverhalten gewesen war. Damals dachte sie jedoch, die Hündin wäre einfach außer Kontrolle geraten. Nach zwei Wochen ihrer unausgegorenen Beziehung war Jamila am Ende ihrer Kräfte. Dinah war hier nicht mehr willkommen. Hasna musste andere Vorkehrungen treffen.

Dann fing die Küche Feuer, und genau wie ihr Name es vorausgesagt hatte, wurde Dinahs Dasein gerechtfertigt.

Die Ursache des Feuers wurde nie herausgefunden, aber diese Nacht stellte einen Wendepunkt für Jamila und Dinah dar. Von diesem Moment an waren die beiden unzertrennlich. Obwohl Dinah weiterhin als Familienhund betrachtet wurde – und Jamilas Schwester regelmäßig zu Besuch kam –, waren alle Fragen über das weitere Sorgerecht für die kleine Hündin nun klar beantwortet.

Jamila arbeitete in der Marketingabteilung der Rotterdamse Schouwburg, einem der führenden Theater der Niederlande. Sie hatte die Stelle sieben Jahre lang inne, und Dinah kam jeden Tag mit ihr zur Arbeit.

»Wir organisierten große Produktionen und hatten viele internationale Besucher*innen. Wir haben sie dort abgerichtet und sie gehörte einfach dazu«, sagt sie. »Es gab sogar extra ›Anwesend-‹ und ›Abwesend‹-Schilder für sie, damit die Leute wussten, ob sie da war oder nicht. Sie wurde immer von allen geknuddelt und gestreichelt. Jeder kannte Dinah, aber nicht jeder kannte mich. Die Leute sagten oft zu mir: ›Ich habe Sie ohne Ihren Hund gar nicht erkannt!‹«

Dinah fühlte sich im Theater so wohl, dass sie lernte, sich selbst im Gebäude zurechtzufinden. Sie fuhr mit dem Aufzug, oft allein, zur Kantine im ersten Stock, wo sie nur mit ihren großen braunen Augenlidern klimpern musste, um eine großzügige Portion von dem abzubekommen, was an diesem Tag auf dem Speiseplan stand.

»Einmal hatten wir eine Truppe aus Japan zu Besuch, vierzig Frauen, die alle in Kimonos gekleidet waren. Bevor sie auf die Bühne gingen, aßen sie im Restaurant zu Abend«, erzählt Jamila. »Es war ganz so, als hätte Dinah die vierzig Frauen beim Essen gerochen – sie ist einfach nach unten gelaufen. Ich folgte ihr, und da waren all diese Frauen, die herumsprangen und aufgeregt in die Hände klatschten, als sie sie sahen.«

Dinah war bereits weitgereist und sammelte als Jamilas Begleiterin noch mehr Flugmeilen. In den Jahren nach ihrem Umzug in die Niederlande besuchte Dinah zweimal ihr altes Revier in Marokko – und schien bei beiden Gelegenheiten unbedingt zeigen zu wollen, dass sie ihre unglücklichen Anfänge hinter sich gelassen hatte.

»Einmal schlug ich vor, in ihrem alten Viertel vorbeizuschauen. Meine Schwester und ich nahmen sie mit in die Slums und es war, als würde sie verstehen, wo sie war«, sagt Jamila. »Sie hatte diesen speziellen Gang, als ob sie sagen wollte: ›Ich bin nicht von hier, meine Damen – ich habe schon die Welt gesehen.‹ Sie war so arrogant!« Dinahs Angeberei veranlasste Jamila dazu, sie als »bourghetto« zu bezeichnen – eine Kombination aus »bourgeois« und »ghetto«.

Die Rückkehr nach Rabat war auch eine Art Wegmarke für Jamilas und Dinahs gemeinsame spirituelle Reise. Von ihrer anfänglichen Ambivalenz gegenüber Hunden war Jamila durch die Bindung zu ihrer hündischen Begleiterin nun zu einem bekennenden »Hundemensch« geworden.

»Sie hat mich komplett verändert – ich bin jetzt ein riesiger Hundefan«, lacht sie. »Als ich in Marokko ein Haus gemietet und Hundefutter gekauft hatte, um die streunenden Hunde auf dem Grundstück zu füttern, kam Dinah herausgerannt und verjagte sie alle, indem sie mich empört anbellte, ganz so, als würde sie sagen: ›Was machst du da? Das ist *mein* Futter!‹«

Der angeborene Beschützerinstinkt, der sich in der Nacht des Küchenfeuers entwickelt hatte, entfaltete sich in Rabat endgültig. Die Leute, die neben Jamilas Eltern wohnten, hatten vier große deutsche Schäferhunde; mit jeweils mehr als 30 Kilogramm ließen sie die sieben Kilogramm schwere Dinah wie ein Zwerg aussehen.

»Sie preschte immer nach draußen und spielte mit allen Nachbarskindern im Vorgarten. Eines Tages hat einer der Schäferhunde versucht, eines der Kinder anzugreifen, Dinah ist ausgerastet und hat ihn in die Flucht geschlagen«, sagt Jamila. »Sie ist ein Winzling, aber sie hat ihn in seine Schranken gewiesen und verjagt. Bis heute flippt sie jedes Mal aus, wenn sie einen deutschen Schäferhund sieht.«

Jamila war damals schon stolz auf ihre kämpferische Freundin, aber sie sollte noch stolzer werden.

Es war spät, aber Jamila konnte nicht schlafen. Es lag etwas in der Luft, ein Vorzeichen von Gefahr. Sie konnte es nicht genau zuordnen, aber Jamila fühlte sich in dieser Nacht in ihrem alten Stadthaus merkwürdig unwohl.

Sie nahm Dinah und ihre Bettdecke und ging die Treppe hinunter. Sie überprüfte, ob alle Fenster und Türen verschlossen waren, und rollte sich dann auf dem Sofa zusammen. Irgendwie fühlte sie sich hier unten sicherer, mit ihrer kleinen Hündin zu Füßen. Schließlich driftete sie in einen unruhigen Schlaf.

Wildes Bellen weckte sie einige Zeit später. Wie lange hatte sie gedöst? Es konnten Minuten gewesen sein, oder Stunden. Sie war desorientiert.

Feuer! Jamilas erster Gedanke erfüllte sie mit Panik. Sie suchte den unteren Wohnbereich ab, aber anders als beim letzten Mal, als Dinahs Bellen sie aus dem Schlaf gerissen hatte, sah diesmal alles so aus, wie es sein sollte.

Trotzdem konnte sie das mulmige Gefühl nicht abschütteln, das sie aus dem Bett getrieben hatte, und Dinahs hektisches

Bellen trug nicht dazu bei, ihre Angst zu lindern. Dinah bellte wirklich erstaunlich, und in diesem Moment klang es noch rauer als sonst. »Sie war einfach wütend‹, erinnert sich Jamila. Dinah eilte zum großen Panoramafenster, das in den Garten hinausblickte. Tagsüber durchflutete es den Wohnbereich mit Licht. Jetzt war es durch Vorhänge abgeschirmt, und zwischen dem unteren Ende der Vorhänge und dem Fußboden war nur ein kleiner Spalt. Die kleine Hündin schlängelte sich in den Spalt und setzte ihren lautstarken Angriff auf das fort, was sich auf der anderen Seite des Glases befand.

»Wenn man sich draußen im Garten auf dem Bauch legt, kann man unter den Vorhängen hindurchsehen, wie ich auf dem Sofa liege«, sagt sie. »Dinah drängte sich unter die Vorhänge und flippte aus.«

Jamila wusste, dass da draußen etwas war; die Nacht des Feuers hatte sie gelehrt, dass Dinah sich nicht ohne guten Grund so verhielt. Sie stand vom Sofa auf und zog die Vorhänge zurück.

Vor ihr stand, mit nur ein paar Zentimetern Glas zwischen ihnen, ein hünenhafter Mann, der sich entblößt hatte. Er starrte Jamila an, während er versuchte, durch das Fenster einzubrechen.

Obwohl der Anblick erschreckend war, hatte Jamila keine Angst – sie war nur wütend. Sie brannte vor Wut. Sie rannte nach draußen und – zum Glück für ihn – rannte ihr potenzieller Angreifer auch.

»Damals hatte ich keine Angst. Dein Instinkt setzt ein und du denkst nur: *Ich muss mich verteidigen. Dinah drehte durch. Ich drehte durch. Ich hätte ihn auch angegriffen«, sagt sie. »Erst nachdem die Polizei da war, fing ich an zu zittern und zu weinen.«

Am nächsten Tag ging Jamila zur Polizeiwache, um eine offizielle Aussage zu machen. Dort erfuhr sie, dass der Mann für mehr als ein Dutzend sexueller Übergriffe in der Gegend verantwortlich gewesen sein soll. Offenbar hatte er Jamila als sein nächstes Opfer ausgewählt. »Die Polizei sagte, dass er es auf Frauen abgesehen hatte, von denen er wusste, dass sie allein lebten«, sagt sie. Sie glaubt nicht, dass der Mann jemals gefasst wurde.

Dinah hatte Jamila wieder einmal gerettet. Ein weiterer Beweis dafür, dass die kleine Hündin sie auserwählt hatte.

»Ich weiß, dass Dinah, so klein sie auch war, mich beschützt hätte. Ich verstand in diesem Moment, dass das Schicksal war«, sagt sie. »Diese Hündin gehörte zu mir und war dazu bestimmt, mich zu beschützen, und umgekehrt galt das genauso: Ich beschütze sie auch.«

Jamila und Dinah zogen aus dem Stadthaus aus, und es dauerte nicht lange, bis sie gemeinsam eine weitere unglaubliche Reise antraten.

Im Jahr 2004 lernte Jamila einen gutaussehenden Australier namens David kennen. Nach einer rasanten Romanze verlobten sie sich und beschlossen dann, 16 500 Kilometer entfernt in Davids Heimatstadt Melbourne zu ziehen.

»Natürlich musste Dinah mitkommen. Ich wollte auf keinen Fall ohne meine Hündin dorthin«, sagt Jamila. »Bevor ich meinen Mann kennenlernte, hat meine Schwester immer gescherzt: ›Die längste Beziehung, die du je hattest, ist mit deiner Hündin.‹ David und ich haben 2006 geheiratet, aber Dinah trägt immer noch meinen Nachnamen.«

Diesmal gab es keine Tricksereien mit den Impfunterlagen. Die australischen Quarantänebestimmungen sind streng und kompromisslos, und es führte kein Weg daran vorbei, dass Dinah, inzwischen etwa sieben Jahre alt, bei der Ankunft einen Monat in Quarantäne verbringen musste.

Dinah bewältigte die Reise mit ihrer typischen Selbstsicherheit. Für eine Hündin, deren Odyssee sie aus den Slums in Marokko in die Theaterszene in den Niederlanden geführt hatte, stellte ein Abstecher auf die andere Seite des Planeten nur ein weiteres großes Abenteuer dar.

Am meisten hatte Jamila mit der Odyssee ihrer temperamentvollen Hündin zu kämpfen. »Die Quarantäne war furchtbar. Es war wie ein Hundeasyl. Sie musste zwar nur vier Wochen bleiben, aber das war trotzdem zu lang«, sagt sie. »Als sie herauskam, konnte sie nicht mehr bellen, weil sie so viel gebellt hatte, dass sie heiser war. Das würde ich ihr nie wieder antun.«

Mehr als ein Jahrzehnt nach ihrer zweiten Auswanderung ist Dinah nun eine rüstige Achtzehnjährige – aber die Sprache hier versteht sie immer noch nicht. »Die Leute fragen mich immer, ob sie Australisch versteht, aber das tut sie nicht. Das einzige englische Wort, auf das sie reagiert, ist ›Schmacko‹«, lacht Jamila.

Dinah ist inzwischen taub und hat Schwierigkeiten, mit der gleichen Leichtigkeit auf das Sofa oder das Bett zu springen wie in ihren jüngeren Tagen. »Aber sie ist immer noch sehr glücklich«, sagt Jamila.

Nach wie vor ist sie die unermüdliche Begleiterin ihres Frauchens. »Ohne sie wäre ich in Australien sehr einsam gewesen, besonders im ersten Jahr«, sagt sie. »Sie wird immer noch als Familienhund betrachtet. Meine Schwestern frotzeln gerne, dass sie nach Australien kommen, um Dinah zu besuchen und nicht mich. Trotzdem ist sie mehr mir als den anderen.«

Im Jahr 2015 hatte Dinah einen Anfall. Sie weckte Jamila um vier Uhr morgens, und diesmal brauchte sie Jamila.

»Ihre Zunge hing heraus und ihre Augen waren seltsam. Sie konnte nicht laufen. Wir dachten, das war's, wir hatten Angst, dass sie beim Tierarzt eingeschläfert werden müsste«, sagt Jamila. »Aber dann meldete sich mein Sturkopf und ich sagte mir: ›Dinah, du gehst nirgendwo hin.‹«

Also sprach sie das Zauberwort aus – »Schmacko« – und Dinah hob ihren Kopf. »Sie stand auf, und innerhalb einer halben Stunde war sie wieder normal«, sagt sie.

Aber die Episode erinnerte sie daran, dass Hunde leider nicht ewig leben – wie die amerikanische Autorin Agnes Sligh Turnbull einmal witzelte, sei das ihr einziger Makel. Das Wissen, dass Dinah sich dem Ende ihres außergewöhnlichen Lebens näherte, hat Jamila umso dankbarer für die gemeinsame Reise gemacht.

»Ich hätte mir nie vorstellen können, was sie einmal für mich bedeuten würde. Ich wollte sie nicht einmal. Ich war in meinen Zwanzigern, als sie in mein Leben trat, und ich dachte nur, *das ist mir zu anstrengend*«, sagt sie. »Jetzt bin ich in meinen Vierzigern und ich würde alles für sie tun. Wir sind ein Duo.«

Vom Slum Dog zum geliebten Haustier, von Marokko über die Niederlande bis nach Melbourne – die kleine Dinah ist der Beweis, dass lieben und geliebt werden die unglaublichste Reise von allen ist.

Das unglaubliche Rennen

Die Iditarod-Story

Der Checkpoint in Shaktoolik, Alaska, USA, glich einem Kriegsgebiet. Als sein Team von zwölf Alaskan Huskies in das winzige Dorf am Ostufer des Norton Sound stürmte und der eisige arktische Wind sie von allen Seiten umwehte, nahm Christian Turner schockiert die Erschöpfung in den Gesichtern der Hundeschlittenführer*innen wahr, die vor ihm angekommen waren. Von den sechs, die es während des heftigen Küstensturms in der Nacht zuvor nach »Shak« geschafft hatten, waren fünf noch hier und erholten sich. Ihre Hunde waren ohne jeglichen Plan irgendwo »geparkt«, ganz so, als hätten sie sich geweigert, auch nur einen weiteren Schritt zu tun. Ein Hundeschlittenführer hatte schwere Erfrierungen; sein Kopf war in Verbände gehüllt.

Christian war froh, dass er am letzten Checkpoint, Unalakleet, auf die Rennrichter*innen gehört hatte und dort die Nacht verbracht hatte, um den Sturm abzuwarten. Seine

Hunde waren gut ausgeruht, und jeder in Shak kommentierte seine gute Laune und sein breites Lächeln – so etwas hatten sie eine ganze Weile nicht mehr zu Gesicht bekommen. Der 21-jährige Australier hatte allen Grund zur Freude: Sein Team aus zweijährigen Neulingen hatte die rund 60 Kilometer von Unalakleet in unglaublichen fünfeinhalb Stunden zurückgelegt. Auf dem Weg nach Shaktoolik hatte er gehört, dass Stürme den Teams weiter nördlich Probleme bereiteten, aber ab Unalakleet war das Wetter gut gewesen, und die Hunde wollten einfach nur rennen und rennen.

Little Lava hatte das Team bisher fast 800 Kilometer lang angeführt – den ganzen Weg von der Stadt Nikolai aus – und zeigte immer noch keine Anzeichen von Ermüdung. Die Leithunde wurden normalerweise als Erste müde, da sie die Hauptlast beim Bahnen des Wegs trugen. Aber Lava war ein schlaues kleines Ding: Sie war läufig, und wenn sie hinten im Rudel gelaufen wäre, hätten die Leitrüden ständig angehalten und gewendet, um zu ihr zu gelangen. Das hätte den Schwung zerstört, weshalb Christian keine andere Wahl gehabt hatte, als sie an die Spitze zu setzen. Die schlaue Lava schien zu verstehen, dass sie entweder an der Spitze laufen oder zurückbleiben musste. Sie arbeitete hart, um sich als wertvollste Läuferin zu beweisen.

Aber das hier war das Iditarod – das längste und anspruchsvollste Hundeschlittenrennen der Welt –, und in diesem Jahr, 2014, erwies sich der Wettbewerb als besonders hart für alle Teilnehmer*innen, einschließlich Christian. Für März herrschte ein ungewöhnlicher Schneemangel, was eine Reihe von Schwierigkeiten mit sich brachte, auf die sich die Hundeschlittenführer*innen, die den ganzen Winter über im Tiefschnee trainiert hatten, in ihren Rennstrategien nicht vorbereitet hatten. Als er den Shaktoolik-Kontrollpunkt nach nur zwei Stunden Ruhezeit verließ – was bei einem Team mit so jungen Hunden sehr ungewöhnlich war – wusste Christian, dass er einen klaren Kopf bewahren musste.

Der Wind heulte, als das Team mit Lava stolz an der Spitze nach Norden in Richtung der Stadt Koyuk aufbrach. Lava wedelte beim Aufbruch freudig mit dem Schwanz, was keiner der anderen Hunde tat – es war fast schon ihr Markenzeichen. Der Sturm hielt immer noch an, aber Christian hatte das Gefühl, dass er und die Hunde damit zurechtkommen würden. Die Distanz dieser Etappe betrug weniger als 80 Kilometer, aber erfahrene Iditarod-Teilnehmer*innen gaben an, dass sie sich wie das Doppelte anfühlte, weil sie flach, strukturlos und todlangweilig war. Mehr als 60 Kilometer der Strecke verliefen auf dem zugefrorenen Norton Sound. Etliche Teams kamen hier nicht weiter, weil ihre Hunde sich vor der riesigen, weißen Meereisfläche erschreckten und sich entweder weigerten, sie zu überqueren, oder versuchten, auf halber Strecke umzukehren.

Das späte Nachmittagslicht schwand schnell, als Christian mit seinem Team auf das Eis hinausfuhr. Fast sofort konnte er erkennen, dass der starke Wind den wenigen Schnee, den es noch gegeben hatte, auf das Meer hinausgeblasen hatte. Der Weg war mit reflektierenden Markierungen gekennzeichnet, aber bei den stürmischen Bedingungen war es schwer, sie zu erkennen. Sobald die Sonne untergegangen war, würde es fast unmöglich sein, sie zu sehen.

»Wenn du auf dem Eis in einen Sturm gerätst«, warnte die Organisation die Hundeschlittenführer*innen jedes Jahr,

»dann bist du in Schwierigkeiten.« Christian sollte bald herausfinden, wie ernst die Lage war.

Bis der Wind auffrischte, hatten sie eine gute Zeit hingelegt. Plötzlich wehte der Schnee jedoch seitlich herein und die Sicht lag praktisch bei null. Da kein Schnee das Eis bedeckte, das den Hunden Halt gegeben hätte oder in das sich die Bremsen des Schlittens hätten verhaken können, drängte der Sturm das Team vom Weg ab – direkt auf den offenen Ozean zu.

»Das Eis verschiebt sich und bildet große Spalten, und es wird echt schwierig, eine gerade Linie zu halten. Unter uns war scharfes, blankes Eis und die Hunde stürzten«, sagt Christian. »Zu meiner Linken war das Meer. Ich wusste nicht, welcher Weg uns raus führen würde. Ich hatte große Angst.«

Im Stockdunkeln konnte Christian nur den Strahl seiner Stirnlampe dorthin richten, wo er den Weg vermutete, und nach dem Aufblitzen einer Markierung suchen. Mühsam legte das Team die nächsten paar Kilometer auf diese Weise zurück. Trotz ihrer Hartnäckigkeit hatte Lava an der Spitze zu kämpfen, der Wind blies ihr ins Gesicht, während sie sich anstrengte, die Markierungen zu erkennen und das Team zu ihnen zu lenken. Christian konnte die Angst in ihren Augen sehen, also hielt er das Team an und ging ihre Reihe entlang zu ihr nach vorne. Er knuddelte sie und gab ihr ein paar aufmunternde Worte, dann fuhren sie weiter in den Schneesturm hinein.

Christian rief das Kommando fürs Linksabbiegen, »Haw!«, Lava antwortete und lenkte das Team nach links und zurück auf den Pfad. Sie bewegten sich langsam vorwärts, wobei Christian immer wieder anhielt und an die Spitze seines

Teams ging, um selbst nach der nächsten Markierung Ausschau zu halten. Sie bewegten sich im Schneckentempo, aber zumindest kamen sie voran.

Und dann war da plötzlich ... nichts. Christian ging wieder nach vorne, konnte aber die nächste Markierung nicht sehen. Er drehte sich um, konnte aber auch die letzte nicht ausmachen. Er hatte keine Ahnung, ob sein Team noch auf dem richtigen Weg war. Vielleicht waren sie nur wenige Schritte davon entfernt, ins Meer zu stürzen. Lava wusste es auch nicht; sie schwankte von links nach rechts und suchte nach dem Weg. Alles, was Christian erkennen konnte, war Dunkelheit. Alles, was er hören konnte, war das Kreischen des Sturms, der mit jeder Minute schlimmer wurde.

Die Worte seines Mentors, des Besitzers der Hunde, Dallas Seavey, hallten Christian im Kopf nach. Dallas sagte immer, wenn ein Hundeschlittenführer sein Team einmal aufgeben lässt, steigt die Wahrscheinlichkeit, dass sie bei nachfolgenden Rennen wieder aufgeben. Ein guter Hundeschlittenführer kenne die Grenzen seines Teams, sagte Dallas, und treibe sie bis an diese Grenze – aber nie darüber hinaus. Im Alter von nur 25 Jahren hatte Dallas 2012 als jüngster Hundeschlittenführer das Iditarod gewonnen. Er wusste, wovon er sprach, und er war ein guter Freund von Christian – auf keinen Fall wollte der australische Rookie die Hunde von Dallas gefährden.

Alle Iditarod-Teilnehmer*innen müssen eine Notrufbake zur Positionsanzeige mit sich führen, und zum ersten Mal erwog Christian, seinen Funksender zu benutzen. Damit würde er das Rennen aufgeben, aber er sah keine andere Möglichkeit, als Hilfe zu rufen. Das Rennen zu beenden, stand zu diesem Zeitpunkt nur noch an dritter Stelle seiner Prioritätenliste. Die Sicherheit der Hunde war seine Hauptsorge, dicht gefolgt von seiner eigenen.

Aber etwas hielt ihn zurück. Trotz der gefährlichen Bedingungen und ihrer offensichtlichen Müdigkeit waren die Hunde immer noch glücklich. Sie waren motiviert und wollten weitermachen, auch wenn das in diesem Moment wie Selbstmord aussah. Diese jungen Hunde hatten Christians Erwartungen bisher weit übertroffen, und er wusste, dass sie noch mehr zu geben hatten. Alles, was sie tun mussten, war, den Sturm zu überstehen und vom Eis zu kommen.

Entschlossen trieb Christian seinen Schneehaken – den Anker des Schlittens – tief ins Eis und drehte den Schlitten, um eine Barriere gegen den unerbittlichen Wind zu errichten. Die Temperatur sank und die Hunde froren trotz der isolierten Jacken und Füßlinge, die sie alle trugen. Ohne zusätzlichen Schutz würden sie die Nacht auf dem Eis nicht überleben; die Kälte würde sie alle umbringen.

So schnell er es mit seinen erfrorenen Fingern schaffte, lud Christian den Schlitten aus. Er legte die drei weiblichen Huskys auf die Ladefläche und verschloss den Schlittensack mit dem Reißverschluss, dann packte er vier Rüden in seinen Schlafsack. Damit waren noch fünf Rüden draußen in der Kälte. Christian band sie so eng wie möglich aneinander und positionierte sie hinter dem Schlafsack, in der Hoffnung, dass dieser als Windschutz dienen würde. Die Hunde kauerten sich zusammen wie Pinguine.

Endlich konnte sich Christian auf seine eigene Sicherheit konzentrieren. Er war eiskalt und sehr, sehr müde. Er wusste, dass es riskant war, unter diesen Bedingungen auf dem Eis zu schlafen. Er konnte sich unterkühlen und würde nicht mehr aufwachen. Aber er hatte keine Wahl – er musste sich ausruhen. »Es war, als würde man auf einem Eisblock schlafen«, sagt er. »Mir war klar, dass ich nicht einschlafen sollte, aber ich war einfach so erschöpft.«

Er zog jedes Kleidungsstück an, das er hatte, zog seine Kapuze über den Kopf und rollte sich um den engen Knoten der Hunde – und hoffte auf das Beste.

Die unbarmherzige Wildnis Alaskas liegt sehr weit von der Stadt Dorrigo an der Nordküste von New South Wales, Australien, entfernt, wo Christian geboren wurde und seine Kindheit verbrachte. Und Rennen mit Huskys über gefrorenes, weit abgelegenes Terrain zu fahren, lag bei den sommerlichen Aktivitäten, die er als Teenager an Sydneys Stränden unternahm, auch nicht sonderlich nah.

Obwohl Christian »definitiv kein Schnee-Mensch« war, zog der Hundeschlitten-Sport – und sein Heiliger Gral, das Iditarod-Rennen – ihn in den Bann, sobald er zum ersten Mal davon hörte.

»Ich liebe Hunde, seit ich denken kann. Mein Vater besaß eine Farm in Dorrigo und hielt Gebrauchshunde«, sagt er. »Später lebte er in Dural, am Stadtrand von Sydney, und weil ich dort mit ihm Zeit verbrachte, lernte ich eine Dame kennen, die einen Meistertitel in Agility gewonnen hatte, eine Hundesportart, bei der der Hund einen aus mehreren Hindernissen bestehenden Parcours in einer festgelegten Reihenfolge und innerhalb einer gegebenen Zeit überwinden muss. Und so trainierte ich die entsprechenden Parcours mit einem Border Collie.«

Im Jahr 2008, Christian hatte das erste Jahr seines Kommunikationsstudiums hinter sich, unterbrach der damals Neunzehnjährige sein Studium, um nach Kanada zu reisen. Ursprünglich wollte er den nördlichen Winter mit Snowboarden verbringen, doch die Reisekasse war schnell leer und Christian suchte Arbeit.

Er bewarb sich um einen Job als Hundeführer bei einer Firma, die Hundeschlittentouren in den spektakulären Rocky Mountains anbot. »Ich habe meinen Lebenslauf aufgehübscht und gesagt, dass ich mehr mit Hunden gemacht habe, als ich es tatsächlich hatte«, lacht er. »Hundeschlittenfahrten hatte ich vorher noch nie gemacht, und der Ort, an dem sie die Touren durchführen, ist einfach atemberaubend. Man kann keine Autos hören. Man sieht keine Menschen. Man ist draußen in der Wildnis. Es war wirklich überwältigend.«

Sein Job bestand darin, hinter den Hunde sauber zu machen und Touristen auf kurze Schlittentouren mitzunehmen. Obwohl die Arbeit nicht allzu anstrengend und die Landschaft unglaublich war, sehnte sich Christian nach seinem ersten Winter in diesem Job nach einer neuen Herausforderung.

»Ich fing an, mich ein bisschen zu langweilen, und begann, mich für Rennen zu interessieren. Ich sagte zu den Reiseveranstaltern: ›Wenn ich eure Hunde für Rennen einsetzen darf, komme ich nächsten Winter wieder und arbeite für euch‹«, erzählt er.

Sie stimmten zu, und im folgenden Winter kehrte er zurück und begann, an lokalen Rennen teilzunehmen. Mushing – wie Hundeschlittenrennen genannt werden – ist ein beliebter Wintersport in Kanada, und es dauerte nicht lange,

bis Christian an allen Veranstaltungen in der Nähe teil-
genommen hatte. Er erweiterte seinen Radius, und nach drei
Wintern bei dem Tourenunternehmen hatte er praktisch alle
Schlittenrennen in Kanada absolviert.

»Kurze Distanzen waren keine echte Herausforderung, und
ich begann zu gewinnen. Sobald man es in dieser Gruppe
schafft, merkt man, dass es größere und bessere Rennen gibt,
und die meisten davon finden im Norden statt«, sagt Christian.

Mit »Norden« sind die kanadischen Nordwest-Territorien,
der Yukon und Alaska gemeint, der größte und am dünnsten
besiedelte US-Bundesstaat. Sie gehören zu den abgelegensten
und unwirtlichsten – wenn auch atemberaubend schönen –
Regionen auf dem Planeten, was sie zu idealen Austragungs-
orten für legendäre Langstrecken-Hundeschlittenrennen
macht. Dazu gehören das 500 Kilometer lange Ivakkak-Ren-
nen im Norden Quebecs, das 708 Kilometer lange Kobuk
440 in Alaska, das als das härteste Hundeschlittenrennen
oberhalb des Polarkreises gilt, sowie das berühmte Yukon
Quest, das jedes Jahr im Februar über 1600 Kilometer zwischen Whitehorse, Yukon, und Fairbanks, Alaska, geht. Und
dann gibt es noch das Iditarod-Hundeschlittenrennen.

Bekannt als »das letzte große Rennen der Welt«, beginnt
das 1600-Kilometer-Rennen am ersten Samstag im März in
Anchorage in Alaska und endet in Nome, an der westlichen
Küste des Beringmeeres, wenn der*die letzte Hundeschlittenführer*in die Ziellinie überquert.

Das Rennen hat seinen Namen vom historischen Iditarod
Trail, der 1910 von der amerikanischen Bundesregierung
gebaut wurde, damit Hundeschlittengespanne Post und

Vorräte zu den Siedlungen liefern konnten, die während des Goldrausches im späten 19. Jahrhundert in ganz Alaska entstanden und während der langen Wintermonate, durch Schnee und Eis isoliert waren.

Im Jahr 1925 nutzten Hundeschlittenführer*innen den Trail, um Medikamente nach Nome zu bringen, wo eine Diphtherie-Epidemie wütete. Die zwanzig beteiligten Teams schafften die 1100 Kilometer lange Strecke in etwa sechs Tagen und retteten Hunderte von Leben.

Nach dem Zweiten Weltkrieg wurde der Trail seltener genutzt, und das Aufkommen von Schneemaschinen in den 1960er Jahren machte Hundeschlittengespanne weitgehend überflüssig. Im Jahr 1964 kam ein Komitee von Einwohner*innen der Städte Wasilla und Knik zusammen, um Ideen rund um die bevorstehende hundertjährige Jubiläumsfeier für den Tag, an dem Alaska nach dem Kauf von Russland zu US-Territorium wurde, zu entwickeln. Die Ausschussvorsitzende Dorothy Page schlug ein Hundeschlittenrennen über den Iditarod Trail vor. Sie schloss sich mit ihrem Kollegen Joe Redington Senior zusammen, der sich schon lange für den historisch bedeutsamen Trail interessierte und hoffte, dass das Rennen zur Hundertjahrfeier dazu beitragen würde, ihn zu erhalten und nationale Anerkennung zu finden.

Im Jubiläumsjahr 1967 wurde ein 90-Kilometer-Rennen zwischen Knik und der Stadt Big Lake veranstaltet, bei dem Teams von Freiwilligen in mühsamer Arbeit einen Teil des Weges freiräumten. Das Rennen wurde 1969 erneut ausgetragen, doch anschließend verloren alle das Interesse.

Alle, außer Joe Redington Senior, dessen Leidenschaft für den Trail – zusammen mit seiner Vision für das Rennen – nur noch wuchs. Neben seinem ungebrochenen Drang, den Trail zu erhalten, wollte er auch die Alaskan Huskys und die Schlittenhundekultur retten – beides drohte auszusterben, als der Einsatz von Schneemaschinen allgegenwärtig wurde. Das erste offizielle Langstrecken-Iditarod-Trail-Schlittenhunderennen wurde 1973 ausgetragen. Der Sieger, Dick Wilmarth, brauchte fast drei Wochen, um Nome zu erreichen. Der Iditarod Trail hat sowohl einen nördlichen als auch einen südlichen Abschnitt, und in den ersten Jahren benutzten die Teilnehmer*innen nur die nördliche Route. Als die Organisation feststellte, dass kleinere Dörfer am Trail durch die große Gruppe von Hundeschlittenführer*innen, Presse und Freiwilligen, die jedes Jahr anreisten, beeinträchtigt wurden, beschlossen sie, beide Abschnitte des Trails zu nutzen. Heute fahren die Hundeschlittenführer*innen in geraden Jahren auf der nördlichen Route, in ungeraden Jahren die Süd-Route. Diese Änderung bedeutet, dass die nördlich gelegenen Dörfer Ruby, Galena und Nulato nur noch jedes zweite Jahr mit dem Wirbel des Rennens konfrontiert werden und dass auch die Städte Shageluk, Anvik und Grayling teilnehmen können. Außerdem führt die Veranstaltung nun auch durch die Geisterstadt Iditarod.

Seit 1973 ist das Rennen jedes Jahr gewachsen und hat die Welt in seinen Bann gezogen. Als seine Leidenschaft für Hundeschlittenrennen wuchs, wurde Christian klar, dass er es auch versuchen musste.

Nachdem er den Winter 2010/2011 in den Rockies gearbeitet hatte, kehrte Christian Anfang 2011 nach Australien zurück und begann in den Minen von Karratha in der Pilbara-Region in Westaustralien zu arbeiten. Im Winter 2011/2012 arbeitete er dort immer noch. So wollte er genug

Geld verdienen, um seine Iditarod-Vorbereitungen in Alaska angehen zu können, aber es war ein Kulturschock.

»Karratha ist ein wunderschöner Ort, mit roten Felsen und einer eindrucksvollen Landschaft, aber es ist so dermaßen heiß. Durchgängig über vierzig Grad und jede Menge Fliegen und roter Staub«, sagt er. »Nach Kanada fiel es mir schwer, das zu genießen. Es fühlte sich eher wie ein Gefängnis an.«

Um sich von der Hitze und der Langeweile abzulenken, gab Christian Anfang 2012 eine Anzeige in einem Online-Hundeschlittenforum auf: eine Suche nach einer Stelle in einem Langstrecken-Rennstall. Mehrere Teams meldeten sich, darunter auch Dallas Seavey, der in diesem Jahr gerade das Iditarod gewonnen hatte. Im Jahr zuvor hatte Dallas bei seinem ersten Versuch auch das Yukon Quest gewonnen und war damit der zweite Rookie, dem dies jemals gelang. Sein Vater, Mitch Seavey, hatte das Iditarod 2004 gewonnen (und würde es 2013 mit 53 Jahren wieder schaffen, als ältester Hundeschlittenführer, der den Titel holte), und sein Groß-vater, Dan Seavey, war ein Hundeschlitten-Veteran, der 1973 am allerersten Iditarod teilgenommen hatte – und dann noch drei weitere Male.

Dallas schlug vor, Christian als Hundeführer einzustellen. Er würde bei den Seaveys wohnen und sich um die Hunde kümmern, und im Gegenzug würde Dallas ihn ausbilden und ihm helfen, sich für das Iditarod zu qualifizieren – was bedeutet, dass man an vorgeschriebenen Rennen von circa 1200 Kilometern teilnimmt.

Die Familie Seavey waren die ausgemachten Könige des Iditarod. Christian musste keine Sekunde nachdenken, bevor er das Angebot von Dallas annahm.

»Keiner der anderen Hundeschlittenführer, die sich meldeten, war in meinem Alter, also war das der ausschlaggebende Punkt. Ich dachte: ›Er hat gerade das Iditarod gewonnen, er muss wissen, was er tut‹«, sagt Christian. Er begann die Zusammenarbeit mit den Seaveys im Winter 2012/2013. »Dallas hatte mir nie fest ein Team für das Iditarod zugesagt. Er sagte nur: ›Wenn du hart trainierst, kann ich dich in deiner ersten Saison qualifizieren‹«, erzählte er. »Und bevor ich mich überhaupt qualifiziert hatte, sagte er: ›Kommst du zurück? Ich gebe dir für die nächste Saison ein Team.‹« Die unglaublichste Hundeschlittenfahrt der Welt lag in seiner Reichweite.

Der Sturm tobte immer noch, als Christian drei oder vier Stunden, nachdem er eingeschlafen war, auf dem gefrorenen Norton Sound aufwachte, aber zum Glück schien sich die Lage zu beruhigen. Der Schnee kam nicht mehr von der Seite und der Wind schien weniger brutal zu sein. Es war immer noch bedrückend dunkel und er konnte nirgendwo eine Wegmarkierung sehen.

Als die Hunde erwachten und sich um ihn herum streckten, wagte sich Christian so weit von seinem behelfsmäßigen Lager weg wie möglich. Endlich entdeckte er einen reflektierenden Schimmer in der Ferne. Er stellte das Team auf, wieder mit der unermüdlichen Lava an der Spitze, und langsam machten sie sich auf den Weg, schlichen von Markierung zu Markierung. Als sich das Wetter weiter entspannte und die Sicht besser wurde, konnte Christian nun zwei, drei Markierungen vor dem Team erkennen, und sie konnten endlich ihr Tempo erhöhen.

Sie waren wieder im Geschäft.

Christian war froh, dass er den Sturm überstanden hatte. Nach all dem Training, all der harten Arbeit, um an die Startlinie des Iditarod zu kommen, wäre er am Boden zerstört gewesen, wenn er das Rennen hätte abbrechen müssen. Dallas hatte ihm schließlich vertraut, dass er sein »Welpen-Team« durch das Rennen führen würde. Und er wollte beweisen, dass dieses Vertrauen gerechtfertigt war.

»Mehr als 50 Prozent des Rennens besteht darin, herauszufinden, was deine Hunde können und was nicht«, sagt er.

Es ist üblich, dass die großen Rennställe andere Hundeschlittenführer*innen mitbringen, um ihre Anfängerhunde bei Veranstaltungen wie dem Iditarod auf Herz und Nieren zu prüfen, während die erfahrenen Hundeschlittenführer*innen mit ihren älteren, rennerfahrenen Hunden antreten. Dallas Seavey hat mehr als 100 Alaskan Huskys, Mitch mehr als 240, so dass es jede Menge junger Hunde gibt, die in jeder Rennsaison an die Hand genommen werden müssen (die Familie betreibt auch ein Schlittentourengeschäft).

»Im ersten Jahr legen sie 2400 Kilometer zurück, nur als Training – ohne Rennen. Wenn der Stall das Geld und die Hundeschlittenführer*innen hat, nehmen sie im zweiten Jahr vielleicht an einem großen Rennen wie dem Yukon Quest oder dem Iditarod teil«, berichtet Christian. »Tust du das nicht, ist dein jüngeres Team völlig unerfahren, wenn du es selbst führen willst.«

Das Training für das Iditarod geht im nördlichen Herbst richtig los, wenn wenig oder gar kein Schnee auf dem Boden liegt und die Hunde auf unbefestigten Wegen laufen. Wenn der Winter einbricht und der Schneefall einsetzt, laufen die

Teams 65 Kilometer pro Tag – oder manchmal auch zweimal am Tag, mit einer vierstündigen Pause dazwischen. Dann geht es mit Trainingsläufen über Nacht weiter. »Ich habe die Kälte schnell in den Griff bekommen, was wahrscheinlich der Grund ist, warum ich jedes Jahr wieder nach Kanada komme«, sagt Christian. »Aber manchmal ist man um vier Uhr morgens draußen und es sind minus 40°C, dann fragt man sich schon: *Was mache ich hier eigentlich?* Man kann sich sehr isoliert und allein fühlen.«

Christian half Dallas dabei, detaillierte Tabellen für jeden einzelnen seiner Hunde zu führen, in denen Daten wie Verletzungen und die Anzahl der gelaufenen Kilometer während der Saison und in seinem Leben insgesamt festgehalten wurden. »Es geht nicht nur darum, rauszugehen und im Schnee rumzutollen«, sagt er. »Wenn das große Geld im Spiel ist, hört der Spaß auf.« Das Preisgeld des Iditarod von mindestens 750 000 US-Dollar wird unter den dreißig besten Hundeschlittenführer*innen aufgeteilt. Der*die Sieger*in erhält außerdem ein neues Auto.

Obwohl die Hunde ein wertvolles Gut sind, entwickeln Hundeschlittenführer*innen auch enge Bindungen zu ihrem Hundeteam. Einige der Hunde, die Christian 2014 durch das Iditarod führte, hatte er in seiner ersten Saison bei Dallas mit auf die Welt gebracht.

»Man geht definitiv eine Bindung zu jedem einzelnen Hund ein. Ich habe einige dieser Hunde als acht Wochen alte Welpen gefüttert. Ich habe sie darauf trainiert, ein Renngeschirr zu tragen. Sie suchen bei dir Halt und wenn du sie im Stich lässt, erinnern sie sich daran«, sagt er. »Die Seavey-Hunde sind sehr entschlossen und stoisch. Sie wissen, dass sie einen Job zu erledigen haben, und wenn es losgeht, geht's los. Sie sind so etwas wie eine militärische Einheit.«

Als seine Hunde nach ihrer höllischen Nacht im Norton Sound in den Koyuk Checkpoint einliefen, hätte Christian nicht stolzer auf sie sein können. Sie wurden von einer Gruppe besorgter Hundeschlittenführer*innen und Freiwilliger begrüßt, die Christians zermürbenden Kampf über das Eismeer per GPS verfolgt hatten und kurz davor waren, einen Suchtrupp loszuschicken.

Ihre Sorge war verständlich: Die Beinahe-Katastrophe am Norton Sound war schließlich nicht Christians erste Prüfung in diesem Jahr. Sein Team war bereits auf zwölf Hunde geschrumpft, nachdem er vier müde Teammitglieder an den Kontrollpunkten auf dem Weg zurückgelassen hatte. (Alle Teilnehmer*innen müssen beim Iditarod in Anchorage mit sechzehn Hunden starten und mit mindestens sechs Hunden ins Ziel kommen; übermüdete oder verletzte Hunde dürfen an den Checkpoints zurückgelassen werden, wo sie tierärztlich versorgt und sicher ins Ziel gebracht werden können).

Seine erste große Prüfung kam etwa 400 Kilometer nach Beginn des Rennens, zwischen den Dörfern Rohn und Nikolai, auf einem 65 Kilometer langen Trail, der Farewell Burn genannt wird. Für Hundeschlittenführer*innen heißt er einfach »The Burn«. Er war der Schauplatz des größten Waldbrandes in der Geschichte Alaskas, der im Sommer 1978 mehr als anderthalb Millionen Hektar verwüstete. Der Pfad durch »The Burn« war nach dem Feuer jahrelang unpassierbar, bevor er von der Regierung geräumt wurde. Jetzt stellt das unheimliche ausgebrannte Waldgebiet kein großes Problem mehr dar, außer in schneearmen Jahren – Jahren wie 2014.

Christian hatte sich ganz beschwingt gefühlt, als es auf »The Burn« zuging. Die Hunde liefen wunderbar und er war auf dem Weg zu einer beeindruckenden Gesamtzeit. »Ich dachte, ich würde unter die ersten zwanzig kommen und den ›Rookie of the Year‹ gewinnen«, sagt er.

Aber der fehlende Schnee bedeutete, dass Christian nicht durch »The Burn« gleiten konnte, sondern einen rauen, felsigen Weg mit freiliegenden Baumstümpfen bewältigen musste. Das Lenken allein war schon schwierig, und die Geschwindigkeit zu kontrollieren war noch schwieriger, weil es keinen Schnee gab, an dem die Bremse des Schlittens hätte ansetzen können.

»Ein Baumstumpf geriet direkt unter den Schlitten und brach die Bremse ab. Ich wurde immer schneller und prallte in einer Kurve gegen einen Baum, die Zentralleine riss«, sagt er.

Die Zentralleine ist die Leine, die die Hunde rechts und links an den Schlitten bindet; ihre einzelnen Zuggeschirre sind über kürzere Halsbänder an der Zentralleine festgemacht. Die Hunde werden auch paarweise mit sogenannten Halsleinen zusammengeschirrt. Die Schlittenhunde werden darauf trainiert, langsamer zu werden, wenn sie Druck auf der Zentralleine spüren, und schneller zu werden, wenn dieser Druck nachlässt. Wird die Zentralleine schlaff, laufen sie so schnell, wie ihre Beine sie tragen können.

Vierzehn von Christians sechzehn Hunden waren gerade in die Ferne davongerast und hatten ihn und die beiden »Radhunde«, die sich unmittelbar vor dem Schlitten befanden, in ihrer Staubwolke zurückgelassen. Dass die Zentralleine vor den Radhunden gerissen war, war allerdings echtes Glück – die Kraft von vierzehn Hunden, die an der Halsleine von zwei Hunden zogen, hätte ihnen nämlich das Genick brechen können.

»Ich habe schnell nach den beiden Tieren an meinem Schlitten gesehen und machte mich dann zu den anderen Hunden auf. Ich fand sie drei oder vier Kilometer die Straße hinunter, verheddert in einem großen Ast«, sagt er. »Sie haben sich alle gegenseitig gebissen. Da ich läufige Hündinnen dabeihatte, kämpften die Jungs um die Mädchen.«

Die Situation war frustrierend, aber Christian erinnerte sich daran, dass es viel schlimmer hätte kommen können. »Wenn eine Leine reißt, kann ein Hund stürzen und oft gelingt es ihm nicht aufzustehen, weil die anderen Hunde weiterziehen, so dass er zu Tode geschleift wird«, sagt er. »Oder einer der Hunde tritt in ein Loch und bricht sich ein Bein. Wir hatten Glück, dass das nicht passiert ist.«

Er trennte die Männchen von den Weibchen und band sie, mit dem, was er hatte, an. Dann stapfte er die vier Kilometer zurück zu seinem Schlitten und den Radhunden. Die beiden Hunde konnten Christian und den voll beladenen Schlitten nicht alleine ziehen, und er war auch zu schwer, um ihn von Hand zu ziehen. Ihm blieb nichts anderes übrig, als ihn abzuladen, seine Ausrüstung am Wegesrand zurückzulassen und mit dem Schlitten und den beiden Hunden zum Rest des Teams zu laufen. Er musste die Tour noch zweimal machen, bis er die gesamte Ausrüstung wieder am Schlitten hatte.

»Das Ganze hat mich zwölf Stunden gekostet. Zu diesem Zeitpunkt habe ich keinerlei Gedanken daran verschwendet, das Rennen zu beenden, mir ging es nur darum, meine Hunde wieder an einem Ort zusammenzubringen und zu füttern«, sagt er. »Ich war völlig dehydriert, weil ich die Schneeausrüstung trug, ich hatte kein Wasser mehr und konnte keinen Schnee schmelzen, weil es keinen gab. Es sah nicht gut aus.«

Während die Hunde schliefen, reparierte Christian den Schlitten. Er brachte eine neue Bremse an und wechselte die Kufen aus; die vorherigen waren durch das unwegsame Gelände zerrieben worden. Er ersetzte die kaputte Zentraleine durch ein Stück Seil. Als er fertig war, hatten ihn alle anderen Renn-Teams überholt und er lag auf dem letzten Platz.

Aber zumindest war er noch *im* Rennen, und wenn nichts Schlimmeres auf den nächsten 1200 Kilometern passierte, war er mehr als zufrieden.

Dann kam der Norton Sound. Und sein Kampf durch »The Burn« fühlte sich im Vergleich dazu wie Urlaub an.

Trotz des Schreckens draußen auf dem Eismeer war Christians Team in überraschend guter Verfassung, als sie endlich Koyuk erreichten. Er hatte etwas an Boden gewonnen, den er bei »The Burn« verloren hatte, und er rechnete sich Chancen aus, noch weiter aufzuholen. Nach einer kurzen Pause und dem Abschied von einem Hund namens Maui, der zu müde war, um weiterzulaufen, machten sich Christian und seine elf verbliebenen Hunde auf den letzten Wegabschnitt, den 275 Kilometer langen Weg nach Nome.

Christian beendete sein erstes Iditarod-Rennen 2014 in elf Tagen, vier Stunden, zweiundfünfzig Minuten und dreißig Sekunden. Er war der achtunddreißigste von neunundvierzig Finishern bei einem der härtesten Iditarods aller Zeiten. Hunde wie Menschen hatten zahlreiche Verletzungen davongetragen, einige davon schwer, und zwanzig Hundeschlittenführer*innen gaben auf oder wurden gestrichen, darunter auch Veteran Jeff King. Dallas Seavey gewann das Rennen in einer Zeit von acht Tagen und dreizehn Minuten. Sein Vater, Mitch, wurde Dritter.

Für Christian war das Rennen eine echte Lernerfahrung. Als er die Ziellinie überquert hatte, umarmte er zuallererst Lava. »Es war großartig, zuzusehen, wie Lava konstant die Führung übernahm und wirklich über sich hinauswuchs«, sagt er. »Egal, was ich ihr zumutete oder was das Rennen ihr abverlangte, sie war einfach immer beeindruckend. Sie ist eine großartige Hündin.«

Obwohl er froh war, das kultige Iditarod absolviert zu haben, hatte Christian das Gefühl, dass er mit dem letzten großen Rennen der Welt noch eine Rechnung offen hatte. »Ich war davon ausgegangen, dass ich wüsste, was auf mich zukommt, aber dann gab es keinen Schnee. Unter anderen Bedingungen hätte ich viel besser abgeschnitten.«

Als er deshalb 2015 zum zweiten Mal antrat, fühlte er sich zuversichtlich. Er hatte ein älteres, stärkeres und erfahreneres Team von Seavey-Hunden, und es lag reichlich Schnee. Nach dem vorherigen Jahr hatte er das Gefühl, alles bewältigen zu können, was das Iditarod ihm abverlangen würde.

Er behielt Recht. Christian beendete das Rennen 2015 in neun Tagen und sechzehn Stunden und belegte damit den fünfzehnten Platz. Er gewann 20 000 US-Dollar für seine Mühe. Es war die schnellste Zeit für einen Teilnehmer aus der südlichen Hemisphäre, und er war nur zwei Stunden von den Top Ten entfernt. »Da waren drei Teams vor mir, die ich einfach nicht einholen konnte«, sagt er. »Aber ich hatte das Gefühl, als würde ich auf Luft laufen. Nach 2014 fühlte es sich an wie ein Spaziergang im Park. Es war ein komplett anderes Rennen. Es hat die ganze Zeit geschneit und ich hatte so viel Spaß.«

Es war ein vielversprechendes Jahr für den Rennstall der Seaveys. Neben Christians Top-20-Platzierung gewann Dallas das Rennen – mit vielen der Hunde, die Christian im Jahr zuvor eingeritten hatte – und Mitch wurde Zweiter. Dallas Seavey gewann 2016 zum vierten Mal in fünf Jahren das Iditarod. Er kam mit nur sechs Hunden in acht Tagen und elf Stunden ins Ziel und brach den Geschwindigkeitsrekord, den er 2014 aufgestellt hatte. Die Familientradition fortsetzend, wurde Mitch Zweiter.

Christian trat 2016 nicht an. Nachdem er drei Jahre lang eine Fernbeziehung mit Sarah, einer Journalistin, geführt hatte, war für ihn die Zeit gekommen, dauerhaft nach Australien zurückzukehren. Er lebt jetzt in der Region Northern Rivers in New South Wales und arbeitet als Schreiner.

Aber er hat den Traum nicht aufgegeben, die härteste und aufregendste Hundeschlittenfahrt der Welt noch einmal zu absolvieren.

»Ich träume davon, noch einmal anzutreten. Dallas ist ein guter Freund und die Seaveys haben die besten Hunde der Welt. Zweiter hinter Dallas zu werden, wäre ziemlich cool«, sagt Christian.

»Draußen in der Natur zu sein und mit dieser natürlichen Form des Transports zu arbeiten, ist wirklich klasse. Wenn man nachts da draußen ist, sieht man die Nordlichter. Man hört keinen Motorenlärm. Es gibt keine Umweltverschmutzung. Man gelangt an Orte, die sonst unzugänglich sind, und ist auf sich selbst gestellt. Ich glaube, ich kann jetzt jedes Hundeschlittenrennen bewältigen.«

Ein Weihnachtswunder

Inka

Für ein ausgemachtes Paar Hundeliebhaber war es das ideale erste Date: ein Spaziergang an einem unberührten Strand an der Goldküste mit ihren jeweiligen Hunden. Doch als Peter Pignolet seinem Mischlingshund Chai dabei zusah, wie er mit Janneke Geursens tasmanischem Smithfield Barney auf dem weißen Sand herumtollte, verspürte er einen Anflug von Traurigkeit. Etwas lastete schwer auf ihm, so wie jeden Tag in den letzten acht Jahren.

Inka hätte auch dabei sein sollen.

Peter arbeitete als Koch im Ferienort Airlie Beach an der Whitsunday-Küste von Queensland, Australien, als er im Jahr 2000 im Alter von 31 Jahren beschloss, sich einen eigenen Hund anzuschaffen. Die hübsche Hündin seiner Nachbarin war schwanger, und Peter fragte, ob er einen männlichen Welpen haben könnte.

»Ich mochte Hunde schon immer, wir hatten zuhause immer welche, aber ein eigener Hund war ein großer Schritt für mich«, sagt er. »Ich besuchte die Welpen im Alter von zwei Tagen und suchte mir einen Jungen aus – den einzigen Rüden des Wurfs.«

Als die Welpen dann abgegeben werden sollten, erlebte Peter eine unangenehme Überraschung. Seine Nachbarin hatte den männlichen Welpen jemand anderem versprochen, einem Kollegen von Peter, der vor Kurzem seinen Hund verloren hatte.

Peter war zwar enttäuscht, aber es fühlte sich nicht ganz so schlimm an. »Jedes Mal, wenn ich den Wurf besucht hatte, war ein kleine weiße Welpe mit einem großen schwarzen Fleck auf dem Rücken auf mich zugewackelt«, sagt er.

Peter nahm also stattdessen diese Hündin mit nach Hause und taufte sie, inspiriert durch den »Tintenfleck« auf ihrem Hinterteil, Inka.

Fast sofort waren die beiden unzertrennlich. Peter brachte eimerweise feinste Filetstücke und Hühnerbrust aus dem Restaurant, in dem er arbeitete, mit nach Hause, und es dauerte nicht lange, bis Inka schließlich satte 25 Kilogramm auf die Waage brachte und ganz die Proportionen eines Bull Mastiff oder Bullterrier aufwies, was wohl ihrer Abstammung entsprach.

»Sie war eine schöne Hündin, mit einem schönen Fell«, sagt er stolz. »Und sie war wirklich freundlich und sanftmütig. Sie war meine kleine Seelenverwandte.«

Im Jahr 2001, ein Jahr nachdem Inka bei ihm eingezogen war, verließ Peter Airlie Beach und zog nach Sydney, fast 2000 Kilometer südlich. Er lebte in Dee Why an den Nordstränden der Stadt und kochte dort in einem beliebten mexikanischen Restaurant. Plötzlich musste Inka sich daran gewöhnen, nicht mehr fast die ganze Zeit mit Peter zu verbringen, sondern allein zu Hause zu bleiben.

»Ich fuhr immer mit dem Fahrrad zum Restaurant, und weil ich in Doppelschichten arbeitete, kam ich zwischendurch nachmittags nach Hause, um nach ihr zu sehen«, sagt er. »Aber es gab keinen Spielgefährten, keinen anderen Hund in ihrem Umfeld. In Airlie Beach hatte sie immer Hunde um sich gehabt, hier in der Stadt war sie allein.«

Das gefiel Inka offensichtlich ganz und gar nicht, und nach ein paar Monaten Entzug von ihrem geliebten Menschen, floh sie immer wieder aus ihrem eingezäunten Hof. Eines Abends kam Peter von der Arbeit zurück und sie war nicht da. Verzweifelt suchte er die Gegend nach ihr ab – nur um festzustellen, dass sie um ein Uhr nachts schüchtern hereinschlenderte, wie ein Teenager, der nach der Ausgangssperre erwischt worden war. Er fragte sich, ob es sein Geruch war – oder vielleicht das Aroma seiner Gourmetküche – der Inka nach Hause geführt hatte.

Als sie das nächste Mal verschwand, erhielt er einen Anruf von einer mehrere Kilometer entfernten Schule; sie war ins Gebäude spaziert und hatte dort mit den Kindern gespielt. Glücklicherweise war Inka mit einem Mikrochip versehen und trug einen Anhänger mit Peters Telefonnummer am Halsband. Als er den Anruf auf der Arbeit erhielt, konnte er einen Freund losschicken, um seine umherstreifende Möchtegern-Schülerin abzuholen.

Es dauerte nicht lange, bis Inka wieder auf Wanderschaft ging. »Beim dritten Mal stürmte es mächtig. Ich kam in meiner Pause zwischen den Schichten nach Hause und sie war nicht da«, erinnert sich Peter. »Ich machte mir zwar Sorgen, war aber zuversichtlich, dass sie wieder auftauchen würde.«

Als es am nächsten Morgen keine Spur von Inka gab, verteilte Peter in der ganzen Vorstadt Flugblätter und hängte

Plakate auf. Er rief in den örtlichen Tierkliniken an, aber niemand hatte sie gesehen. Trotzdem hoffte er, dass sie den Weg nach Hause finden würde, indem sie ihrer Nase folgte, wie beim ersten Mal. Erst viel später kam ihm in den Sinn, dass der Regenguss in der Nacht zuvor ihre Geruchsspur verwischt hatte – und seine.

Monate vergingen, ohne dass eine Spur oder eine Sichtung erfolgte. Es war, als ob die zweijährige Inka einfach verschwunden wäre. In dunklen Momenten zog Peter die Möglichkeit in Betracht, dass Inka gestorben war. Aber er tröstete sich mit dem Gedanken, dass er es erfahren hätte, wenn ihr etwas geschehen wäre, – sicher hätte man dann ihren Anhänger gefunden und ihn informiert.

»Das Nichtwissen war das Schlimmste. Fast wünschte ich mir, dass jemand sagt: ›Sie wurde von einem Auto angefahren‹, dann hätte ich das Kapitel wenigstens abschließen können«, gibt er zu.

Meistens redete Peter sich ein, dass Inka von einer anderen Familie adoptiert worden war, die sie genauso liebte, wie er es immer getan hatte. »Ich malte mir aus, dass es ihr gutginge. Ich stellte mir vor, wie sie in den Garten einer alten Dame gewandert wäre, die sich mit Inka angefreundet hätte, und dass sie glücklich bis an ihr Lebensende leben würde«, sagt er.

An dieses Szenario klammerte er sich auch, als er Sydney ein Jahr später verließ. Er war am Boden zerstört, dass er ohne seine geliebte Hündin gehen musste. Was ihm blieb, war die Hoffnung, dass sie glücklich war.

Peter zog durch das Land, ließ sich nie wirklich nieder und war genauso wenig in der Lage, seine verschollene Hündin zu vergessen. An jedem neuen Ort, an den er zog, stellte er ein gerahmtes Foto von Inka neben sein Bett.

Schließlich machte er die Goldküste in Queensland zu seinem Zuhause. Seine damalige Freundin wohnte etwas mehr als eine Stunde entfernt in Lennox Head, in der Region Northern Rivers in New South Wales. Nicht weit davon traf er seinen nächsten hündischen Begleiter.

Chai, eine Mischung aus Border Collie und Schäferhund, war in Lismore, 40 Kilometer westlich von Lennox Head, von seinen früheren Besitzern ausgesetzt und an einen Zaunpfahl gebunden worden. Eine örtliche Rettungsgruppe hatte ihn aufgegabelt und brachte ihn noch am selben Tag zu ihrem Adoptionsaufruf für Haustiere mit.

»Ich hatte mich am Tag zuvor von meiner Freundin getrennt und sie hatte unseren schokoladenbraunen Labrador mitgenommen. Also fuhr ich nach Lismore zu diesem Hundeadoptionstag und Chai steckte seine Pfote durch den Käfig und packte mich irgendwie«, erzählt Peter. »Ich fragte also nach: ›Wisst ihr, woher er kommt?‹ und die Dame berichtete, dass sie ihn an einem Zaun angebunden gefunden hatten und seine Besitzer abgehauen seien. Er hatte Glück – er war nur vier oder fünf Stunden im Tierheim, bevor ich ihn vom Fleck weg adoptierte.«

Chai lebte sich mit Peter an der Goldküste ein, wo er Ende 2009 Janneke kennenlernte. Sie wurden sich kurz vor Weihnachten durch gemeinsame Freunde vorgestellt.

»Wir lernten uns nach einer Weihnachtsfeier kennen – meine Kolleg*innen und ich gingen tanzen, und Peter war einer der besten Freunde eines Kollegen«, sagt Janneke, die im Bereich Coaching und Assessment arbeitet. »Wir verstanden uns unter anderem so gut, weil ich Barney hatte und er Chai.«

Bei ihrer ersten Verabredung an jenem Strand mit ihren jeweiligen Vierbeinern im Schlepptau erzählte Peter Janneke die traurige Geschichte von Inka.

»Als er mir von ihr erzählte, wurde er ziemlich emotional. Es zog ihn richtig runter. Ganz so, als könnte er nie loslassen«, sagt sie. »Ihn verfolgte das regelrecht, auch dass er Dinge hätte anders machen können. Es ging ihm unter die Haut.«

Als sie sich verliebten und Peter weitere Geschichten über seine verschollene Hündin erzählte, fühlte es sich für Janneke so an, als würde sie Inka kennen. Wie Peter hoffte sie auf das Beste. »Wir haben beide gerne mit dem Gedanken gespielt, dass eine nette Familie sie gefunden hätte. Wir hofften darauf, aber wir hatten keine Ahnung, was mit Inka passiert war. Jedenfalls haben wir nicht damit gerechnet, dass wir sie jemals wiedersehen würden.«

Peter und Janneke heirateten 2010 – mit Chai und Barney mitten unter der Hochzeitsgesellschaft – und kauften im Jahr darauf ein Haus auf einem Grundstück im Goldküstenvorort Worongary. Sie wohnten gerade mal eine Woche dort, es waren noch zwei Tage bis Weihnachten 2011 – zehn Jahre nach Inkas Verschwinden – als Peters Handy klingelte.

»Ich saß im Büro mit Blick auf unseren Vorgarten und bekam einen Anruf von einem Ranger der Stadtverwaltung von Byron Bay, der sagte: ›Wir haben Ihren Hund hier‹«, erzählt er. »Ich schaute nach draußen und konnte Barney und Chai sehen. Also antwortete ich: ›Sie müssen sich irren, meine beiden Hunde sind hier.‹« Aber der Anrufer, Ranger

Mal Hamilton, blieb hartnäckig. »Wenn Sie Peter Pignolet sind«, sagte er zu Peter, »dann ist Ihre Hündin bei mir. Ihr Name ist Inka.«

Margaret Brown hatte von dem Hund gehört. Als Gründerin der Companion Animals Welfare Inc. (CAWI) war sie diejenige, die angerufen wurde, wenn ein krankes oder streunendes Tier in Brunswick Heads, zwanzig Minuten nördlich von Byron Bay, entdeckt wurde. Von diesem Fall hatte sie ein paar Tage zuvor erfahren, als sie im Massey Greene Caravan Park am Ufer des Brunswick River vorbeischaute, um mit ihrem Partner, der dort lebt, zu Abend zu essen.

»Ich schaue dort jeden Abend auf einen Tee vorbei, und einige Nachbarn erzählten mir, dass ein sehr dünner Hund auf dem Wohnmobil-Park herumstreunt«, sagt Margaret. »Auf dem Gelände sind weder Katzen noch Hunde erlaubt, also sagte ich: ›Warum fangen wir ihn nicht ein und schauen, was wir für ihn tun können?‹«

Bevor jedoch jemand den Hund sichern konnte, kam ein Mann an. Er zeltete auf der anderen Seite des Flusses, sagte er, und der Hund gehöre ihm. »Er war ein bisschen ein Sonderling. Er hatte drei andere Hunde in Käfigen auf der Ladefläche seines SUV und einen Kakadu auf dem Vordersitz. Er erzählte den Leuten im Park, dass seine Hündin Krebs habe und deshalb so dünn wäre«, sagt sie.

Der Mann nahm das Tier mit zurück zu seinem Zeltlager, aber ein paar Tage später tauchte die dürre Hündin wieder auf dem Campingplatz auf. Aus Sorge um ihr Wohlergehen warfen Anwohner und Urlauber ihr Essensreste zu. Es war nur ein paar Tage vor Weihnachten, und das Gelände war mit

Sommerurlaubern vollgepackt. Eine freundliche Frau, die riskierte, des Platzes verwiesen zu werden, wenn sie mit einem Hund angetroffen würde, nahm die Waise für die Nacht bei sich auf und fütterte sie mit einer reichhaltigeren Mahlzeit.

»Die Leute gaben ihr Kuchen und alles Mögliche, weil sie dachten, sie wäre am Verhungern«, sagt Margaret. »Sie muss gedacht haben: ›Da geh ich wieder hin, da gibt's Streicheleinheiten und Essen.‹«

Margaret wusste also über die heimliche Bewohnerin von Massey Greene Bescheid, aber es war trotzdem eine Überraschung, die Hündin in die Räumlichkeiten des Tierschutzvereins am Old Pacific Highway, der Hauptstraße von Brunswick Heads, wandern zu sehen. Die arme Kreatur war in der Tat spindeldürr und absolut verdreckt; sie sah aus, als würde sie nicht mehr lange auf dieser Welt durchhalten.

»Die Dame, die die Hündin über Nacht aufgenommen hatte, war besorgt um sie und brachte sie in den Laden«, sagt Margaret. »Sie sorgte sich darum, was mit ihr passieren würde.«

Margaret rannte los, um ihren Mikrochip-Scanner zu holen. CAWI betreibt kein stationäres Tierheim, sondern arbeitet über ein Netzwerk von Pflegefamilien, so dass die Möglichkeit, ein Tier zu scannen, wo immer es gefunden wird, unerlässlich ist. Sie fuhr mit dem Scanner über die Hündin und hörte ein beruhigendes *Piepen*, als eine Mikrochipnummer aufblinkte. Das war eine gute Nachricht: Irgendwo hatte diese Hündin eine*n Besitzer*in, und Margaret bezweifelte, dass es der Mann war, der behauptete, die Hündin gehöre ihm.

Ihr nächster Anruf galt dem Byron Shire Council, wo sie die Chipnummer an Ranger Mal Hamilton weitergab. »Er fuhr von Byron Bay hoch zu uns und holte sie ab, dann schaute er in das Companion Animals Register, wo die Tiere und ihre Halter erfasst sind – dort nachschauen dürfen nur Angestellte der Gemeinde – und wir fanden heraus, dass sie auf eine Adresse in Sydney registriert war.«

Bei der Adresse handelte es sich um Peter Pignolets ehemalige Wohnung in Sydney, aber dort hatte er seit mehr als einem Jahrzehnt nicht mehr gewohnt und das Verzeichnis war nicht mit seinen neuen Daten aktualisiert worden.

Aber während sich in den letzten zehn Jahren viel in Peters Leben verändert hatte, war eines gleichgeblieben: seine Handynummer.

Peter musste Mal bitten, sich zu wiederholen. Sicherlich hatte er sich verhört. Hatte er wirklich gesagt, er hätte Inka? *Seine* Inka, mit ihrem Tintenklecks-Popo und ihrer Vorliebe für Filetsteaks? Sagte Mal ihm wirklich gerade, dass Inka zehn Jahre und 800 Kilometer von dem Ort entfernt gefunden worden war, an dem sie zuletzt gesehen worden war?

»Ich sagte: ›Warte, nein – ich habe sie vor zehn Jahren verloren!‹«, sagt Peter. »Er antwortete, dass er mir ein paar Bilder mailen würde, damit ich bestätigen könnte, dass sie es sei, und er verriet mir auch, dass man ihm gesagt hatte, dass sie Krebs habe und in einem schrecklichen Zustand sei.«

Als die Bilder in seinem Posteingang ankamen, sah Peter sofort, dass es sich um sein geliebtes Mädchen handelte, aber ihr Aussehen war niederschmetternd. Janneke sagt, ihr Mann war fassungslos über die Wendung der Ereignisse.

»Peter konnte es einfach nicht fassen«, sagt sie. »Er stand unter Schock und hatte Tränen in den Augen. Ich fragte: ›Was ist los?‹ und er sagte: ›Sie haben Inka!‹ Er war ganz aufgelöst, weil sie in so einem schlechten Zustand war.«

Er war so erstaunt über die Nachricht, dass Inka lebte, dass er nicht wusste, was er als Nächstes tun sollte. Mal Hamilton war ebenso überrascht – er hatte damit gerechnet, Inka während der chaotischen Weihnachtsreisezeit irgendwie nach Sydney transportieren zu müssen, nur um dann festzustellen, dass Peter nur eine 45-minütige Autofahrt von Byron Bay entfernt lebte.

»Peter fragte: ›Was soll ich tun?‹, und ich erwiderte: ›Du weißt, was du tun musst – du steigst in das verdammte Auto, fährst da runter und holst sie nach Hause!‹ Er war völlig überfordert«, sagt Janneke. »Und mein erster Instinkt war, sie nach Hause zu holen. Sie hatten gesagt, dass sie dem Tod nahe sei, und ich dachte, wenn das der Fall ist, dann wollen wir für die Zeit, die ihr noch bleibt, bei ihr sein.«

Also tat Peter genau das. Während Janneke an einer Weihnachtsfeier teilnahm, fuhr er in den Süden nach Byron Bay, um seine lang vermisste Gefährtin abzuholen. Während der Fahrt dachte er über ihr Wiedersehen entgegen aller Wahrscheinlichkeit nach – wie unwahrscheinlich es war und wie wunderbar. Die meisten Menschen ändern ihre Handynummern mindestens einmal, aber Peter hatte sie nie geändert. Alle anderen Informationen von Inkas Mikrochip-Registrierung waren veraltet. Sie war weniger als 100 Kilometer von ihrem Zuhause entfernt, aber ohne diese zehn Ziffern einer Handynummer hätte er sie nie gefunden.

Er dachte darüber nach, wo Inka wohl die ganze Zeit über gewesen war, wohin ihre Reise sie geführt hatte und mit wem sie zusammen gewesen war. Mal hatte ihm am Telefon nicht viel erzählt. Aber vor allem fragte sich Peter, ob sie ihn nach all den Jahren noch erkennen würde.

Als sie endlich wieder vereint waren, war er sich sicher, dass sie ihn erkannt hatte. »Als ich sie zurückbekam, war sie genauso munter wie immer. Wir fuhren von Byron nach Hause und Inka saß einfach auf dem Beifahrersitz, als wäre nie etwas passiert«, sagt er.

Ihr schockierendes Aussehen war jedoch ein herzzerreißender Beweis dafür, dass etwas passiert *war*. Inka war nicht nur erschreckend untergewichtig, die meisten ihrer Zähne waren verrottet, sie hatte zahlreiche Brandnarben am Körper und ihre Zehennägel waren so lang, dass sie sich eingerollt hatten und schmerzhaft in die Pfotenballen eingewachsen waren. »Sie war offenbar kein einziges Mal beim Tierarzt gewesen«, sagt Peter.

Als er mit ihr zum Tierarzt ging, erfuhr er, dass Inka keinen Krebs hatte. Sie sah nur so furchtbar aus, weil sie schrecklich vernachlässigt worden war.

Der Mann vom Campingplatz, der behauptet hatte, Inka gehöre ihm, wurde Peter gegenüber als Landstreicher beschrieben. Er hatte der Polizei erzählt, dass er die Hündin von der Gemeinde Warringah an den Nordstränden Sydneys kostenlos erhalten hatte. Das städtische Tierheim gibt Tiere jedoch nur an registrierte Besitzer mit Identitätsnachweis ab, und sie müssen Tierheimgebühren bezahlen. Peter vermutet, dass der Mann entweder sah, wie Inka nach dem Sturm verängstigt herumlief und sie mitgenommen oder sie aus seinem Garten gestohlen hatte.

»Mir wurde gesagt, er jage Schweine, und ich glaube, er nahm sie mit, weil sie ein schönes, solides Mädchen war und er dachte, er könnte sie zur Zucht verwenden – aber sie war kastriert. Zu dieser Zeit verschwanden ziemlich viele Hunde in dieser Gegend. Er wusste also, was er tat«, sagt er.

Der Mann wurde nie wegen eines Vergehens angeklagt und durfte die anderen drei Hunde behalten, trotz der umfangreichen Bemühungen von Margaret Brown von CAWI und den örtlichen Tierschutz-Inspektoren.

»Ich fühlte mich so schuldig, als ich sah, was er ihr angetan hatte. Wahrscheinlich ist sie hinten auf dem Pickup durch ganz Australien gereist, und ohne die Leute vom Campingplatz wäre sie garantiert dort gestorben«, sagt Peter. »Ich bin so dankbar, dass ich sie wieder bei mir habe. Die anderen drei Hunde hatten nicht so viel Glück.«

Inkas Heimkehr war wunderbar und surreal zugleich. Zunächst einmal »kehrte« sie in ein Haus zurück, das ihr völlig fremd war, und stellte fest, dass sie hündische Geschwister hatte, die sie vorher noch nie gesehen hatte – ganz zu schweigen von einer neuen »Mama« in Form von Janneke. »Ich war schon immer eine Tiernärrin, und als ich Inka in dieser ersten Nacht sah, war ich völlig fertig. Mein Herz schlug einfach für sie und ich wusste, dass wir alles nur Mögliche für sie tun mussten«, sagt sie.

In den ersten Tagen nahm Peter sich frei und schlief mit Inka auf dem Fußboden des Wohnzimmers. Er wachte alle halbe Stunde auf, um sie mit winzigen Portionen Di-Vetelact zu füttern, einem Milchpulver, das normalerweise verwaisten oder früh entwöhnten Tieren gegeben wird. Sie wog nur 16 Kilogramm und war so stark unterernährt, dass ihr geschrumpfter Magen nichts anderes verkraften konnte (obwohl es nicht allzu lange dauerte, bis sie die Filetstückchen, die Peter aus dem Restaurant besorgte, wieder gut vertrug).

»Es war ein echter Liebesdienst, und wir konzentrierten uns komplett darauf«, erinnert sich Janneke. »Wir haben getan, was wir tun mussten.«

Schon einen Monat später war die Veränderung bemerkenswert. Nach drei Monaten war Inka praktisch nicht mehr als das Gespenst zu erkennen, das aus Byron Bay nach Hause gekommen war. Ihr wurden die verfaulten Zähne gezogen, was bedeutete, dass sie jetzt mit Genuss auf Knochen kauen konnte. Ihr Fell glänzte vor Gesundheit, ihr Gewicht kletterte wieder auf 25 Kilogramm und sie hatte ihre Lebensfreude wiedergefunden.

Peter packte sie ein, um Mal Hamilton und seine Kolleg*innen vom Byron Shire Council zu besuchen. »Ich nahm sie mit, um mich zu bedanken und um ihnen zu zeigen, wie sehr sie sich verändert hatte«, sagt er. »Sie konnten es nicht glauben. Sie sagten: ›Das ist nicht Inka!‹«

Die Lokalzeitung erfuhr von Inkas unglaublicher Odyssee und setzte sie auf die Titelseite. Es folgten Berichte in den Fernsehnachrichten. Nach der Gesetzgebung des Bundesstaates benötigen die Einwohner*innen von Queensland eine Sondergenehmigung, um mehr als zwei Hunde zu besitzen, aber die Gemeindeverwaltung berücksichtigte Inkas außergewöhnliche Umstände und registrierte sie kostenlos.

»Als Inka nach Hause kam, hatten ihre Augen eine Art grauen Film. Wie bei Hunden, die grauen Star haben«, sagt Janneke. »Der Tierarzt sagte, das sei ein Zeichen dafür, dass sie emotional und körperlich herunterfahre. Inka konnte das Leben einfach nicht mehr ertragen. Zu sehen, wie der Schleier verschwand und das Licht wieder in ihre Augen zurückkehrte, war unglaublich.«

Inkas psychologische Narben brauchten länger, um zu heilen. Einst eine begeisterte Schwimmerin, war sie jetzt seltsam zögerlich im Wasser und weigerte sich, tiefer als bis zur Brust einzutauchen. Außerdem zuckte sie zusammen, wenn jemand versuchte, ihren Kopf zu streicheln.

Langsam und nach einigen Fehlstarts freundete sich Inka mit ihren Hundekollegen Chai und Barney an. Chai war anfangs nicht sonderlich tolerant gegenüber Inka, und da sie befürchteten, er wäre eifersüchtig auf den Neuankömmling, suchten Peter und Janneke den Rat einer Verhaltensspezialistin. Sie erklärte, dass Hunde sehr sensibel auf die Gesundheit ihrer Rudelmitglieder reagieren; das ist ein Rückfall in ihre Zeit als primitive Jäger, als ihr Überleben davon abhing, dass jeder Hund seinen Beitrag leistete. Chai hatte einfach nur seinen Unmut darüber geäußert, dass er sich mit einem vermeintlichen Schmarotzer abfinden muss.

»Chai konnte spüren, wie krank Inka war, und er sagte im Grunde: ›Das ist die lächerlichste Entscheidung, die du je getroffen hast. Warum hast du diese Hündin mitgebracht, die nichts taugt?‹«, sagt Janneke. »Barney war geduldiger, und mit der Zeit lernte Inka, Chai in die Schranken zu weisen, wenn er sie anmachte. Das war wirklich schön zu sehen, denn es bedeutete, dass sie mehr Selbstvertrauen aufgebaut hatte.«

Trotzdem versuchten Janneke und Peter, ihre Aufmerksamkeit gleichmäßig zu verteilen. »Peter war überglücklich, Inka wieder zu haben, also mussten wir aufpassen, dass wir unsere Liebe gerecht aufteilen. Jedenfalls gab's jede Menge Verhandlungen mit unserer pelzigen Familie!«

Traurigerweise erkrankte Inka wenig mehr als ein Jahr nach ihrer Heimkehr tatsächlich an Krebs. Sie war etwa zwölf

Jahre alt. Janneke war gerade schwanger, und Peter wollte unbedingt, dass Inka das Baby noch erleben konnte.

»Wir gingen zum Tierarzt und der sagte: ›Ich kann Ihnen nicht sagen, wie lange sie noch hat. Vielleicht zwei Tage, es könnten aber auch ein paar Wochen sein.‹ Tatsächlich waren es dann ein paar Monate«, sagt Peter.

Im April 2013 verschlechterte sich der Gesundheitszustand von Inka plötzlich. Zwei Tage lang rangen die Pignolets mit der Frage, was sie für ihr besonderes Mädchen tun sollten, das im wahrsten Sinne des Wortes eine epische Reise hinter sich hatte.

»Es war herzzerreißend. Ich wusste, dass sie alt war, aber Inka mit so großen Schmerzen zu sehen, war einfach niederschmetternd«, sagt Peter. »Es waren die schlimmsten zwei Tage meines Lebens.«

Schließlich, am 19. April, traf das Paar die Entscheidung, Inka einschläfern zu lassen. Ihre Odyssee war vorbei.

Drei Monate später, am 20. Juli, wurde ihr Sohn Charlie geboren. Obwohl er Inka nie kennenlernen konnte, hat er ihre unglaubliche Geschichte schon oft gehört und weiß, dass der große Frangipani-Baum im Garten ihre Ruhestätte ist.

Peter wird immer noch ganz emotional, wenn er über die tapfere, entschlossene Inka spricht. Er ist dankbar, dass er ihre letzten Monate so angenehm und liebevoll gestalten konnte, wie sie es verdient hat. Wie Janneke sagt: »Manchmal gibt man auf, aber es gibt immer Hoffnung in der Welt.«

Peter beharrt darauf, dass Inkas Mikrochip der Grund dafür war, dass sie wieder zueinander finden konnten. Vielleicht war er das. Vielleicht war es aber auch etwas ganz anderes.

Vielleicht war es ja Liebe.

Weitere Infos

Occy
Tierschutzverein Royal Society for the Prevention of Cruelty
to Animals RSPCA New South Wales
rspcansw.org.au

Ludivine
facebook.com/runludivinerun
Elkmont's Hound Dog Halbmarathon

Oscar
Oscar's Arc
oscarsarc.org
World Woof Tour

Bonnie
Tierschutzverein Royal Society for the Prevention of Cruelty
to Animals RSPCA Victoria
rspcavic.org

Heilsarmee/Salvation Army
salvos.org.au

Ily
Sherry Petta Rescue

Rama
Animals SOS Sri Lanka
animalsos-sl.com
facebook.com/Animal-SOS-Sri-Lanka-165576613502654/

Chopper
Tierklinik Lort Smith Animal Hospital
lortsmith.com

Tillie und Phoebe
Tierschutzverein Vashon Island Pet Protectors
vipp.org

Iditarod-Hundeschlittenrennen
iditarod.com

Inka
Tierschutzverein Companion Animals Welfare Inc (CAWI)
cawi.org.au

Danksagung

Ich bin all den wunderbaren Hundebesitzer*innen dankbar, dass sie die unglaublichen Geschichten ihrer Tiere mit mir geteilt haben. Es war ein großes Privileg, euch alle kennenzulernen – selbst wenn es nur per Telefon oder Skype war – und ich kann euch nicht genug dafür danken, dass ihr mir eure Geschichten anvertraut habt. Eure Bindung zu euren Hunden und Hündinnen ist tief und tiefgründig, und auf diesen Buchseiten habe ich mein Bestes gegeben, das Besondere daran einzufangen und zu vermitteln.

Ich bin auch einer großen Anzahl von brillanten Menschen hinter den Kulissen zu Dank verpflichtet, die mir dabei geholfen haben, mit Hundebesitzer*innen in Kontakt zu treten, die schwer zu finden waren, – und die mit Hintergrundrecherchen und Bildern ausgeholfen haben. Unendlicher Dank und Lob geht an:

Occy: Philippa und Nathan Johnston; Binny Murray; Jessica Conway von RSPCA New South Wales.

Ludivine: April Hamlin; Gretta Armstrong.

Oscar: Joanne Lefson; Belinda Abraham von Cape of Good Hope SPCA, Südafrika.

Bonnie: John Laffan; Sharon Mackenzie von RSPCA Victoria; Mitch Ryan und Captain Bronwyn Williams von der Heilsarmee.

Sissy: Nancy Franck; Sarah Wood; Samantha Conrad und Karen Vander Sanden vom Mercy Medical Center, Cedar Rapids, Iowa.

Carry: David und Jen Winfield.

Rosie: Alice Bennett und Familie; Debra Tranter von Oscar's Law.

Ily: Rose Sharman; Sherry Petta; Linda Weitzman.

Rama: Kim und Gary Cooling.

Chopper/Fergus: Romy Panzera; Serena Horg und Caroline Ottinger vom Lort Smith Animal Hospital, Melbourne; Jane Evans.

Penny: Kendra und Colt Brown.

Jay: Chris Jones; Craig Treloar aus Salisbury.

Tillie and Phoebe: BJ Duft; Tom Conway von der Tall Clover Farm.

Pero: Shan und Alan James.

Lucky und Bella: Michele Martin.

Dinah: Jamila El Maroudi.

Iditarod: Christian Turner.

Inka: Peter und Janneke Pignolet; Margaret Brown von der Companion Animals Welfare Inc (CAWI), Brunswick Heads; Donna Johnston vom Byron Shire Council.

Dank auch an die wunderbare Tierärztin meiner eigenen Hunde, Kay Gerry von der Sydney Road Veterinary Clinic, für die Beantwortung meiner vielen Fragen rund um Hunde! Tausend Dank an Sarah Fairhall von Penguin Random House, dass sie an mich gedacht hat, als sie eine »verrückte Hundedame« für ein Buch mit Hundegeschichten brauchte, sowie für ihre aufmerksamen Korrekturen am Manuskript. Hut ab vor der außergewöhnlichen Lektorin Andrea Davison, die dem fertigen Text den letzten Schliff gegeben hat.

Und last, not least, danke ich dir, Mark, für deine unerschütterliche Unterstützung, endlose Tassen Tee und unzählige Wochenenden, an denen du das Kleinkind unterhalten hast, während ich am Esstisch saß und über Hunde schrieb. Du bist zu drei Vierteln der Grund dafür, dass dieses Buch fertig geworden ist.

Über die Autorin

Laura Greaves ist mehrfach preisgekrönte Journalistin, Autorin und stolz darauf, eine »verrückte Hundedame« zu sein. Sie hat fast zwanzig Jahre lang für Zeitungen und Zeitschriften in Australien und weltweit gearbeitet und war Herausgeberin des Magazins *Dogs Life*. In den letzten sieben Jahren hat Laura als freiberufliche Autorin für unzählige hunde- und haustierspezifische Print- und Webpublikationen geschrieben. Sie ist die Autorin von zwei romantischen, humorvollen Romanen, *Be My Baby* und *The Ex-Factor*, die beide eine umfangreiche Besetzungsliste von frechen Hunden in »tragenden« Nebenrolle aufweisen.

Gwen Cooper

Homer und ich

Wie mir ein blindes Kätzchen
die Freude am Leben zurückgab

New York Times BESTSELLER

mvgverlag

340 Seiten
18,90 € (D) | 19,50 € (A)
ISBN 978-3-86882-489-6

Gwen Cooper

Homer und ich

Wie mir ein blindes
Kätzchen die Freude
am Leben zurückgab

Das Letzte, was Gwen Cooper wollte, war noch eine Katze. Zwei hatte sie schon, außerdem einen schlecht bezahlten Job und ein gebrochenes Herz. Doch in Homer, ein vier Wochen altes, blindes Kätzchen, verliebt sie sich auf der Stelle. Das Katzenbaby wächst zum Lebenselixier für Gwen heran. Es erweist sich als ein regelrechter Lehrmeister fürs Leben und versöhnt Gwen sogar mit der Liebe.

Auch als **E-Book** erhältlich

448 Seiten
24,90 € (D) | 25,69 € (A)
ISBN 978-3-86882-524-4

Lawrence Anthony /
Graham Spence
Der Elefantenflüsterer
Mein Leben mit den sanften
Riesen und was sie mir
beibrachten

Der bewegende Bericht vom preisgekrönten Umweltschützer Lawrence Anthony über seine Elefantenherde in der Wildnis Südafrikas. In Lawrence Anthonys Naturschutzreservat hatten fast hundert Jahre keine Elefanten mehr gelebt. Eines Tages erfuhr er von einer heimatlosen und bedrohten Herde, die er bei sich aufnahm. Er entwickelte eine enge Beziehung zu den sanften Riesen, die sein Leben für immer veränderten.

384 Seiten
16,99 € (D) | 17,50 € (A)
ISBN 978-3-7474-0210-8

Lawrence Anthony / Graham Spence

Das letzte Nashorn

Was ich von einer aussterbenden Tierart über das Leben lernte

Als der Naturschützer Lawrence Anthony erfährt, dass nur noch einige wenige Nördliche Breitmaulnashörner in freier Wildbahn leben, ist er fest entschlossen, die Rhinos vor dem Aussterben zu retten. Doch die starke Nachfrage nach ihren Hörnern gefährdet nicht nur das Leben dieser erhabenen Tiere, sondern auch das der Ranger, die sie beschützen wollen. Unerschrocken stellt Anthony sich Wilderern, berüchtigten Rebellengruppen und einer unbeweglichen Regierungsbürokratie entgegen und muss dabei auch noch um das Überleben seiner eigenen Tiere in seinem Naturschutzreservat in Südafrika kämpfen, das von einer schrecklichen Dürre heimgesucht wird.
Ein mutiger Kreuzzug, der sich wie ein Safari-Abenteuer, eine Geschichtsstunde und eine Warnung an die Menschheit liest.
Mit beeindruckenden Fotos aus Afrika.